步进电机和伺服电机的应用与维修

杜增辉　孙克军　编著

化学工业出版社

·北京·

图书在版编目（CIP）数据

图解步进电机和伺服电机的应用与维修/杜增辉，孙克军编著．—北京：化学工业出版社，2015.9（2023.10重印）
ISBN 978-7-122-24652-3

Ⅰ.①图… Ⅱ.①杜…②孙… Ⅲ.①步进电机—应用②步进电机—维修③伺服电机—应用④伺服电机—维修
Ⅳ.①TM35②TM383.4

中国版本图书馆 CIP 数据核字（2015）第 162382 号

责任编辑：卢小林　宋　辉　　文字编辑：项　潋
责任校对：边　涛　　装帧设计：王晓宇

出版发行：化学工业出版社（北京市东城区青年湖南街 13 号　邮政编码 100011）
印　　装：北京盛通商印快线网络科技有限公司
787mm×1092mm　1/16　印张 10¼　字数 270 千字　　2023 年 10 月北京第 1 版第 13 次印刷

购书咨询：010-64518888　　售后服务：010-64518899
网　　址：http://www.cip.com.cn
凡购买本书，如有缺损质量问题，本社销售中心负责调换。

定　　价：38.00 元

前言

FOREWORD

步进电机和伺服电机应用的领域非常广泛，从工控机到各种数控机床等多种领域。步进电机在一些要求控制相对不高的场合得到了大量应用，伺服电机在一些要求精准控制的场合应用广泛。在使用过程中也会出现各种各样的故障。通过科学的方法、行之有效的措施，迅速判断故障发生的原因，随时解决出现的问题，既是保证步进电机和伺服电机及其控制系统安全、可靠运行，提高设备使用率的关键所在，也是使用过程中亟待解决的问题，本书正是为满足读者这一需要而编写的。

本书分别从步进电机和伺服电机的原理入手，介绍了步进电机和伺服电机的选型及经常应用的电机规格和参数，以供选用时参考，接着介绍了步进电机和伺服电机的维护要点和方法，着重介绍了步进电机及其配套驱动系统常见故障分析以及典型维修实例，把当前应用最为广泛的伺服电机作为主要篇幅进行介绍，包括伺服电机及其配套伺服系统的常见故障分析以及大量典型维修实例介绍。

本书突出了先进性、实用性，旨在提高解决问题的快速性与针对性，克服盲目性和片面性，达到多、快、好、省的维修效果。本书可供从事步进电机和伺服电机相关设计、维修、调试、使用的各类技术人员学习，又可作为相关专业在校师生的参考书。

本书由杜增辉和孙克军编著，第 1、第 2 章由河北科技大学孙克军编写，第 3～6 章和附录由石家庄椿凯动力传输机械有限公司杜增辉编写。全书由杜增辉统稿。

由于作者水平有限，书中难免有不妥之处，殷切希望广大读者提出批评、指正。

编著者

目录
CONTENTS

第1章 步进电机原理

 步进电机的用途与特点

1.1.1 步进电机的用途

随着自动控制系统和计算装置的不断发展，在普通旋转电机的基础上产生出多种具有特殊性能的小功率电机，它们在自动控制系统和计算装置中分别作为执行元件、检测元件和解算元件，这类电机统称为控制电机。显然，从基本的电磁感应原理来说，控制电机和普通旋转电机并没有本质上的差别，但普通旋转电机着重于对启动和运行状态的力能指标的要求，而控制电机则着重于特性的高精度和快速响应。

各种控制电机从它们的外表看差不多都是一个圆柱体，中间有一根转轴，体积一般都比较小，因此控制电机是一种微电机。从它们完成的任务来看，各种控制电机又各不相同，有的用来带动自动控制系统中的机构运动，有的用来量测机械转角或转速，有的可以进行三角函数运算，有的可以进行积分或微分运算等。

各种控制电机的用途和功能尽管不同，但基本上可划分为信号元件和功率元件两大类。凡是用来转换信号的都为信号元件，又称为量测元件；凡是把信号转换成输出功率或把电能转换为机械能的都为功率元件，又称为执行元件。若以电源分类，控制电机有直流和交流两类。

步进电机是一种用电脉冲信号进行控制，并将电脉冲信号转换成相应的角位移（或线位移）的一种控制电机。步进电机又称为脉冲电机。

一般电机都是连续旋转的，而步进电机则是一步一步转动的，它是由专用电源供给电脉冲，每输入一个电脉冲信号，电机就转过一个角度，如图 1-1 所示。步进电机也可以直接输出线位移，每输入一个电脉冲信号，电机就走一段直线距离。它可以看成是一种特殊运行方式的同步电机。

步进电机的运动形式与普通匀速旋转的电机有一定的差别，它的运动形式是步进式的，所以称为步进电机。又因其绕组上所加的电源是脉冲电压，有时也称它为脉冲电机。

由于步进电机是受脉冲信号控制的，所以步进电机不需要变换，就能直接将数字信号转换成角位移或线位移，因此它很适合于作为数字控制系统的伺服元件。

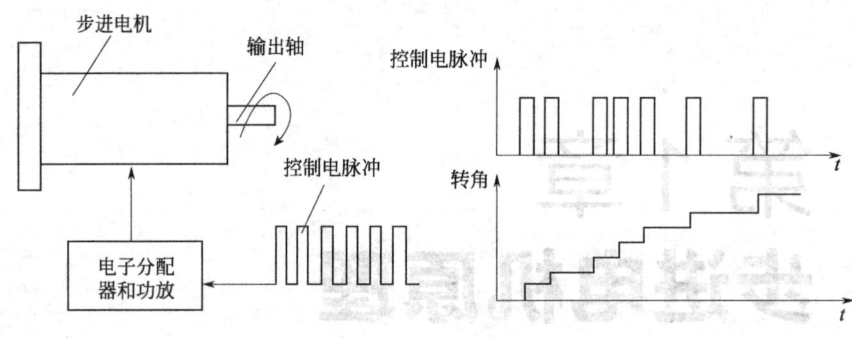

图 1-1　步进电机的功用

近年来，步进电机已广泛地应用于数字控制系统中，例如数控机床、绘图机、计算机外围设备、自动记录仪表、钟表和数/模转换装置等。相应其研制工作进展迅速，步进电机的性能也有较大的提高。

1.1.2　步进电机的特点

（1）步进电机的优点

① 步进电机的角位移量（或直线位移量）与电脉冲数成正比，所以步进电机的转速（或线速度）也与脉冲频率成正比。在步进电机的负载能力范围内，其步距角和转速大小不受电压波动和负载变化的影响，也不受环境条件如温度、气压、冲击和振动等影响，它仅与脉冲频率有关。因此，步进电机适于在开环系统中作执行元件。

② 步进电机控制性能好，通过改变脉冲频率的高低就可以在很大范围内调节步进电机的转速（或线速度），并能快速启动、制动和反转。若用同一频率的脉冲电源控制几台步进电机时，它们可以同步运行。

③ 步进电机每转一周都有固定的步数，在不丢步的情况下运行，其步距误差不会长期积累，即每一步虽然有误差，但转过一周时，累积误差为零。这些特点使它完全适用于数字控制的开环系统中作为伺服元件，并使整个系统大为简化，而又运行可靠。当采用了速度和位置检测装置后，它也可以用于闭环系统中。

④ 有些类型的步进电机在停止供电状态下还有定位转矩，有些类型的步进电机在停机后某些相绕组仍保持通电状态，也具有自锁能力，不需要机械制动装置。

⑤ 步进电机的步距角变动范围较大，在小步距角的情况下，往往可以不经减速器而获得低速运行。

由于以上这些特点，步进电机日益广泛地应用于数字控制系统中，例如数控机床、绘图机、自动记录仪表、数/模转换装置以及航空、导弹、无线电等工业中。

（2）步进电机的缺点

步进电机的主要缺点是效率较低，并且需要配上适当的驱动电源供给电脉冲信号。一般来说，它带负载惯量的能力不强，在使用时既要注意负载转矩的大小，又要注意负载转动惯量的大小，只有当两者选取在合适的范围时，步进电机才能获得满意的运行性能。此外，共振和振荡也常常是运行中出现的问题，特别是内阻尼较小的反应式步进电机，有时还要加机械阻尼机构。

1.1.3　步进电机的种类

步进电机的种类很多，按运动形式分有旋转式步进电机、直线步进电机和平面步进电机。按运行原理和结构形式分类，步进电机可分为反应式、永磁式和混合式（又称为感应子式）等。按工作方式分类，步进电机可分为功率式和伺服式，前者能直接带动较大的负载，后者仅能带动较小负载。其中反应式步进电机用得比较普遍，结构也较简单。

当前最有发展前景的是混合式步进电机，其有以下四个方面的发展趋势：继续沿着小型化的方向发展；改圆形电机为方形电机；对电机进行综合设计；向五相和三相电机方向发展。

1.2 步进电机的基本结构与工作原理

1.2.1 反应式步进电机

（1）反应式步进电机的基本结构

反应式步进电机是利用反应转矩（磁阻转矩）使转子转动的。因结构不同，又可分为单段式和多段式两种。

① 单段式。又称为径向分相式。它是目前步进电机中使用得最多的一种结构形式，如图 1-2 所示。一般在定子上嵌有几组控制绕组，每组绕组为一相，但至少要有三相以上，否则不能形成启动力矩。定子的磁极数通常为相数 m 的 2 倍，每个磁极上都装有控制绕组，绕组形式为集中绕组，在定子磁极的极弧上开有小齿。转子由软磁材料制成，转子沿圆周上也有均匀分布的小齿，它与定子极弧上的小齿有相同的分度数，即称为齿距，且齿形相似。定子磁极的中心线即齿的中心线或槽的中心线。

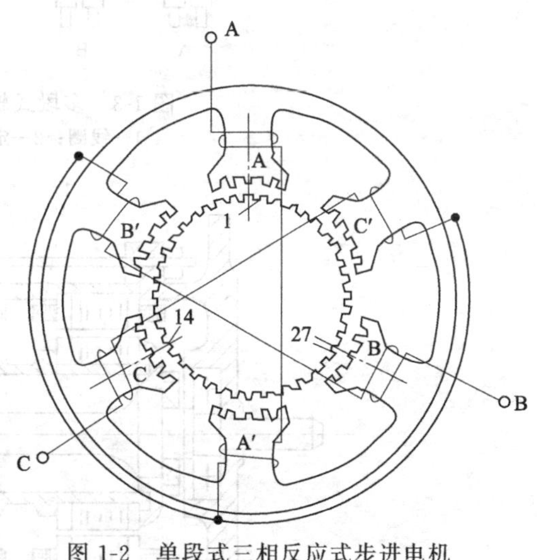

图 1-2　单段式三相反应式步进电机
（A 相通电时的位置）

单段式反应式步进电机制造简便，精度易于保证；步距角也可以做得较小，容易得到较高的启动和运行频率。其缺点是，当电机的直径较小，而相数又较多时，沿径向分相较为困难。另外这种电机消耗的功率较大，断电时无定位转矩。

② 多段式。又称为轴向分相式。按其磁路的特点不同，又可分为轴向磁路多段式和径向磁路多段式两种。

a. 轴向磁路多段式步进电机的结构如图 1-3 所示。定、转子铁芯沿电机轴向按相数 m 分段，每一组定子铁芯中放置一环形的控制绕组。定、转子圆周上冲有形状相似、数量相同的小齿。定子铁芯（或转子铁芯）每相邻段错开 $1/m$ 齿距。

这种步进电机的定子空间利用率较好，环形控制绕组绕制方便。转子的转动惯量低、步距角也可以做得较小，启动和运行频率较高。但是在制造时，铁芯分段和错位工艺较复杂，精度不易保证。

b. 径向磁路多段式步进电机的结构如图 1-4 所示。定、转子铁芯沿电机轴向按相数 m 分段，每段定子铁芯的磁极上均放置同一相控制绕组。定子铁芯（或转子铁芯）每相邻两段错开 $1/m$ 齿距，对每一段铁芯来说，定、转子上的磁极分布情况相同。也可以在一段铁芯上放置两相或三相控制绕组，相当于单段式电机的组合。定子铁芯（或转子铁芯）每相邻两段则应错开相应的齿距。

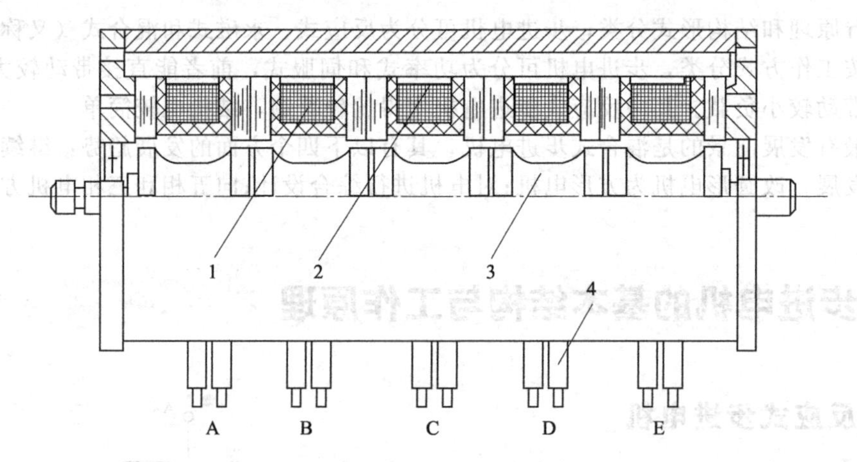

图 1-3 多段式轴向磁路反应式步进电机

1—线圈；2—定子；3—转子；4—引线

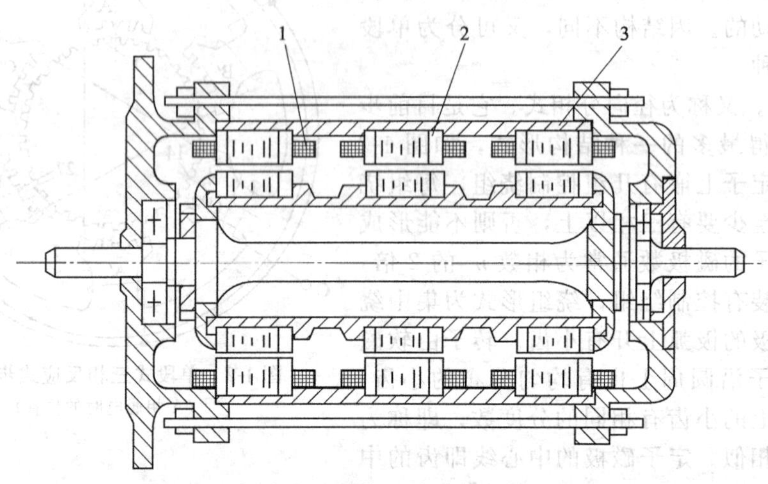

图 1-4 多段式径向磁路反应式步进电机

1—线圈；2—定子；3—转子

这种步进电机的步距角可以做得较小，启动和运行频率较高，对于相数多且直径和长度又有限制的反应式步进电机来说，在磁极布置上要比以上两种灵活，但是铁芯的错位工艺比较复杂。

(2) 反应式步进电机的工作原理

图 1-5 所示为一台最简单的三相反应式步进电机的工作原理图。它的定子上有 6 个极，每个极上都装有控制绕组，每两个相对的极组成一相。转子是 4 个均匀分布的齿，上面没有绕组。反应式步进电机是利用凸极转子交轴磁阻与直轴磁阻之差所产生的反应转矩（或磁阻转矩）而转动的，所以也称为磁阻式步进电机。下面分别介绍不同通电方式时，反应式步进电机的工作原理。

① 三相单三拍通电方式。反应式步进电机采用三相单三拍通电方式运行，其工作原理如图 1-5 所示，当 A 相控制绕组通电时，气隙磁场轴线与 A 相绕组轴线重合，因磁通总是要沿着磁阻最小的路径闭合，所以在磁力的作用下，将使转子齿 1 和 3 的轴线与定子 A 极轴线对齐，如图 1-5（a）所示。同样道理，当 A 相断电、B 相通电时，转子便按逆时针方向转过 30°角度，使转子齿 2 和 4 的轴线与定子 B 极轴线对齐，如图 1-5（b）所示。如再使 B 相断电、C 相通电时，则转子又将在空间转过 30°，使转子齿 1 和 3 的轴线与定子 C 极轴

线对齐，如图1-5（c）所示。如此循环往复，并按A→B→C→A的顺序通电，步进电机便按一定的方向一步一步地连续转动。步进电机的转速直接取决于控制绕组与电源接通或断开的变化频率。若按A→C→B→A的顺序通电，则步进电机将反向转动。

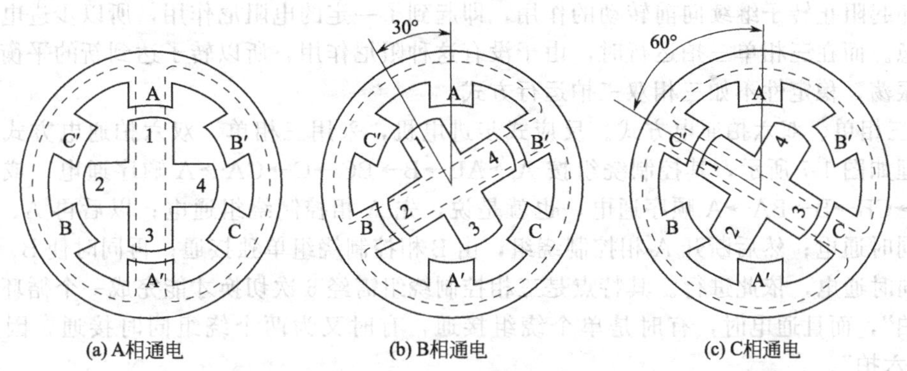

图1-5　三相反应式步进电机的工作原理图

1～4—转子齿

步进电机的定子控制绕组每改变一次通电方式，称为一拍。此时步进电机转子所转过的空间角度称为步距角θ_s。上述通电方式，称为三相单三拍运行。“三相”即三相步进电机，具有三相定子绕组；“单”是指每次通电时，只有一相控制绕组通电；“三拍”是指经过三次切换控制绕组的通电状态为一个循环，第四次换接重复第一次的情况。很显然，在这种通电方式时，三相反应式步进电机的步距角θ_s应为30°。

三相单三拍运行时，步进电机的控制绕组在断电、通电的间断期间，转子磁极因“失磁”而不能保持自行“锁定”的平衡位置，即失去了“自锁”能力，易出现失步现象；另外，由一相控制绕组断电至另一相控制绕组通电，转子则经历启动加速、减速至新的平衡位置的过程，转子在达到新的平衡位置时，会由于惯性而在平衡点附近产生振荡现象，故运行的稳定性差。因此，常采用双三拍或单、双六拍的控制方式。

② 三相双三拍通电方式。反应式步进电机采用三相双三拍通电方式运行，其工作原理如图1-6所示，其控制绕组按AB→BC→CA→AB顺序通电，或按AB→CA→BC→AB顺序通电，即每拍同时有两相绕组同时通电，三拍为一个循环。当A、B两相控制绕组通电时，转子齿的位置应同时考虑到两对定子极的作用，只有当A相极和B相极对转子齿所产生的磁拉力相平衡时，才是转子的平衡位置，如图1-6（a）所示。若下一拍为B、C两相同时通电时，则转子按逆时针方向转过30°。到达新的平衡位置，如图1-6（b）所示。

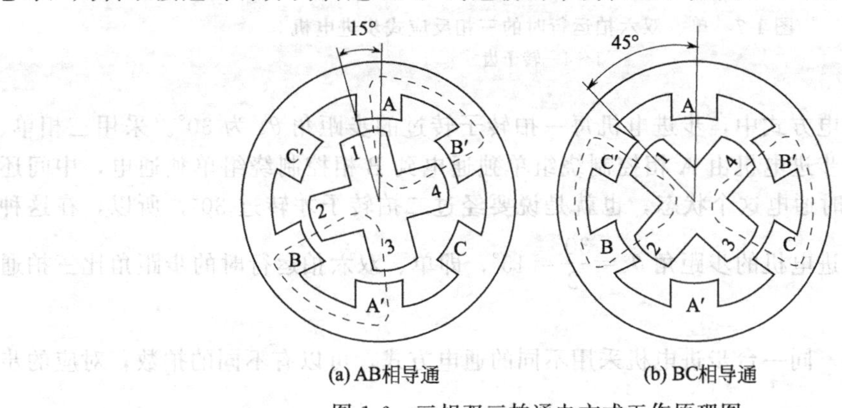

图1-6　三相双三拍通电方式工作原理图

1～4—转子齿

由图 1-6 可知，反应式步进电机采用三相双三拍通电方式运行时，其步距角仍是 30°。但是三相双三拍运行时，每一拍总有一相绕组持续通电，例如由 A、B 两相通电变为 B、C 两相通电时，B 相始终保持持续通电状态，C 相磁拉力试图使转子逆时针方向转动，而 B 相磁拉力却起阻止转子继续向前转动的作用，即起到了一定的电阻尼作用，所以步进电机工作比较平稳。而在三相单三拍运行时，由于没有这种阻尼作用，所以转子达到新的平衡位置容易产生振荡，稳定性不如三相双三拍运行方式。

③ 三相单、双六拍通电方式。反应式步进电机，采用三相单、双六拍通电方式运行的工作原理如图 1-7 所示，其控制绕组按 A→AB→B→BC→C→CA→A 顺序通电，或按 A→AC→C→CB→B→BA→A 顺序通电，也就是说，先 A 相控制绕组通电；以后再 A、B 相控制绕组同时通电；然后断开 A 相控制绕组，由 B 相控制绕组单独接通；再同时使 B、C 相控制绕组同时通电，依此进行。其特点是三相控制绕组需经 6 次切换才能完成一个循环，故称为“六拍”，而且通电时，有时是单个绕组接通，有时又为两个绕组同时接通，因此称为“单、双六拍”。

由图 1-7 可知，反应式步进电机采用三相单、双六拍通电方式运行时，步距角也有所不同。当 A 相控制绕组通电时，与三相单三拍运行的情况相同，转子齿 1、3 和定子极 A、A′轴线对齐，如图 1-7（a）所示。当 A、B 相控制绕组同时通电时，转子齿 2、4 在定子极 B、B′的吸引下是转子沿逆时针方向转动，直至转子齿 1、3 和定子极 A、A′之间的作用力与转子齿 2、4 和定子极 B、B′之间的作用力相平衡为止，如图 1-7（b）所示。当断开 A 相控制绕组，而由 B 相控制绕组通电时，转子将继续沿逆时针方向转过一个角度，使转子齿 2、4 和定子极 B、B′对齐，如图 1-7（c）所示。若继续按 BC→C→CA→A 的顺序通电，步进电机就按逆时针方向连续转动。如果通电顺序变为 A→AC→C→CB→B→BA→A 时，步进电机将按顺时针方向转动。

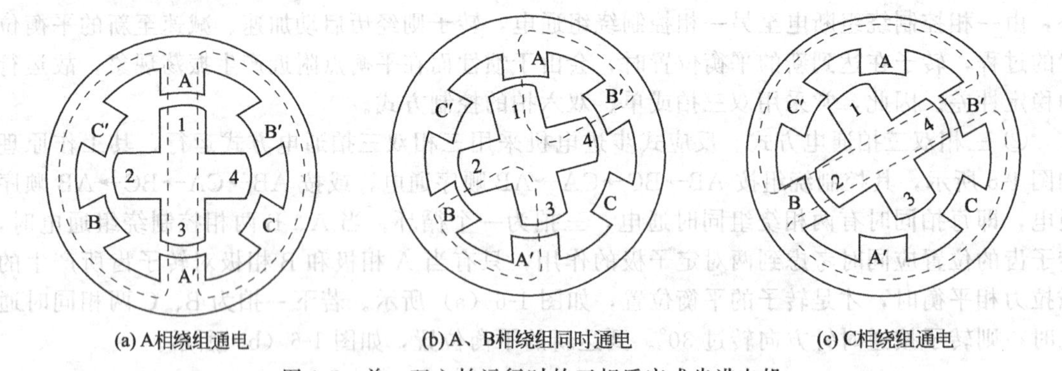

图 1-7　单、双六拍运行时的三相反应式步进电机

1～4—转子齿

在三相单三拍通电方式中，步进电机每一拍转子转过的步距角 θ_s 为 30°。采用三相单、双六拍通电方式后，步进电机由 A 相控制绕组单独通电到 B 相控制绕组单独通电，中间还要经过 A、B 两相同时通电这个状态，也就是说要经过二拍转子才转过 30°，所以，在这种通电方式下，三相步进电机的步距角 $\theta_s=\frac{30°}{2}=15°$，即单、双六拍运行时的步距角比三拍通电方式时减小一半。

由以上分析可见，同一台步进电机采用不同的通电方式，可以有不同的拍数，对应的步距角也不同。

此外，六拍运行方式每一拍也总有一相控制绕组持续通电，也具有电磁阻尼作用步进电机工作也比较平稳。

上述这种简单结构的反应式步进电机的步距角较大，如在数控机床中应用就会影响到加工工件的精度。图1-2中所示的结构是最常见的一种小步距角的三相反应式步进电机。它的定子上有6个极，分别绕有A-A′、B-B′、C-C′三相控制绕组。转子上均匀分布40个齿。定子每个极上有5个齿。定、转子的齿宽和齿距都相同。当A相控制绕组通电时，转子受到反应转矩的作用，使转子齿的轴线和定子A、A′极下齿的轴线对齐。因为转子上共有40个齿，其每个齿的齿距角为$\frac{360°}{40}=9°$，而定子磁极的极距为$\frac{360°}{6}=60°$，定子每个极距所占的转子齿数为$\frac{40}{6}=6\frac{2}{3}$，不是整数。同理，定子一个极距所占的齿距数也不是整数，如图1-8所示。由于相邻磁极间的转子齿不是整数，因此，当定子A极面下的定、转子齿对齐时，定子B′极和C′极面下的齿就分别和转子齿依次有1/3齿距的错位，即3°。同样，当A相控制绕组断电，B相控制绕组通电时，这时步进电机中产生沿B极轴线方向的磁场，在反应转矩的作用下，转子按顺时针方向转过3°。使转子齿的轴线和定子B′极面下齿的轴线对齐，这时，定子A极和C极面下的齿又分别和转子齿依次错开1/3齿距。依此类推，若控制绕组持续按A→B→C→A顺序循环通电，转子就沿顺时针方向一步一步地转动，每拍转过3°，即步距角为3°。若改变通电顺序，即按A→C→B→A顺序循环通电，转子便沿逆时针方向同样以每拍转过3°的方式转动。此时为单三拍通电方式运行。若采用三相单、双六拍的通电方式运行时，即按与前面分析的A→AB→B→BC→C→CA→A顺序循环通电，同样步距角也要减少一半，即每拍转子仅转过1.5°。

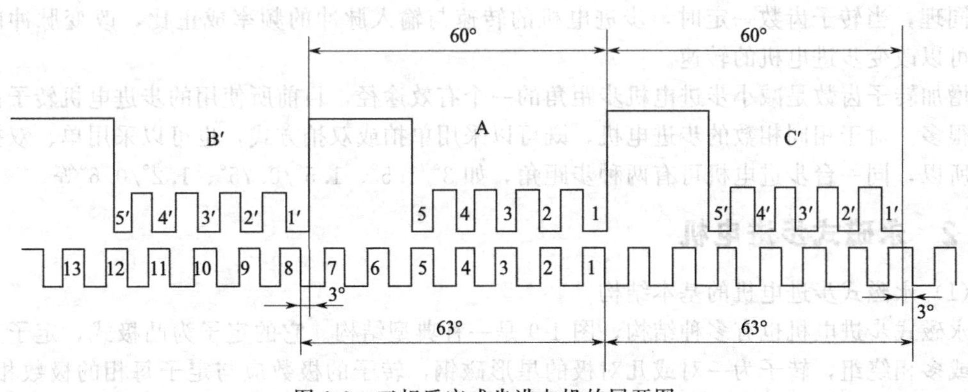

图1-8 三相反应式步进电机的展开图
（A相绕组通电时）

通过以上的分析可知，为了能实现“自动错位”，反应式步进电机的转子齿数Z_r不能任意选取，而应满足一定的条件。因为在同一相的几个磁极下，定、转子齿应同时对齐或同时错开，才能使同一相的几个磁极的作用相加，产生足够的反应转矩，而定子圆周上属于同一相的极总是成对出现的，所以转子齿数应是偶数。另外，在定子的相邻磁极下，定、转子齿之间应错开转子齿距的$\frac{1}{m}$倍（m为步进电机的相数），即它们之间在空间位置上错开$\frac{360°}{mZ_r}$角，这样才能在连续改变通电状态下，获得连续不断的运动。由此可得三相反应式步进电机转子齿数应符合下式条件

$$Z_r=2p\left(K\pm\frac{1}{m}\right)$$

式中，$2p$为反应式步进电机定子极数，即一相控制绕组通电时在电机圆周上形成的磁

极数；m 为步进电机的相数；K 为正整数。

由以上分析可知，反应式步进电机的步距角 θ_s 的大小是由转子的齿数 Z_r、控制绕组的相数 m 和通电方式所决定的。它们之间存在以下关系

$$\theta_s=\frac{360°}{mZ_rC}=\frac{2\pi}{mZ_rC}$$

式中，C 为状态系数，当采用单三拍和双三拍通电方式运行时，$C=1$；而采用单、双六拍通电方式运行时，$C=2$。

如果以 N 表示步进电机运行的拍数，则转子经过 N 步，将经过一个齿距。每转一圈（即 360°机械角），需要走 NZ_r 步，所以步距角又可以表示为

$$\theta_s=\frac{360°}{NZ_r}=\frac{2\pi}{NZ_r}$$

$$N=Cm$$

若步进电机通电的脉冲频率为 f（拍/s或脉冲数/s），则步进电机的转速 n 为

$$n=\frac{60f}{mZ_rC} \quad 或 \quad n=\frac{60f}{NZ_r}$$

式中，f 的单位是 s^{-1}；n 的单位是 r/min。

由此可知，反应式步进电机的转速与拍数 N、转子齿数 Z_r 及脉冲的频率 f 有关。相数和转子齿数越多，步距角越小，转速也越低。在同样脉冲频率下，转速越低，其他性能也有所改善，但相数越多，电源越复杂。目前步进电机一般做到六相，个别的也有做成八相或更多相数。

同理，当转子齿数一定时，步进电机的转速与输入脉冲的频率成正比，改变脉冲的频率，可以改变步进电机的转速。

增加转子齿数是减小步进电机步距角的一个有效途径，目前所使用的步进电机转子齿数一般很多。对于相同相数的步进电机，既可以采用单拍或双拍方式，也可以采用单、双拍方式。所以，同一台步进电机可有两种步距角，如 3°/1.5°、1.5°/0.75°、1.2°/0.6°等。

1.2.2 永磁式步进电机

（1）永磁式步进电机的基本结构

永磁式步进电机也有多种结构，图 1-9 是一种典型结构。它的定子为凸极式，定子上有两相或多相绕组，转子为一对或几对极的星形磁钢，转子的极数应与定子每相的极数相同。图中定子为两相集中绕组（AO、BO），每相为两对极，因此转子也是两对极的永磁转子。

（2）永磁式步进电机的工作原理

由图 1-9 中可以看出，当定子绕组按 A→B→（—A）→（—B）→A…的次序轮流通以直流脉冲时（如 A 相通入正脉冲，则定子上形成上下 S、左右 N 四个磁极），按 N、S 相吸原理，转子必为上下 N、左右 S，如图 1-9 所示。若将 A 相断开、B 相接通，则定子极性将顺时针转过 45°，转子也将按顺时针方向转动，每次转过 45°空间角度，也就是步距角 θ_s 为 45°。一般来说，步距角 θ_s 的值为

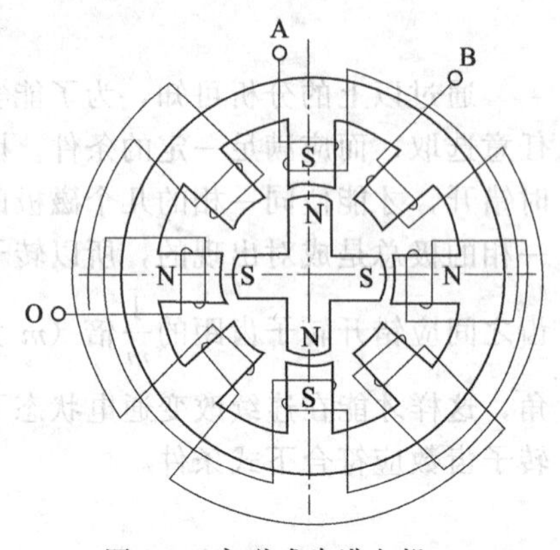

图 1-9 永磁式步进电机

$$\theta_s=\frac{360°}{2mp}$$

式中，m 为相数；p 为转子极对数。

上述这种通电方式为两相单四拍。由以上分析可知，永磁式步进电机需要电源供给正、负脉冲，否则不能连续运转。一般永磁式步进电机的驱动电路要做成双极性驱动，这会使电源的线路复杂化。这个问题也可以这样来解决，就是在同一个极上绕两套绕向相反的绕组，这样虽增加了用铜量和电机的尺寸，但简化了对电源的要求，即电源只要供给正脉冲就可以了。

此外，还有两相双四拍通电方式［即 AB→B（−A）→（−A）（−B）→（−B）A→AB］和八拍通电方式。

永磁式步进电机的步距角大，启动和运行频率低。但是它消耗的功率比反应式步进电机小，在断电情况下有定位转矩，有较强的内阻尼力矩。

星形磁极的加工工艺比较复杂，如采用图 1-10 所示的爪形磁极结构，将磁钢做成环形，则可简化加工工艺。这种爪极式永磁步进电机的磁钢为轴向充磁，磁钢两端的两个爪形磁极分别为 S 和 N 极性。由于两个爪形磁极是对插在一起的，从转子表面看，沿圆周方向各个极爪是 N、S 极性交错分布的，极爪的极对数与定子每相绕组的极对数相等。爪极式永磁步进电机的运行原理与星形磁钢结构的相同。

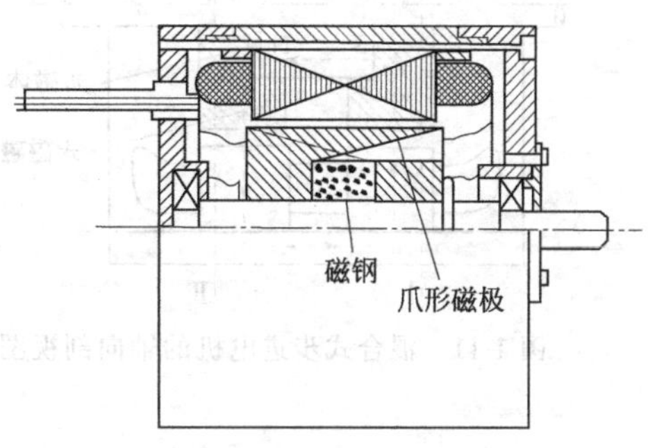

图 1-10　爪极式永磁步进电机

永磁式步进电机具有以下特点。

① 大步距角，例如 15°、22.5°、30°、45°、90°等。

② 启动频率较低，通常为几十到几百赫兹（但是转速不一定低）。

③ 控制功率小。

④ 在断电情况下有定位转矩。

⑤ 有强的内阻尼力矩。

1.2.3　混合式步进电机

混合式步进电机（又称感应子式步进电机）既有反应式步进电机小步距角的特点，又有永磁式步进电机效率高、绕组电感比较小的特点。

（1）两相混合式步进电机的结构

图 1-11 为混合式步进电机的轴向剖视图。它的定子铁芯与单段反应式步进电机基本相同，即沿着圆周有若干凸出的磁极，每个磁极的极面上有小齿，机身上有控制绕组；定子控制绕组与永磁式步进电机基本相同，也是两相集中绕组，每相为两对极，控制绕组的接线如图 1-12 所示。

转子中间为轴向磁化的环形永久磁铁，磁铁两端各套有一段转子铁芯，转子铁芯由整块钢加工或用硅钢片叠成，两段转子铁芯上沿外圆周开有小齿，其齿距与定子小齿齿距相同，两端的转子铁芯上的小齿彼此错过 1/2 齿距，如图 1-13 所示。定、转子齿数的配合与单段反应式步进电机相同。

图 1-13（a）所示的 S 极铁芯段截面图即为图 1-11 中的Ⅰ—Ⅰ截面；图 1-13（b）所示的 N 极铁芯段截面图即为图 1-11 中的Ⅱ—Ⅱ截面。在图 1-13（a）所示的 S 极铁芯段截面图中，当磁极 1 下是齿对齿时，磁极 5 下也是齿对齿，气隙磁阻最小；磁极 3 和磁极 7 下是齿对槽，气隙磁阻最大。

此时，在图 1-13（b）所示的 N 极铁芯段截面图中，磁极 1′和磁极 5′下，正好是齿对槽，磁极 3′和磁极 7′下，正好是齿对齿。可见，两端的转子铁芯上的小齿彼此错过 1/2

齿距。

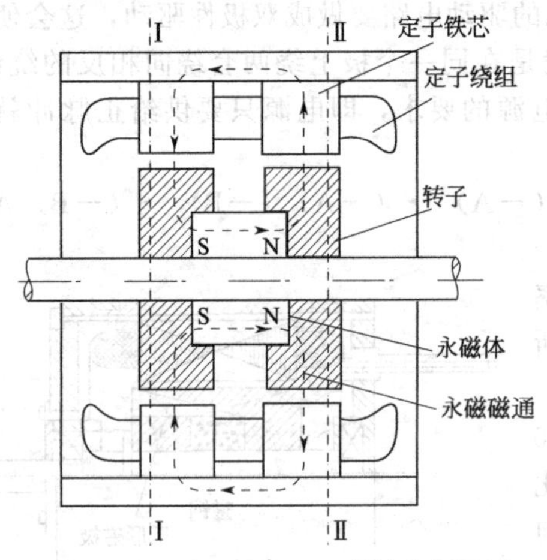

图 1-11　混合式步进电机的轴向剖视图

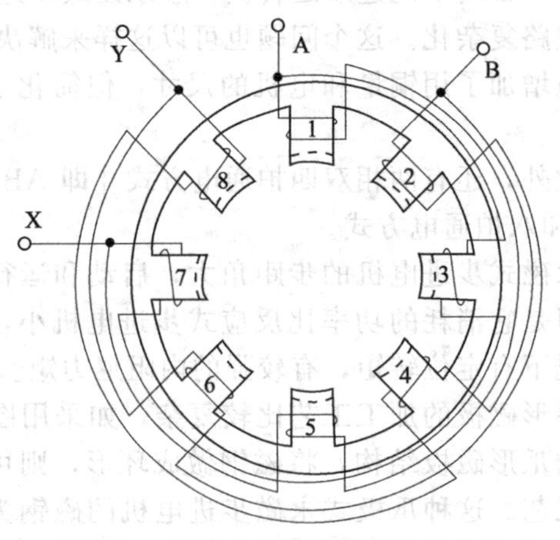

图 1-12　混合式步进电机绕组接线图

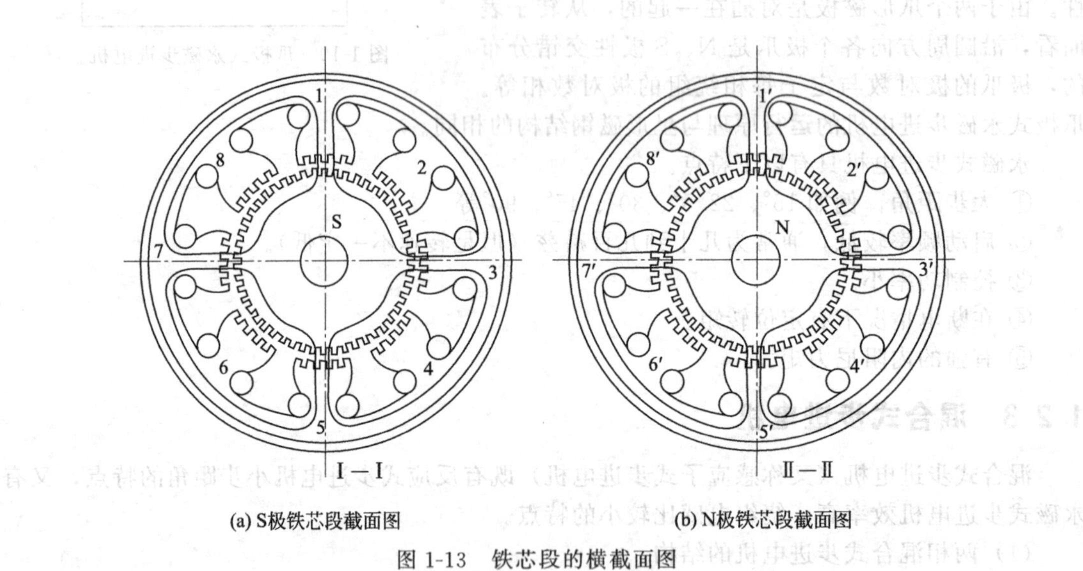

(a) S极铁芯段截面图　　(b) N极铁芯段截面图

图 1-13　铁芯段的横截面图

混合式步进电机作用在气隙上的磁动势有两个：一个是由永久磁钢产生的磁动势；另一个是由控制绕组电流产生的磁动势。这两个磁动势有时是相加的，有时是相减的，视控制绕组中的电流方向而定。这种步进电机的特点是混入了永久磁钢的磁动势，故称为混合式步进电机。

（2）两相混合式步进电机的工作原理

转子永久磁铁的一端（如图 1-11 中Ⅰ—Ⅰ端）为 S 极，则转子铁芯整个圆周上都呈 S 极性，如图 1-13（a）所示。转子永久磁铁的另一端（如图 1-11 中Ⅱ—Ⅱ端）为 N 极，则转子铁芯整个圆周上都呈 N 极性，如图 1-13（b）所示。当定子 A 相通电时，定子 1、3、5、7 极上的极性为 N、S、N、S，这时转子的稳定平衡位置就是图 1-13 所示的位置，即定子磁极 1 和 5 上的齿与Ⅰ—Ⅰ端上的转子齿对齐，而定子磁极 1′和 5′上的齿与Ⅱ—Ⅱ端上的转子槽对齐；定子磁极 3 和 7 上的齿与Ⅰ—Ⅰ端上的转子槽对齐，而定子磁极 3′和 7′上的齿与Ⅱ—Ⅱ端上的转子齿对齐。此时，B 相 4 个磁极（2、4、6、8 极）上的齿与转子齿都错开 1/4 齿距。

由于定子同一个极的两端极性相同，转子两端极性相反，但错开半个齿距，所以当转子偏离平衡位置时，两端作用转矩的方向是一致的。在同一端，定子第一个极与第三个极的极性相反，转子同一端极性相同，但第一个极和第三个极下定、转子小齿的相对位置错开了半个齿距，所以作用转矩的方向也是一致的。当定子各相绕组按顺序通以正、负电脉冲时，转子每次将转过一个步距角 θ_s，其值为

$$\theta_s=\frac{360°}{2mZ_r}$$

式中，m 为相数；Z_r 为转子齿数。

这种步进电机也可以做成较小的步距角，因而也有较高的启动和运行频率；消耗的功率也较小；并具有定位转矩，兼有反应式和永磁式步进电机两者的优点。但是它需要有正、负电脉冲供电，并且制造工艺比较复杂。

(3) 两相混合式步进电机常用的通电方式

① 单四拍通电方式。每次只有一相控制绕组通电，四拍构成一个循环，两相控制绕组按 A—B—（—A）—（—B）—A 的次序轮流通电。每拍转子转动 1/4 转子齿距，每转的步数为 $4Z_r$。

② 双四拍通电方式。每次有两相控制绕组同时通电，四拍构成一个循环，两相控制绕组按 AB—B（—A）—（—A）（—B）—（—B）A—AB 的次序轮流通电。和单四拍相同，每拍转子转动 1/4 转子齿距，每转的步数为 $4Z_r$。但两者的空间定位不重合。

③ 单、双八拍通电方式。前面两种通电方式的循环拍数都等于四，称为满步通电方式。若通电循环拍数为八，称为半步通电方式，即按 A—AB—B—B（—A）—（—A）—(—A)(—B)—（—B）—（—B）A—A 的次序轮流通电，每拍转子转动 1/8 转子齿距，每转的步数为 $8Z_r$。

④ 细分通电方式。若调整两相绕组中电流分配的比例和方向，使相应的合成转矩在空间可处于任意位置上，则循环拍数可为任意值，称为细分通电方式。实质上就是把步距角减小，如前面八拍通电方式已经将单四拍或双四拍细分了一半。采用细分通电方式可使步进电机的运行更平稳，定位分辨率更高，负载能力也有所增加，并且步进电机可做低速同步运行。

1.3 反应式步进电机的特性

反应式步进电机有静止、单步运行和连续运行三种运行状态，下面简单介绍不同状态下的运行特性。

1.3.1 步进电机的静态运行特性

当控制脉冲不断送入，各相绕组按照一定顺序轮流通电时，步进电机转子就一步一步地转动。当控制脉冲停止时，如果某些相绕组仍通以恒定不变的电流，则转子将固定于某一位置上保持不动，处于静止状态（简称静态）或静止运行状态。在空载情况下，转子的平衡位置称为初始平衡位置。静态时的反应转矩称为静转矩，在理想空载时静转矩为零。当有扰动作用时，转子偏离初始平衡位置，偏离的电角度 θ 称为失调角。静态运行特性是指步进电机的静转矩 T 与转子失调角 θ 之间的关系 $T=f(\theta)$，简称矩角特性。

在实际工作时，步进电机总处于动态情况下运行，但是静态运行特性是分析步进电机运行性能的基础。

多相步进电机的定子控制绕组可以是一相通电，也可以是几相同时通电，下面分别进行讨论。

(1) 单相通电时

反应式步进电机转子转过一个齿距，从磁路情况来看，变化了一个周期。因此，转子一个齿距所对应的电角度为 2π 电弧度或 360°电角度。因为转子的齿数为 Z_r，所以转子外圆所对应的电角度为 $2\pi Z_r$ 电弧度或 $360^\circ Z_r$ 电角度。由于转子外圆的机械角度是 2π 弧度或 360°，所以步进电机的电角度是机械角度的 Z_r 倍。如果步进电机的步距角为 θ_s，则用电角度表示的步距角 θ_{se} 为

$$\theta_{se}=Z_r\theta_s$$

设静转矩和失调角从右向左为正。当失调角 $\theta=0$ 时，定、转子齿的轴线重合，静转矩 $T=0$，如图 1-14 (a) 所示；当失调角 $\theta>0$ 时，切向磁拉力使转子向右移动，静转矩 $T<0$，如图 1-14 (b) 所示；当失调角 $\theta<0$ 时，切向磁拉力使转子向左移动，静转矩 $T>0$，如图 1-14 (c) 所示；当失调角 $\theta=\pi$ 时，定子齿与转子槽正好相对，转子齿受到定子相邻两个齿磁拉力作用，但是大小相等、方向相反，产生的静转矩为零，即 $T=0$，如图 1-14 (d) 所示。

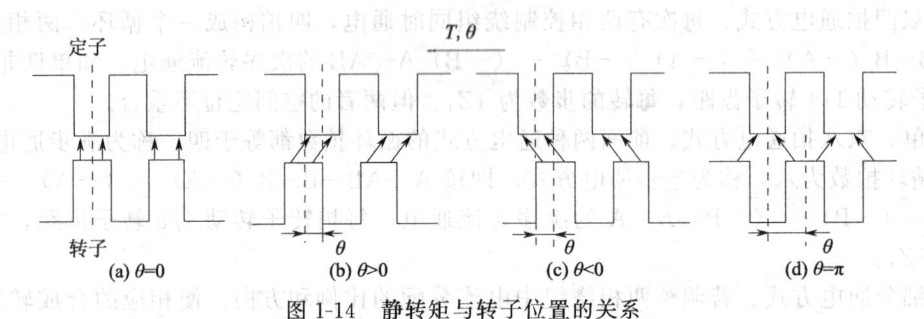

图 1-14 静转矩与转子位置的关系

通过以上讨论可见，静转矩 T 随失调角 θ 做周期性变化，变化周期是一个齿距，即 360°电角度。步进电机矩角特性的形状比较复杂，它与气隙、定转子齿的形状及磁路的饱和程度有关。实践证明，反应式步进电机的矩角特性接近正弦曲线，如图 1-15 所示。其表达式为

$$T=-K_I I^2\sin\theta=-T_{max}\sin\theta$$

式中，K_I 为转矩常数；I 为绕组电流；θ 为失调角；"−"表示磁阻转矩的性质是阻止失调角增加的；$T_{max}=K_I I^2$ 是 $\theta=\frac{\pi}{2}$时，产生的最大静态转矩，它与磁路结构、绕组匝数和通入的电流大小等因素有关。

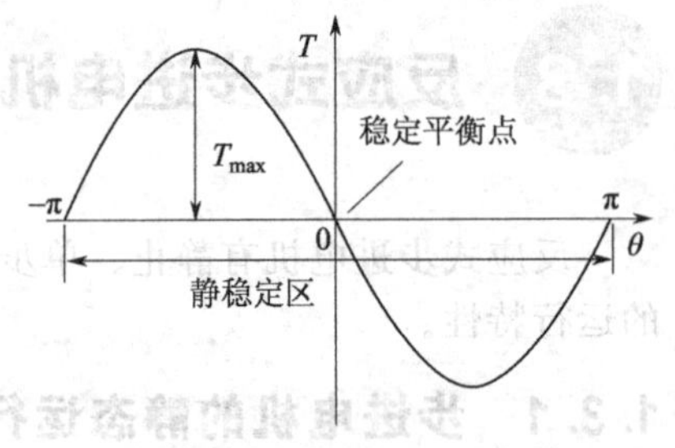

图 1-15 步进电机的理想矩角特性

下面进一步说明矩角特性的性质。由图 1-15 可知，在矩角特性上，$\theta=0$ 是理想的稳定平衡位置。因为此时若有外力矩干扰使转子偏离它的平衡位置，只要偏离的角度在 $-\pi\sim+\pi$ 之间，一旦干扰消失，电机的转子在静转矩的作用下，将自动恢复到 $\theta=0$ 的位置，从而消除失调角。当 $\theta=\pm\pi$ 时，虽然此时也等于零，但是如果有外力矩的干扰使转子偏离该位置，当干扰消失时，转子回不到原来的位置，而是在静转矩的作用下，转子将稳定到 $\theta=0$ 或 2π 的位置上，所以 $\theta=\pm\pi$ 为不平衡位置。$-\pi<\theta<+\pi$ 之间（相当于±1/2齿距）的区域称为静稳定区，在这一区域内，当转子转轴上的负载转矩与静转矩相平衡时，转子能稳定在某一位置；当负载转矩消失，转子又能回到初始稳定平衡位置。

步进电机矩角特性曲线上的静态转矩最大值表示步进电机承受负载的能力，它与步进电

机很多特性的优劣有直接关系。因此静态转矩最大值是步进电机最主要的性能指标之一。

由图 1-15 可以看出，当失调角 $\theta=\pm\frac{\pi}{2}$时，静转矩（绝对值）最大。矩角特性上静转矩（绝对值）的最大值称为最大静转矩。在一定通电状态下，最大静转矩与控制绕组中电流的关系称为最大静转矩特性，即 $T_{max}=f(I)$，如图 1-16 所示。

由于铁磁材料的非线性，T_{max}与 I 之间也呈非线性关系。当控制绕组中电流较小，电机磁路不饱和时，最大静转矩 T_{max}与控制绕组中的电流 I 的平方成正比；当电流较大时，由于磁路饱和影响，最大转矩的增加变缓。

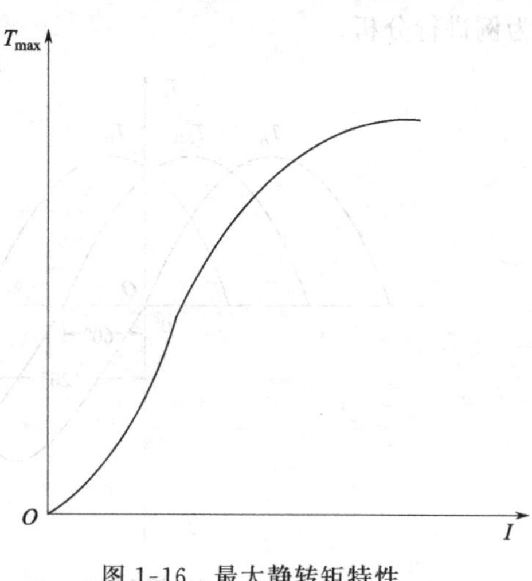

图 1-16　最大静转矩特性

(2) 多相通电时

在分析步进电机动态运行时，不仅要知道某一相控制绕组通电时的矩角特性，而且要知道整个运行过程中，各相控制绕组通电状态下的矩角特性，即矩角特性簇。

一般来说，多相通电时的矩角特性和最大静态转矩与单相通电时不同，按照叠加原理，多相通电时的矩角特性近似地可以由每相各自通电时的矩角特性叠加起来求得。

以三相步进电机采用三相单三拍通电方式为例，若将失调角 θ 的坐标轴统一取在 A 相磁极的轴线上，显然 A 相控制绕组通电时矩角特性如图 1-17 中的曲线 A 所示，稳定平衡点为 O_A 点；B 相通电时，转子转过 1/3 齿距，相当于转过 2π/3 电角度，它的稳定平衡点为 O_B 点，矩角特性如图 1-17 中曲线 B 所示；同理，C 相通电时矩角特性如图 1-17 中曲线所示。这三条曲线就构成了三相单三拍通电方式时的矩角特性簇。总之，矩角特性簇中的每一条曲线依次错开一个用电角度表示的步距角 θ_{se}，其计算式为

$$\theta_{se}=Z_r\theta_s=Z_r\times\frac{2\pi}{NZ_r}=\frac{2\pi}{N}$$

式中，Z_r 为转子的齿数；θ_s 为步进电机的步距角；N 为步进电机运行的拍数。

同理，可得到三相单、双六拍通电方式时的矩角特性簇，如图 1-18 所示。

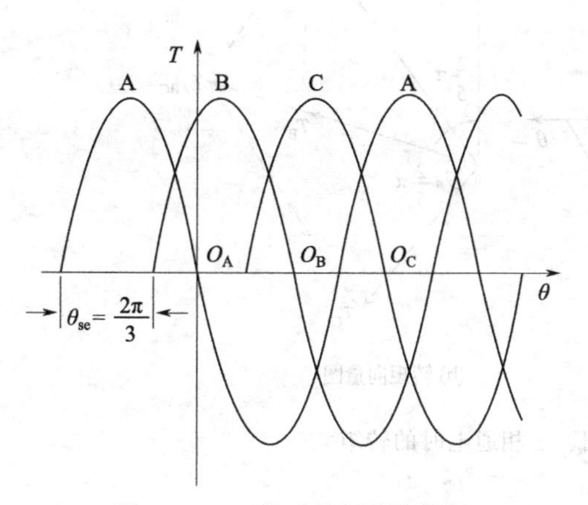

图 1-17　三拍时的矩角特性簇

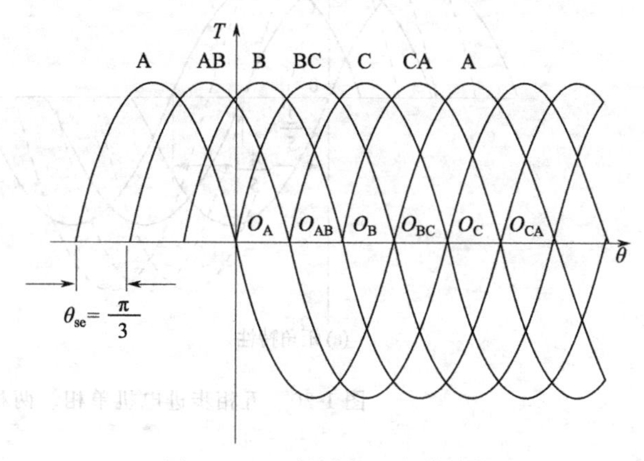

图 1-18　六拍时的矩角特性簇

多相通电时步进电机的矩角特性簇除了可以用波形图表示外，还可以用向量图来表示。

三相步进电机单相、两相通电时的矩角特性如图 1-19（a）所示，其转矩向量图如图 1-19（b）所示。可见对于三相步进电机，两相通电时的最大静转矩值与单相通电时的最大静转矩值相等。也就是说，对于三相步进电机而言，不能依靠增加通电相数来提高转矩，这是三相步进电机的一个很大的缺点。但是，多相步进电机可以提高转矩，下面以五相步进电机为例进行分析。

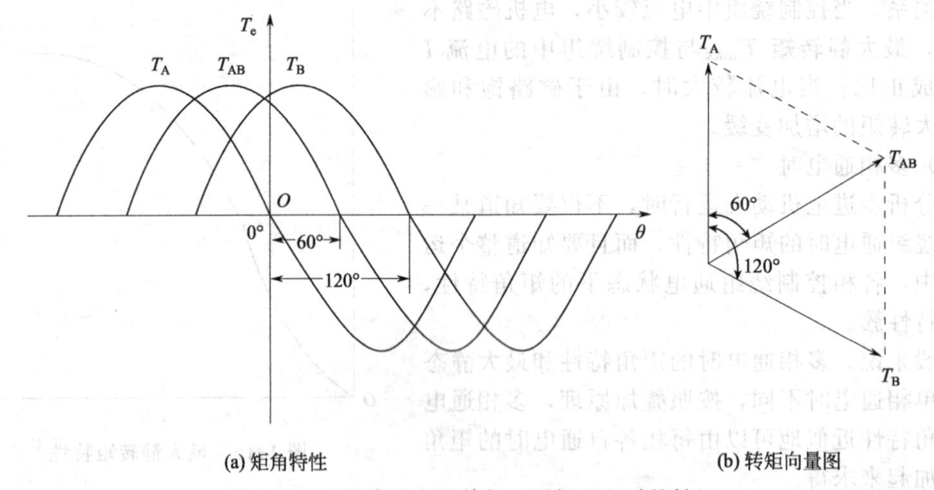

图 1-19　三相步进电机单相、两相通电时的转矩

按照叠加原理，也可以作出五相步进电机采用单相、两相、三相通电时矩角特性的波形图和向量图，分别如图 1-20（a）和图 1-20（b）所示。

由图 1-20 可见，两相和三相通电时，矩角特性相对于 A 相矩角特性分别移动了 2π/10 电角度（36°）及 2π/5 电角度（72°），二者的最大静转矩值相等，而且都比一相通电时大。因此，五相步进电机采用两相-三相运行方式不但转矩加大，而且矩角特性形状相同，这对步进电机运行的稳定性非常有利，在使用时应优先考虑这样的运行方式。

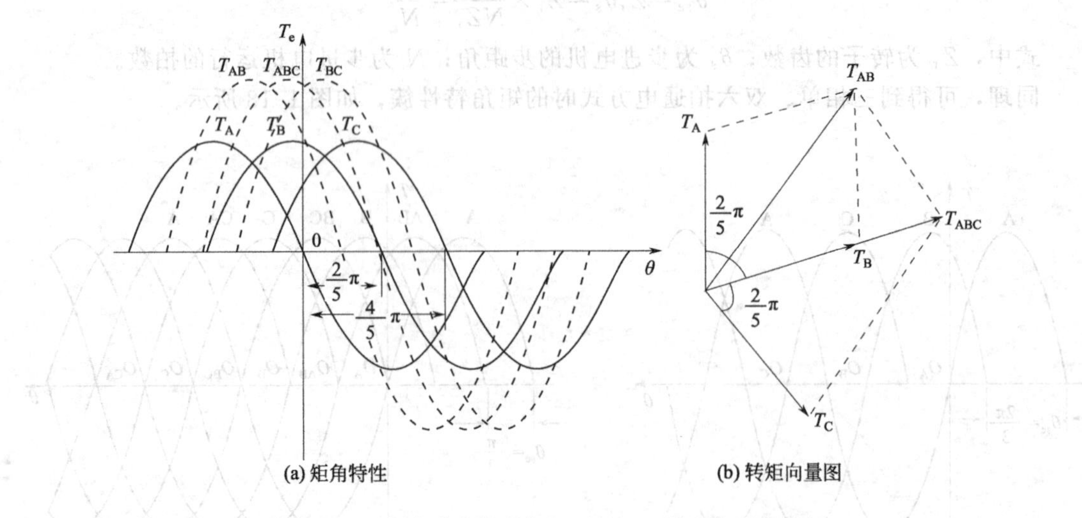

图 1-20　五相步进电机单相、两相、三相通电时的转矩

1.3.2　步进电机的动态特性

动态特性是指步进电机在运行过程中的特性，它直接影响系统工作的可靠性和系统的快速反应。

(1) 单步运行状态

单步运行状态是指步进电机在单相或多相通电状态下，仅改变一次通电状态的运行方式，或输入脉冲频率非常低，以致加第二个脉冲前，前一步已经走完，转子运行已经停止的运行状态。

① 动稳定区和稳定裕度。动稳定区是指步进电机从一种通电状态切换到另一种通电状态时，不至于引起失步的区域。

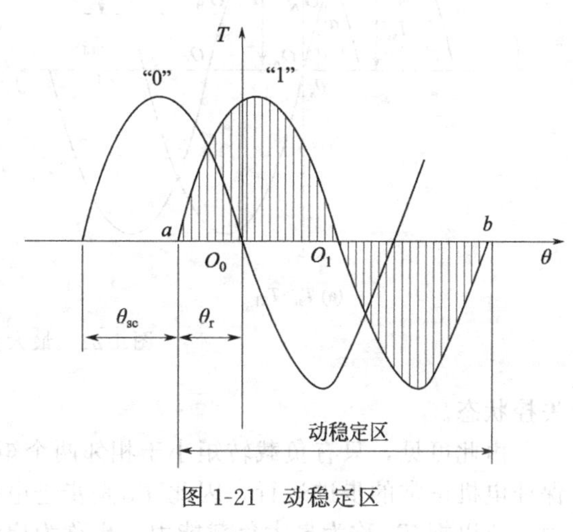

图 1-21　动稳定区

设步进电机初始状态时的矩角特性如图 1-21 中曲线“0”所示。若电机空载，则转子处于稳定平衡点 O_0 处。输入一个脉冲，使其控制绕组通电状态改变，矩角特性向前跃移一个步距角 θ_{se}（θ_{se}为用电角度表示的步距角），矩角特性变为曲线“1”，转子稳定平衡点也由 O_0 变为 O_1。在改变通电状态时，只有当转子起始位置位于 ab 之间才能使它向 O_1 点运动，达到该稳定平衡位置。因此，把区间 ab 称为步进电机空载时的动稳定区，用失调角表示应为 $-\pi+\theta_{se}<\theta<\pi+\theta_{se}$。

显然，步距角越小，动稳定区越接近静稳定区。

动稳定区的边界 a 点到初始稳定平衡位置 O_0 点的区域 θ_r 称为裕量角（又称稳定裕度）。裕量角 θ_r 越大，步进电机运行越稳定。它的值趋于零，步进电机就不能稳定工作，也就没有带负载的能力，裕量角 θ_r 用电角度表示为

$$\theta_r=\pi-\theta_{se}=\pi-\theta_s Z_r=\pi-\frac{2\pi}{mZ_rC}\times Z_r=\frac{\pi}{mC}\ (mC-2)$$

式中，θ_{se}为用电角度表示的步距角。

通电状态系数 $C=1$ 时，正常结构的反应式步进电机的相数 m 最少必须为 3，由上式可知，步进电机的相数越多，步距角就越小，相应的裕量角（稳定裕度）越大，运行的稳定性也越好。

② 最大负载能力（启动转矩）。步进电机在步进运行时所能带动的最大负载可由相邻两条矩角特性交点所对应的电磁转矩 T_{st} 来确定。

设步进电机带恒定负载，由图 1-22 可以看出，当负载转矩为 T_{L1}，且 $T_{L1}<T_{st}$时。若 A 相控制绕组通电，则转子的稳定平衡位置为图 1-22（a）中曲线 A 上的 O'_A点，这一点的电磁转矩正好与负载转矩相平衡。当输入一个控制脉冲信号，通电状态由 A 相改变为 B 相，在改变通电状态的瞬间，矩角特性跃变为曲线 B。对应于角度 θ_a 的电磁转矩 T'_a 大于负载转矩 T_{L1}，电机在该转矩的作用下，沿曲线 B 向前转过一个步距角，到达新的稳定平衡点 O'_B。这样每切换一次脉冲，转子便转过一个步距角。

但是如果负载转矩增大为 T_{L2}，且 $T_{L2}>T_{st}$，如图 1-22（b）所示，则初始平衡位置为 O''_A点。但在改变通电状态的瞬间，矩角特性跃变为曲线 B。对应于角度 θ_a 的电磁转矩T''_a小于负载转矩 T_{L2}，由于 $T''_a<T_{L2}$，所以转子不能到达新的稳定平衡位置 O''_B点，而是向失调角 θ 减小的方向滑动，也就是说电机不能带动负载做步进运行，这时步进电机实际上是处于

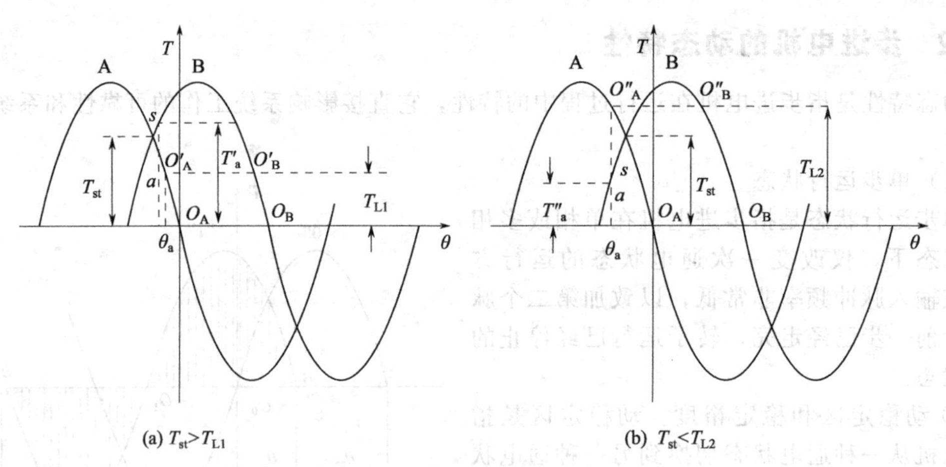

图 1-22 最大负载转矩的确定

失控状态。

由此可见，只有负载转矩小于相邻两个矩角特性的交点 s 所对应的电磁转矩 T_{st}，才能保证电机正常的步进运行，因此 T_{st} 是步进电机做单步运行所能带动的极限负载，即负载能力。所以把 T_{st} 称为最大负载能力，也称为启动转矩。当然它比最大静转矩 T_{max} 要小。由图 1-22 可求得启动转矩为

$$T_{st}=T_{max}\sin\left(\frac{\pi-\theta_{se}}{2}\right)=T_{max}\cos\frac{\theta_{se}}{2}$$

将 $\theta_{se}=Z_r\theta_s=\frac{2\pi}{N}$ 代入上式可得

$$T_{st}=T_{max}\cos\frac{\pi}{N}=T_{max}\cos\frac{\pi}{mC}$$

由以上分析可知，当 T_{max} 一定时，增加运行拍数 N 可以增大启动转矩 T_{st}。当通电状态系数 $C=1$ 时，正常结构的反应式步进电机最少的相数必须是 3。如果增加电机的相数，通电状态系数较大时，最大负载转矩也随之增大。

此外，矩角特性的波形对电机带负载的能力也有较大影响。当矩角特性为平顶波时，T_{st} 值接近于 T_{max} 值，电机带负载能力较大。因此，步进电机理想的矩角特性是矩形波。

T_{st} 是步进电机做单步运行时的负载转矩极限值。由于负载可能发生变化，电机还要具有一定的转速。因而实际应用时，最大负载转矩比 T_{st} 要小，即留有相当余量才能可靠运行。

③ 步进电机转子振荡现象。前面的分析认为当电机绕组改变通电状态后，转子单调地趋向平衡位置。但实际上步进电机在步进运行状态，即通电脉冲的间隔时间大于其机电过渡过程所需的时间时，由于转子有惯性，它要经过一个振荡过程后才能稳定在平衡位置。这种情况，可通过图 1-23 加以说明。

步进电机空载，开始时 A 相控制绕组通电，转子处在失调角 $\theta=0$ 的位置。当改变为 B 相控制绕组通电时，B 相定子齿轴线与转子齿轴线错开 θ_{se} 角，矩角特性向前移动了一个步距角 θ_{se}，在磁阻转矩的作用下，转子将由 a 点加速趋向新的初始平衡位置 $\theta=\theta_{se}$ 的 b 点（即 B 相定子齿轴线与转子齿轴线重合的位置）做步进运动，到达 b 点时，磁阻转矩为零，但速度并不为零。由于惯性的作用，转子将越过新的平衡位置 b 点，继续转动，当 $\theta>\theta_{se}$ 时，磁阻转矩变为负值，即反方向作用在转子上，因而电机开始减速。随着失调角 θ 增大，反向转矩也随之增大，步进电机减速得越快，若不考虑电机的阻尼作用，则转子将一直转到

$\theta=2\theta_{se}$的位置，转子转速减为零。之后电机在反向转矩的作用下，转子向反方向转动，又越过平衡位置b点，直至$\theta=0$。这样，转子就以b点为中心，在$0\sim2\theta_{se}$的区域内来回做不衰减的振荡，称为无阻尼的自由振荡，如图1-23（b）所示。

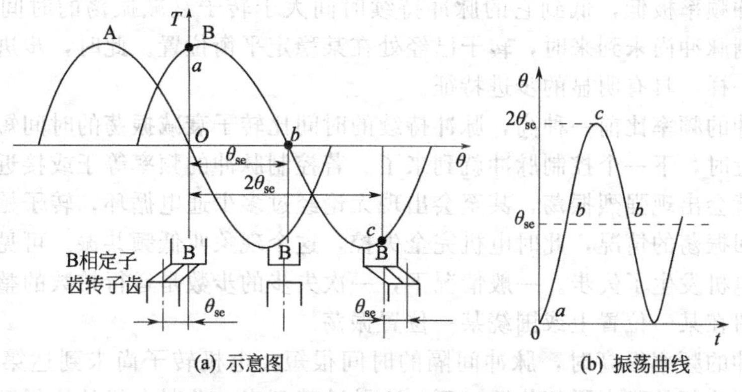

图1-23 无阻尼时转子的自由振荡

其振荡幅值为步距角θ_{se}，若振荡角频率用ω'_0表示，相应的振荡频率f'_0和周期T'_0为

$$f'_0=\frac{\omega'_0}{2\pi}$$

$$T'_0=\frac{1}{f'_0}=\frac{2\pi}{\omega'_0}$$

自由振荡角频率与振荡幅值有关，当拍数很多时，步距角很小，振荡幅值就很小。也就是说，转子在平衡位置附近做微小的振荡，这时振荡的角频率称为固有振荡角频率，用ω_0表示。理论上可以证明固有振荡角频率为

$$\omega=\sqrt{T_{\max}Z_r/J}$$

式中，J为转子转动惯量。

实际上，由于轴承的摩擦和风阻等的阻尼作用，转子在平衡位置的振荡过程总是衰减的，如图1-24所示。阻尼作用越大，衰减得越快，这也是我们所希望的。

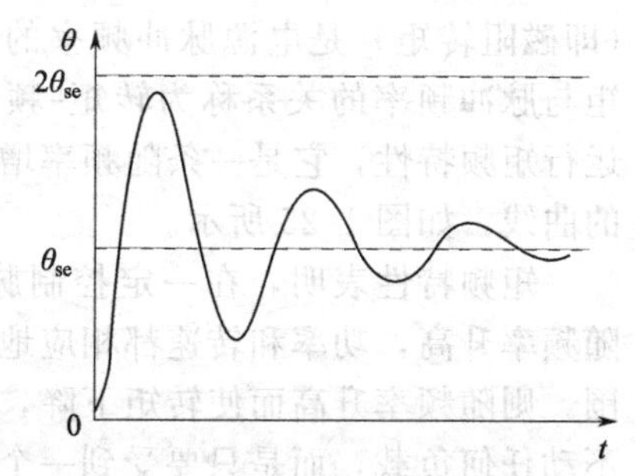

图1-24 有阻尼时转子的衰减振荡

（2）连续运行状态

当步进电机在输入脉冲频率较高，其周期比转子振荡过渡过程时间还短时，转子做连续的旋转运动，这种运行状态称为连续运转状态。

① 脉冲频率对步进电机工作的影响。随着外加脉冲频率的提高，步进电机进入连续转动状态。在运行过程中具有良好的动态性能是保证控制系统可靠工作的前提。例如，在控制系统的控制下，步进电机经常做启动、制动、正转、反转等动作，并在各种频率下（对应于各种转速）运行，这就要求电机的步数与脉冲数严格相等，既不丢步也不越步，而且转子的运动应是平稳的。但这些要求一般无法同时满足，例如由于步进电机的动态性能不好或使用不当，会造成运行中的丢步，这样，由步进电机的“步进”所保证的系统精度就失去了意义。

无法保证电机的转子转动频率、电机转动步数与脉冲频率严格相等，两者不同步时，称为失步。从对步进电机单步运行状态的分析中可知，步进电机的振荡和失步是一种普遍存在

现象。由于频率对电机参数的影响，转子的惯性、控制电流的大小和负载的大小不同，同时，控制脉冲的频率往往在很大范围内变化。脉冲频率不同，因此，脉冲持续的时间也不同，步进电机的振荡和工作情况也变得截然不同。

当控制脉冲频率极低，低到它的脉冲持续时间大于转子衰减振荡的时间。在这种情况下，下一个控制脉冲尚未到来时，转子已经处在某稳定平衡位置。此时，步进电机的每一步都和单步运行一样，具有明显的步进特征。

当控制脉冲的频率比前一种高，脉冲持续的时间比转子衰减振荡的时间短，当转子还未稳定在平衡位置时，下一个控制脉冲就到来了。若控制脉冲的频率等于或接近步进电机的振荡频率，电机就会出现强烈振荡，甚至会出现无论经过多少通电循环，转子始终处在原来的位置不动或来回振荡的情况，此时电机完全失控，这个现象叫低频共振。可见，在无阻尼低频共振时步进电机发生了失步。一般情况下，一次失步的步数是运行拍数的整数倍。失步严重时，转子停留在某一位置上或围绕某一位置振荡。

当控制脉冲的频率很高时，脉冲间隔的时间很短，电机转子尚未到达第一次振荡的幅值，甚至还没到达新的稳定平衡位置，下一个脉冲就到来。此时电机的运行已由步进变成了连续平滑的转动，转速也比较稳定。

当控制脉冲频率达到一定数值之后，频率再升高，步进电机的负载能力便下降，当频率太高时，也会产生失步，甚至还会产生高频振荡。其主要是受定子绕组电感的影响。绕组电感有延缓电流变化的特性，使电流的波形由低频时的近似矩形波变为高频时的近似三角波，其幅值和平均值都较小，使动态转矩大大下降，负载能力降低。

此外，由于控制脉冲频率升高，步进电机铁芯中的涡流迅速增加，其热损耗和阻转矩使输出功率和动态转矩下降。

② 运行矩频特性。当控制脉冲的频率达到一定数值后，再增加频率，由于绕组电感作用，绕组中的控制电流平均值下降。因此，步进电机的最大磁阻转矩下降，运行时的最大允许负载转矩将下降，即步进电机的负载能力下降。可见动态转矩（即磁阻转矩）是电源脉冲频率的函数，把磁阻转矩与脉冲频率的关系称为转矩-频率特性，简称为运行矩频特性，它是一条随频率增加磁阻转矩下降的曲线，如图 1-25 所示。

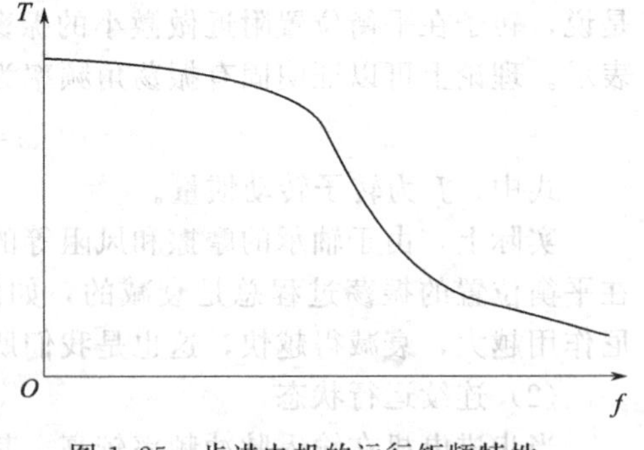

图 1-25 步进电机的运行矩频特性

矩频特性表明，在一定控制脉冲频率范围内，随频率升高，功率和转速都相应地提高，超出该范围，则随频率升高而使转矩下降，步进电机带负载的能力也逐渐下降，到某一频率后，就带不动任何负载，而是只要受到一个很小的扰动，就会振荡、失步甚至停转。

总之，控制脉冲频率的升高是获得步进电机连续稳定运行和高效率所需的条件，然而还必须同时注意到运行矩频特性的基本规律和所带负载状态。

③ 最高连续运行频率。步进电机在一定负载转矩下，不失步连续运行的最高频率称为电机的最高连续运行频率或最高跟踪频率。其值越高电机转速越高，这是步进电机的一个重要技术指标。这一参数对某些系统有很重要的意义。例如，在数控机床中，在退刀、对刀及变换加工程序时，要求刀架能迅速移动以提高加工效率，这一工作速度可由最高连续运行频率指标来保证。

最高连续运行频率不仅随负载转矩的增加而下降，而且更主要的是受绕组时间常数的影响。在负载转矩一定时，为了提高最高连续运行频率，通常采用的方法是：第一，在绕组中串入电阻，并相应提高电源电压，这样可以减小电路的时间常数，使绕组的电流迅速上升；第二，采用高、低压驱动电路，提高脉冲起始部分的电压，改善电流波形前沿，使绕组中的电流快速上升。此外，转动惯量对连续运行频率也有一定的影响。随着转动惯量的增加，会引起机械阻尼作用的加强，摩擦力矩也可能会相应增大，转子就跟不上磁场变化的速度，最后因超出动稳定区而失步或产生振荡，从而限制最高连续运行的频率。

④ 启动矩频特性。在一定负载转矩下，电机不失步地正常启动所能加的最高控制脉冲频率，称为启动频率（也称突跳频率）。它的大小与电机本身的参数、负载转矩、转动惯量及电源条件等因素有关，它是衡量步进电机快速性的重要技术指标。

步进电机在启动时，转子要从静止状态开始加速，电机的磁阻转矩除了克服负载转矩之外，还要克服轴上的惯性转矩 $J\frac{d\Omega}{dt}$。所以启动时电机的负担比连续运转时要大。当启动时脉冲频率过高，转子的运动速度跟不上定子磁场的变化，转子就要落后稳定平衡位置一个角度。当落后的角度使转子的位置在动稳定区之外时，步进电机就要失步或振荡，电机便无法启动。为此，对启动频率就要有一定的限制。电机一旦启动后，如果再逐渐升高脉冲频率，由于这时转子的角加速度$\frac{d\Omega}{dt}$较小，惯性转矩不大，因此电机仍能升速。显然，连续运行频率要比启动频率高。

当电机带着一定的负载转矩启动时，作用在电机转子上的加速转矩为磁阻转矩与负载转矩之差。负载转矩越大，加速转矩就越小，电机就越不容易启动，其启动的脉冲频率就应该越低。在给定驱动电源的条件下，负载转动惯量 J 一定时，启动频率 f_{st}与负载转矩 T_L 的关系 $f_{st}=f(T_L)$，称为启动矩频特性，如图 1-26 所示。可以看出，随着负载转矩的增加，其启动频率是下降的。所以启动矩频特性是一条呈下降的曲线。

⑤ 启动惯频特性。在给定驱动电源的条件下，负载转矩不变时，转动惯量越大，转子速度的增加越慢，启动频率也越低。启动频率 f_{st} 和转动惯量 J 之间的关系，即 $f_{st}=f(J)$称为启动惯频特性，如图 1-27 所示。

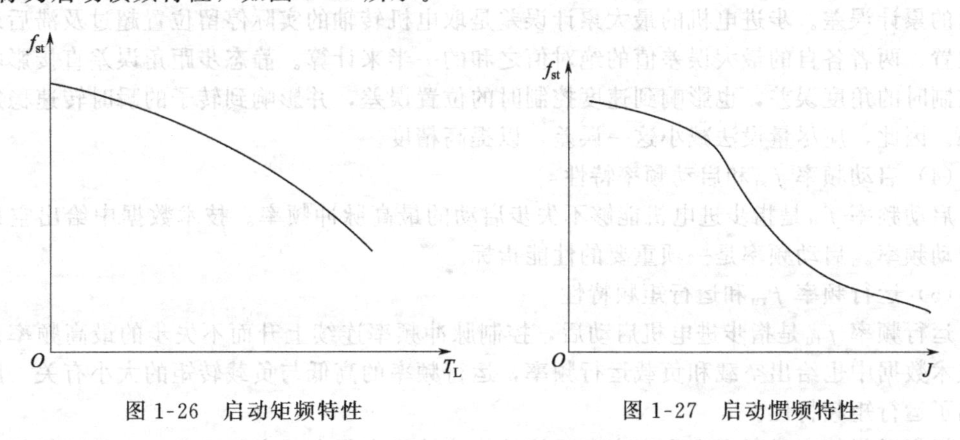

图 1-26　启动矩频特性　　图 1-27　启动惯频特性

随着步进电机转动部分转动惯量 J 的增大，在一定脉冲周期内转子加速过程将变慢，因而难趋向平衡位置。而要步进电机启动，也需要较长的脉冲周期使电机加速，即要求降低脉冲频率。所以随着电机轴上转动惯量的增加，启动频率也是下降的。启动频率 f_{st}随转动惯量 J 增大而下降。

要提高启动频率，可从以下几方面考虑：增加电机的相数、运行的拍数和转子的齿数；增大最大的静转矩；减小电机的负载和转动惯量；减小电路的时间常数；减小步进电机内部或外部的阻尼转矩等。

1.4 步进电机的主要性能指标

(1) 最大静转矩 T_{max}

最大静转矩 T_{max} 是指在规定的通电相数下矩角特性上的转矩最大值。通常在技术数据中所规定的最大静转矩是指一相绕组通以额定电流时的最大转矩值。

按最大静转矩的大小可把步进电机分为伺服步进电机和功率步进电机。伺服步进电机的输出转矩较小，有时需要经过液压力矩放大器或伺服功率发电系统放大后再去带动负载。而功率步进电机最大静转矩一般大于 4.9N·m，它不需要力矩放大装置就能直接带动负载，从而大大简化了系统，提高了传动的精度。

(2) 步距角 θ_s

步距角是指步进电机在一个电脉冲作用下（即改变一次通电方式，通常又称一拍）转子所转过的角位移，也称为步距。步距角 θ_s 的大小与定子控制绕组的相数、转子的齿数和通电的方式有关。步距角的大小直接影响步进电机的启动频率和运行频率。两台步进电机的尺寸相同时，步距角小的步进电机的启动、运行频率较高，但转速和输出功率不一定高。

(3) 静态步距角误差 $\Delta\theta_s$

静态步距角误差 $\Delta\theta_s$ 是指实际步距角与理论步距角之间的差值，常用理论步距角的百分数或绝对值来表示。通常在空载情况下测定，$\Delta\theta_s$ 小意味着步进电机的精度高。

步进电机的精度由静态步距角误差来衡量。从理论上讲，每一个脉冲信号应使电机的转子转过同样的步距角。但实际上，由于定、转子的齿距分度不均匀，定、转子之间的气隙不均匀或铁芯分段时的错位误差等，都会使实际步距角和理论步距角之间存在偏差，由此决定静态步距角误差。在实际测定静态步距角误差时，既要测量相邻步距角的误差，还要计算步距角的累计误差。步进电机的最大累计误差是取电机转轴的实际停留位置超过及滞后理论停留位置、两者各自的最大误差值的绝对值之和的一半来计算。静态步距角误差直接影响到角度控制时的角度误差，也影响到速度控制时的位置误差，并影响到转子的瞬时转速稳定度的大小。因此，应尽量设法减小这一误差，以提高精度。

(4) 启动频率 f_{st} 和启动频率特性

启动频率 f_{st} 是指步进电机能够不失步启动的最高脉冲频率。技术数据中给出空载和负载启动频率。启动频率是一项重要的性能指标。

(5) 运行频率 f_{ru} 和运行矩频特性

运行频率 f_{ru} 是指步进电机启动后，控制脉冲频率连续上升而不失步的最高频率。通常在技术数据中也给出空载和负载运行频率，运行频率的高低与负载转矩的大小有关，所以又给出了运行矩频特性。

提高运行频率对于提高生产率和系统的快速性具有很大的实际意义。由于运行频率比启动频率高得多，所以在使用时，通常采用能自动升、降频控制线路，先在低频（不大于启动频率）下进行启动，然后再逐渐升频到工作频率，使电机连续运行，升频时间在1s之内。

步进电机是数字控制系统中的一种执行元件，其功能是将脉冲电信号变换为相应的角位移或直线位移，其位移量与脉冲数成正比，其转速或线速度与脉冲频率成正比，它能按照控制脉冲的要求，迅速启动、反转、制动和无级调速；工作时能不失步，精度高，停止时能锁住。鉴于以上特点，步进电机在自动控制系统中，特别是在开环数字程序控制系统中作为传动元件而得到广泛的应用。

1.5 步进电机的驱动电源

步进电机的驱动电源与步进电机是一个相互联系的整体，步进电机的性能是由电机和驱动电源共同确定的，因此步进电机的驱动电源在步进电机中占有相当重要的位置。

1.5.1 对驱动电源的基本要求

步进电机的驱动电源应满足下述要求。

① 驱动电源的相数、通电方式、电压和电流都应满足步进电机的控制要求。

② 驱动电源要满足启动频率和运行频率的要求。

③ 能在较宽的频率范围内实现对步进电机的控制。

④ 能最大限度地抑制步进电机的振荡。

⑤ 工作可靠，对工业现场的各种干扰有较强的抑制作用。

⑥ 成本低、效率高，安装和维护方便。

1.5.2 驱动电源的组成

步进电机驱动电源一般由脉冲信号发生电路、脉冲分配电路和功率放大电路等构成，其原理框图如图 1-28 所示。

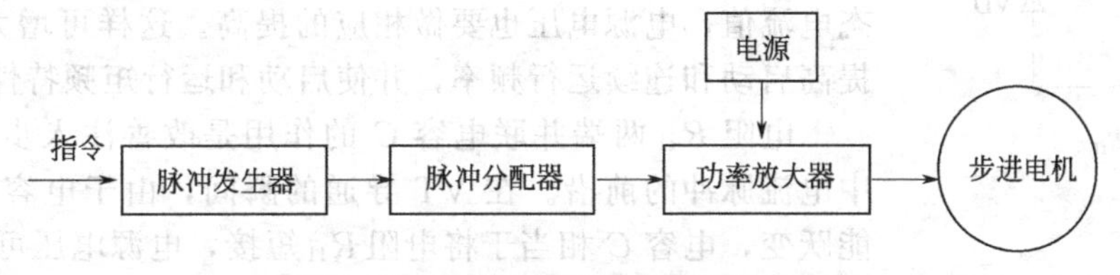

图 1-28 步进电机驱动电源原理框图

(1) 脉冲发生器（又称变频信号源）

脉冲发生器可以产生频率从几赫兹到几十千赫兹可连续变化的脉冲信号，脉冲信号发生电路的作用是将产生的基准频率信号供给脉冲分配电路。脉冲信号发生器可以采用多种线路来设计，一般采用以下两种：多谐振荡器和单结晶体管构成的弛张振荡器。它们都是通过调节电阻 R 和电容 C 的大小来改变电容充放电的时间常数，以达到改变脉冲信号频率的目的。

(2) 脉冲分配器

脉冲分配器（也称环形分配器）是一个数字逻辑单元，它接收一个单相的脉冲信号，根据运行指令把脉冲信号按一定的逻辑关系分配到每一相脉冲放大器上，使步进电机按选定的运行方式工作，实现正、反转控制和定位。脉冲分配器可以由双稳态触发器和门电路组成，也可由可编程逻辑器件组成。由于脉冲分配器输出的电流只有几毫安，所以必须进行功率放大，由功率放大器来驱动步进电机。

(3) 功率放大器（驱动器）

功率放大器的作用是进行脉冲功率的放大。因为从脉冲分配器输出的电流很小，一般是毫安级，而步进电机工作时需要的电流较大，一般从几安到几十安。因此需要进行功率放大，功率放大器的种类很多，分类方法也很多。不同类型的功率放大器对步进电机性能的影响也各不相同。通常根据对步进电机运行性能的要求选择合适的功率放大器。功率放大器一般是步进电机每相绕组一个单元电路。

1.5.3 驱动电源的分类

步进电机的驱动电源有多种形式，相应的分类方法也很多。若按配套的步进电机容量大小来分，有功率步进电机驱动电源和伺服步进电机驱动电源两类。

按电源输出脉冲的极性来分，有单向脉冲和正、负双极性脉冲电源两种，后者是作为永磁步进电机或感应子式永磁步进电机的驱动电源。

按供出电脉冲的功率元件来分，有晶体管驱动电源、高频晶闸管驱动电源和可关断晶闸管驱动电源等。

按脉冲供电方式来分，有单电压型电源；高、低压切换型电源；电流控制的高、低压切换型电源和细分电路电源等。

1.5.4 单电压型驱动电源

单电压型驱动电源（又称单一电压型驱动电源）是最简单的驱动电源，图 1-29 所示为一相控制绕组驱动电路的原理图。当有脉冲信号输入时，功率管 VT 导通，步进电机的控制绕组中有电流流过；否则，功率管 VT 关断，控制绕组中没有电流流过。

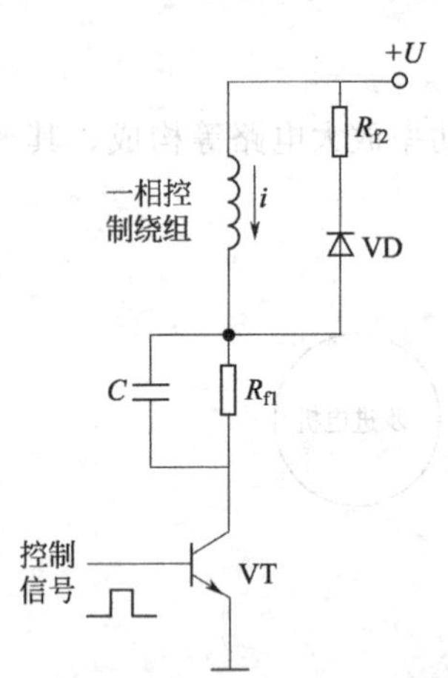

图 1-29 单电压驱动电路原理图

由于步进电机控制绕组电抗的作用，使步进电机的动态转矩减小，动态特性变坏。如要提高动态转矩，就应减小电流上升的时间常数 τ_a，使电流前沿变陡，这样电流波形可接近矩形。在图 1-28 中串入电阻 R_{f1}，可使 τ_a 下降，但为了达到同样的稳态电流值，电源电压也要做相应的提高。这样可增大动态转矩，提高启动和连续运行频率，并使启动和运行矩频特性下降缓慢。

电阻 R_{f1} 两端并联电容 C 的作用是改善注入步进电机绕组中电流脉冲的前沿。在 VT 导通的瞬间，由于电容上的电压不能跃变，电容 C 相当于将电阻 R_{f1} 短接，电源电压可全部加在控制绕组上。使电机控制绕组中的电流迅速上升，这样就使得电流波形的前沿明显变陡，改善波形。但是，如果电容 C 选择不当，在低频段会使振荡有所增加，导致低频性能变差。

由于功率管 VT 由导通突然变为关断状态时，在控制绕组中会产生很高的电动势，其极性与电源极性一致，二者叠加起来作用到功率管 VT 上，很容易使其击穿。为此，并联一个二极管 VD 和电阻 R_{f2}，形成放电回路，限制功率管 VT 上的电压，构成了对功率管 VT 的保护。

单电压型电源只用一种电压，线路简单，功放元件少，成本低。但它的缺点是电阻 R_{f1} 上要消耗功率，引起发热并导致效率降低，所以这种电源只适用于驱动小功率步进电机或性能指标要求不高的场合。

1.5.5 高、低压切换型驱动电源

高、低压切换型驱动电路原理如图 1-30 所示。步进电机的每一相控制绕组需要有两只功率元件串联，它们分别由高压和低压两种不同的电源供电。高压供电是用来加速电流的上升速度，改善电流波形的前沿，而低压是用来维持稳定的电流值。电路中串联一个数值较小的电阻 R_{f1}，其目的是调节控制绕组的电流值，使各相电流平衡。

当输入控制脉冲信号时，功率管 VT_1、VT_2 导通，低压电源由于二极管 VD_1 承受反向

电压处于截止状态不起作用，高压电源加在控制绕组上，电机绕组中的电流迅速上升，使电流波形的前沿很陡。当电流上升到额定值或比额定值稍高时，利用定时电路或电流检测电路，使 VT_1 关断，VT_2 仍然导通，二极管 VD_1 也由截止变为导通，电机绕组由低压电源供电，维持其额定稳态电流。当输入信号为零时，VT_2 截止，电机绕组中的电流通过二极管 VD_2 的续流作用向高压电源放电，绕组中的电流迅速减小。电阻 R_{f1} 的阻值很小，目的是调节绕组中的电流，使各相电流平衡。

这种驱动方式的特点是电源功耗比较小，效率比较高。由于电流的波形得到了很大改善，所以电机的矩频特性好，启动和运行频率得到了很大提高。它的主要缺点是在低频运行时输入能量过大，造成电机低频振荡加重；同时也增大了电源的容量，由于电源电压的提高，也提高了对功率管性能参数的要求。这种驱动方式常用于大功率步进电机的驱动。

以上两种电源均属于开环类型。

1.5.6 电流控制的高、低压切换型驱动电源

电流控制的高、低压切换型驱动电路（又称定电流斩波驱动电路）的原理图，如图1-31所示。带有连续电流检测的高、低压驱动电源是在高、低压切换型电源的基础上，多加了一个电流检测控制线路，使高压部分的电流断续加入，以补偿因控制绕组的旋转电动势和相间互感等原因所引起的电流波顶下凹造成的转矩下降。它是根据主回路电流的变化情况，反复地接通和关断高压电源，使电流波顶维持在需求的范围内。

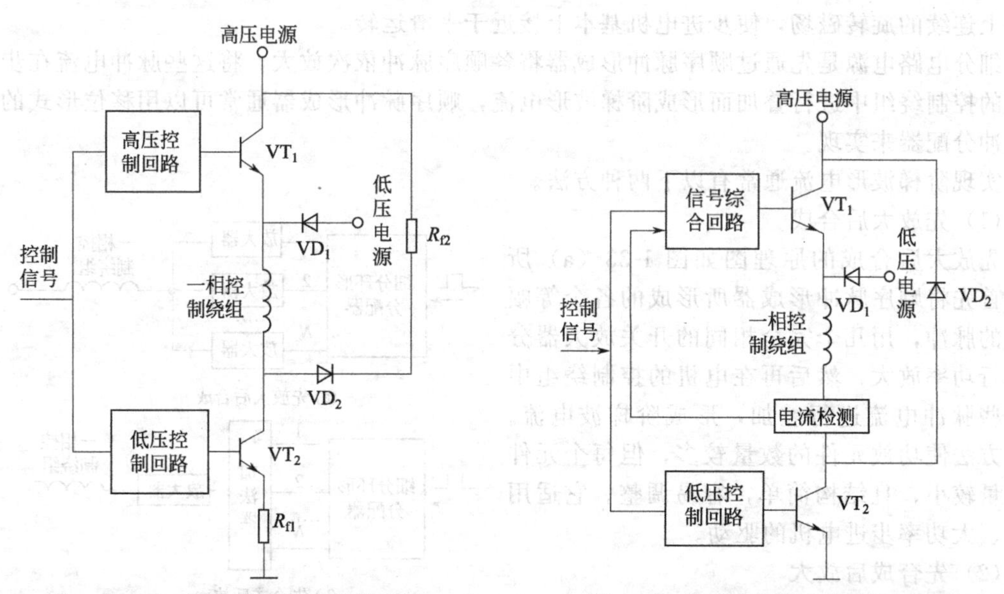

图1-30 高、低电压驱动电路原理图　　图1-31 定电流斩波驱动电路原理图

当有控制脉冲信号输入时，功率管 VT_1、VT_2 导通，控制绕组中的电流在高压电源作用下迅速上升。当电流上升到 I_1 时，利用电流检测信号使功率管 VT_1 关断，高压电源被切除，低压电源对绕组供电。若由于某种原因使电流下降到 I_2 时，利用电流检测信号使 VT_1 导通，控制绕组中的电流再次上升。这样反复进行，就可使控制绕组中的电流维持在要求值的附近，使步进电机的运行性能得到了显著提高，相应使启动和运行频率升高。

这种驱动电路不仅具有高、低压切换型驱动电路的优点，而且由于电流的波形得到了补偿，使步进电机的运行性能得到显著提高。但因在线路中增加了电流反馈环节，使其结构较为复杂，成本提高。它属于闭环类型。

1.5.7 细分电路电源

一般步进电机受制造工艺的限制，它的步距角是有限的。而实际中的某些系统往往要求步进电机的步距角必须很小，才能完成加工工艺的要求。如数控机床为了提高加工精度，要求脉冲当量为 0.01mm/脉冲，甚至要求达到 0.001mm/脉冲。这时单从步进电机本身来解决是有限度的，应设法从驱动电源上来解决。为此，常采用细分电路电源。

细分电路电源是使步进电机的步距角减小，从而使步进运动变成近似的匀速运动的一种驱动电源。这样，步进电机就能像伺服电机一样平滑运转。细分驱动方式就是把原来的一步再细分成若干步，使步进电机的转动近似为匀速运动，并能在任何位置停步。为达到这一目的，可设法将原来供电的矩形脉冲电流波改为阶梯波形电流，如图 1-32 所示。这样，在输入电流的每个阶梯，步进电机转动一步，步距角减小了许多，从而提高了步进电机运行的平滑性，改善了低频特性，负载能力也有所增加。

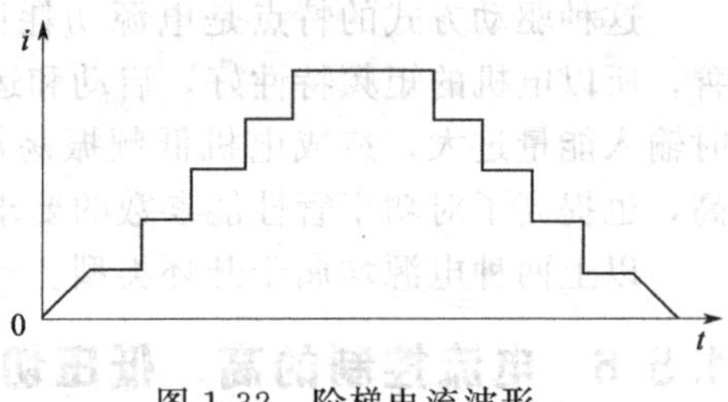

图 1-32 阶梯电流波形

从图 1-32 中可以看到，供给步进电机的电流是由零经过五个均匀宽度和幅度的阶梯上升到稳定值。下降时，又是经过同样的阶梯从稳定值降至零。这可以使步进电机内形成一个基本上连续的旋转磁场，使步进电机基本上接近于平滑运转。

细分电路电源是先通过顺序脉冲形成器将各顺序脉冲依次放大，将这些脉冲电流在步进电机的控制绕组中进行叠加而形成阶梯波形电流，顺序脉冲形成器通常可以用移位形式的环形脉冲分配器来实现。

实现阶梯波形电流通常有以下两种方法。

(1) 先放大后合成

先放大后合成的原理图如图 1-33 (a) 所示，首先将顺序脉冲形成器所形成的各个等幅等宽的脉冲，用几个完全相同的开关放大器分别进行功率放大，然后再在电机的控制绕组中将这些脉冲电流进行叠加，形成阶梯波电流。这种方法使功放元件的数量较多，但每个元件的容量较小，且结构简单，容易调整。它适用于中、大功率步进电机的驱动。

(2) 先合成后放大

先合成后放大的原理图如图 1-33 (b) 所示，把顺序脉冲形成器所形成的等幅等宽的脉冲，先合成为阶梯波，然后对阶梯波进行放大。这种方法是使用的功率元件数量较少，但每个元件的容量较大，它适用于作为小功率步进电机的驱动。

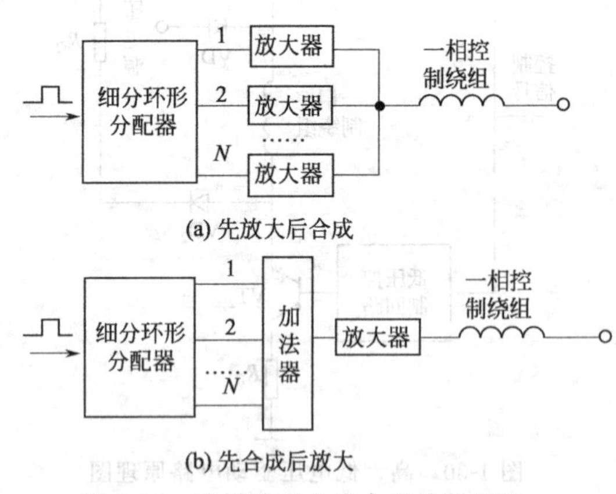

图 1-33 阶梯波形电流合成的原理图

1.5.8 双极性驱动电源

上述各种驱动电路只能使控制绕组中的电流向一个方向流动，适用于反应式步进电机。而对于永磁式或混合式步进电机，工作时要求定子磁极的极性交变，即要求控制绕组中的电流能正、反双方向流动。因此，通常要求其绕组由双极性驱动电路驱动，这样可以提高控制绕组利用率，增大低速时的转矩。

如果系统能提供合适的正负功率电源，则双极性驱动电路将相当简单，如图 1-34（a）所示。当 VT_1 导通、VT_2 截止时，能向控制绕组提供正向电流；当 VT_2 导通、VT_1 截止时，就能向控制绕组提供反向电流。然而大多数系统只有单极性的功率电源，这时就要采用全桥式驱动电路。

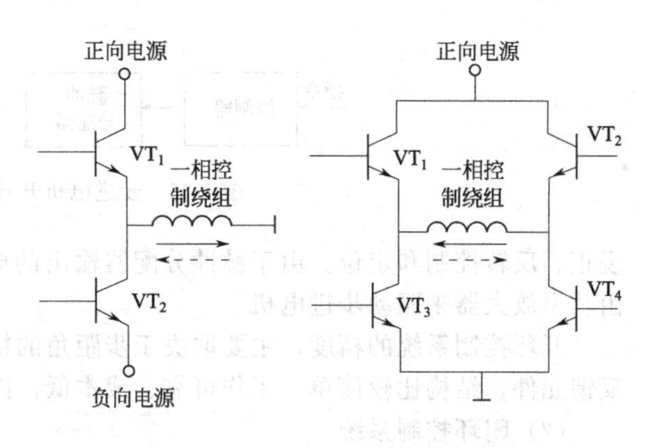

(a) 系统电源为正、负双极性　　(b) 系统电源为单极性

图 1-34　双极性驱动电源原理图

全桥式驱动电路（又称 H 桥驱动电路）是一种常用的双极性驱动电路。其电路原理如图 1-34（b）所示。四个开关管 VT_1～VT_4 组成 H 桥的四臂，对角线上的两个开关管 VT_1 和 VT_4、VT_2 和 VT_3 分别为一组，控制电流正向或反向流动。若 VT_2、VT_3 导通提供正向电流，则 VT_1、VT_4 导通提供反向电流。可见电流在控制绕组中可以双向流动。

由于双极性驱动电路较为复杂，过去仅用于大功率步进电机。但近年来出现了集成化的双极性驱动芯片，使它能方便地应用于对效率和体积要求较高的产品中。

1.6 步进电机的控制原理与应用

1.6.1 步进电机的控制原理

步进电机是一种机电一体化产品，步进电机本体与其驱动控制器构成一个不可分割的有机整体，步进电机的运行性能很大程度上取决于所使用的驱动控制器的类型和参数。

由于步进电机能直接接收数字量信号，所以被广泛应用于数字控制系统中。步进电机较简单的控制电路可以通过各种逻辑电路来实现，如由门电路和触发器等组成脉冲分配器，这种控制方法采用硬件的方式。而且一旦确定，很难改变控制方案。要改变系统的控制功能，一般都要重新设计硬件电路，灵活性较差。以微型计算机为核心的计算机控制系统为步进电机的控制开辟了新的途径，利用计算机的软件或软、硬件相结合的方法，大大增强了系统的功能，同时也提高了系统的灵活性和可靠性。

以步进电机作为执行元件的数字控制系统，有开环和闭环两种形式。

（1）开环控制

步进电机系统的主要特点是能实现精确位移、精确定位，且无积累误差。这是因为步进电机的运动受输入脉冲控制，其位移量是断续的，总的位移量严格等于输入的指令脉冲数或其平均转速严格正比于输入指令脉冲的频率；若能准确控制输入指令脉冲的数量或频率，就能够完成精确的位置或速度控制，不需系统的反馈，形成开环控制系统。

步进电机的开环控制系统，由控制器（包括变频信号源）、脉冲分配器（环形分配器）、驱动电路（功率放大器）及步进电机等部分组成，如图 1-35 所示。

脉冲发生器产生频率从几赫兹到几十千赫兹连续变化的脉冲信号，脉冲分配器根据指令把脉冲按一定的逻辑关系加到各相绕组的功率放大器上，使步进电机按一定的方式运行，实

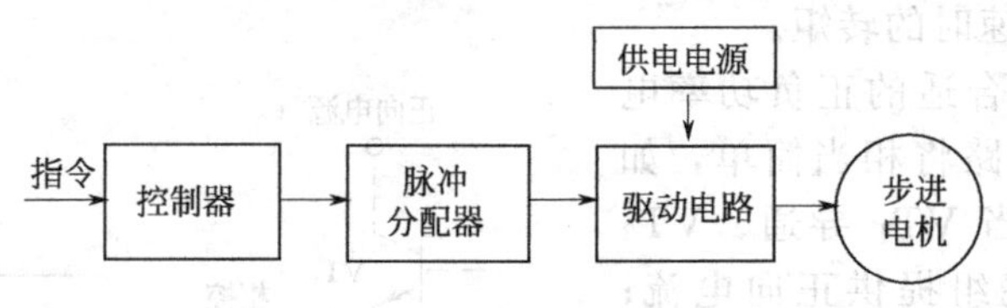

图 1-35　步进电机开环控制原理框图

现正、反转控制和定位。由于脉冲分配器输出的电流只有几毫安，所以必须进行功率放大，由功率放大器来驱动步进电机。

开环控制系统的精度，主要取决于步距角的精度和负载状况。由于开环控制系统不需要反馈元件，结构比较简单、工作可靠、成本低，因而在数字控制系统中得到广泛的应用。

(2) 闭环控制系统

在开环控制系统中，电机响应控制指令后的实际运行情况，控制系统是无法预测和监视的。在某些运行速度范围宽、负载大小变化频繁的场合，步进电机很容易失步，使整个系统趋于失控。另外，对于高精度的控制系统，采用开环控制往往满足不了精度的要求。因此，必须在控制回路中增加反馈环节，构成闭环控制系统。如图 1-36 所示，与开环系统相比多了一个由位置传感器组成的反馈环节。将位置传感器测出的负载实际位置与位置指令值相比较，用比较误差信号进行控制，不仅可防止失步，还能够消除位置误差，提高系统的精度。

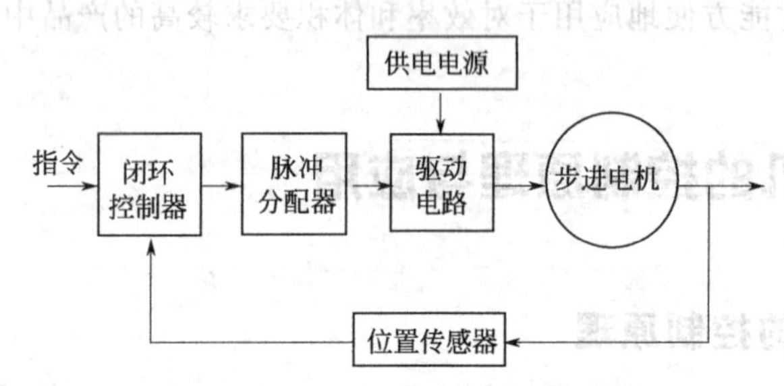

图 1-36　步进电机闭环系统原理框图

闭环控制系统的精度与步进电机有关，但主要是取决于位置传感器的精度。在数字位置随动系统中，为了提高系统的工作速度和稳定性，还有速度反馈内环。

理论上说，闭环控制比开环控制可靠，但是，步进电机的闭环控制系统价格较高，还容易引起持续的机械振荡。如果要获得优良的动态性能，可以选用其他直流或交流伺服系统。

图 1-37 所示为步进电机微机控制系统。在基于微型计算机的步进电机驱动控制系统中，脉冲发生和脉冲分配功能可由微型计算机配合相应的软件来实现，电机的转向、转速也都通过微型计算机控制。采用计算机控制不仅可以用很低的成本实现复杂的控制过程，而且计算机控制系统具有很高的灵活性，便于控制功能的升级和扩充。

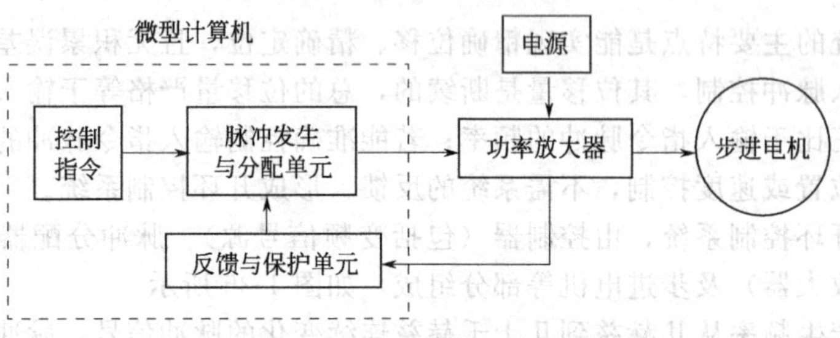

图 1-37　步进电机微机控制系统

1.6.2 步进电机的加减速定位控制

步进电机常常采用加减速定位控制方式。因为步进电机的启动频率要比连续运行频率小，所以脉冲指令频率小于电机的最大启动频率，电机才能成功启动。因此，步进电机驱动执行机构从一个位置向另一个位置移动时，要经历升速、恒速和减速过程。如果启动时一次将速度升到给定速度，启动频率可能超过极限启动频率，造成步进电机失步。

若电机的工作频率总是低于最高启动频率，当然不会失步，但没有充分发挥电机的潜力，工作速度太低，影响了执行机构的工作效率。为此，步进电机常用加减速定位控制。即电机开始以低于最高启动频率的某一频率启动，然后再逐步提高频率，使电机逐步加速，到达最高运行频率，电机高速转动。在到达终点前，降频使电机减速。这样就可以既快又稳地准确定位，如图1-38所示，如果到终点时突然停下来，由于惯性作用，步进电机会发生过冲，影响位置控制精度。所以，对步进电机的加减速有严格的要求，那就是保证在不失步和过冲的前提下，用最快的速度（或最短的时间）移动到指定位置。

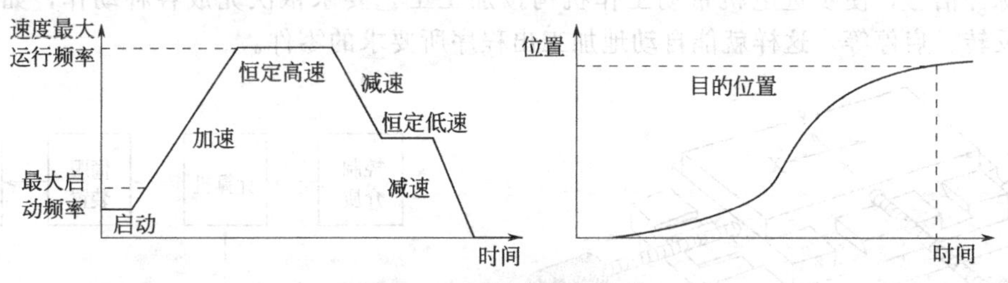

图1-38　加减速定位过程

步进电机的升速一般有两种选择，一种是按直线规律升速，另一种是按指数规律升速。直线升速规律比较简练，而指数升速规律比较接近步进电机输出转矩随转速变化的规律。

控制步进电机进行加减速就是控制每次换相的时间间隔。当微机利用定时器中断方式来控制电机变速时，实际上就是不断改变定时器装载值的大小。为了减少每步计算装载值的时间，可以用阶梯曲线来逼近理想升降曲线，如图1-39所示。

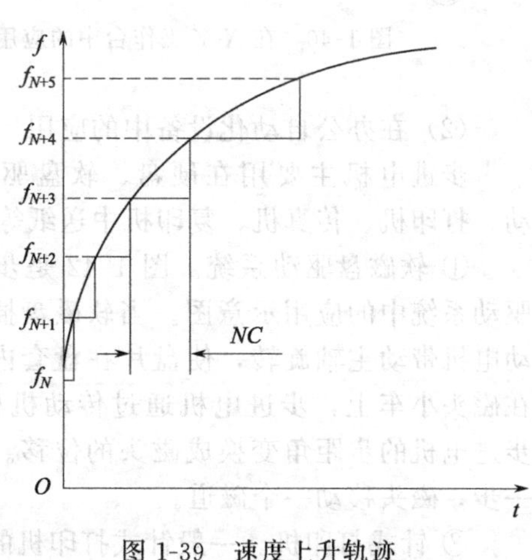

图1-39　速度上升轨迹

图1-39是近似指数加速曲线。离散后速度并不是一直连续上升，而是每升一级都要在该级上保持一段时间，因此实际加速轨迹呈阶梯状。如果速度（频率）是等间距分布，那么在每个速度级上保持的时间不一样长。为了简化，用速度级数N与一个常数C的乘积去模拟，并且保持的时间用步数来代替。因此，速度每升一级，步进电机都要在该速度级上走NC步（其中，N为该速度级数）。

为了简化，减速时也想采用与加速时相同的方法，只不过其过程是加速时的逆过程。

1.6.3 步进电机的应用

步进电机的应用十分广泛，如机械加工、绘图机、机器人、计算机的外部设备、自动记录仪表等。它主要用于工作难度大、要求速度快、精度高的场合。尤其是电力电子技术和微电子技术的发展为步进电机的应用开辟了广阔的前景。下面举几个实例简要说明步进电机的一些典型的应用。

(1) 在数控机床的应用

数控机床是数字程序控制机床的简称，它具有通用性、灵活性及高度自动化的特点，主要适用于加工零件精度要求高、形状比较复杂的生产中。

步进电机在 X-Y 工作台中的应用是其在自动化（FA）机器应用的典型示例。简易数控机床的情况与其相同。X-Y 工作台的应用示例如图 1-40 所示。步进电机通过丝杠将旋转运行变换为工作台的直线运行，从而实现工作台的控制。根据使用步进电机的情况，可采用齿轮减速，亦可直接驱动。大多采用高分辨，控制性能好的功率步进电机。

图 1-41 所示为数控机床控制框图，图中实线所示的系统为开环控制系统，在开环系统的基础上，再加上虚线所示的测量装置，即构成闭环控制系统。其工作过程是，首先应按照零件加工的要求和加工的工序，编制加工程序，并将该程序送入微型计算机中，计算机根据程序中的数据和指令进行计算和控制；然后根据所得的结果向各个方向的步进电机发出相应的控制脉冲信号，使步进电机带动工作机构按加工工艺要求依次完成各种动作，如转速变化、正反转、启停等，这样就能自动地加工出程序所要求的零件。

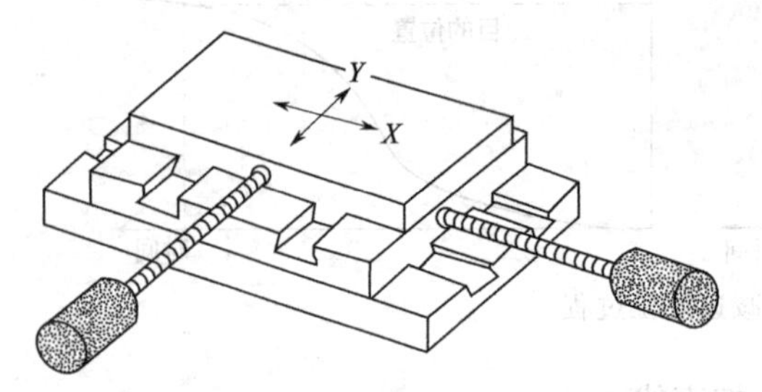

图 1-40 在 X-Y 工作台中的应用

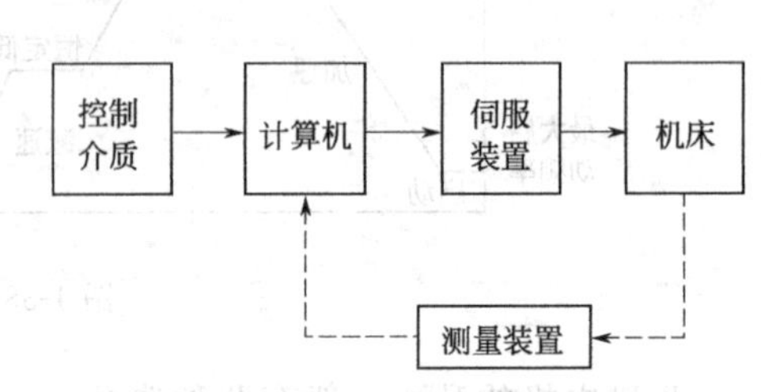

图 1-41 数控机床控制框图

(2) 在办公自动化设备中的应用

步进电机主要用在硬盘、软盘驱动器中的磁头驱动、打印机、传真机、复印机中送纸等。

① 软磁盘驱动系统。图 1-42 是步进电机在软磁盘驱动系统中的应用示意图。当软磁盘插入驱动器后，驱动电机带动主轴旋转，使盘片在盘套内转动。磁头安装在磁头小车上，步进电机通过传动机构驱动磁头小车，步进电机的步距角变换成磁头的位移。步进电机每行进一步，磁头移动一个磁道。

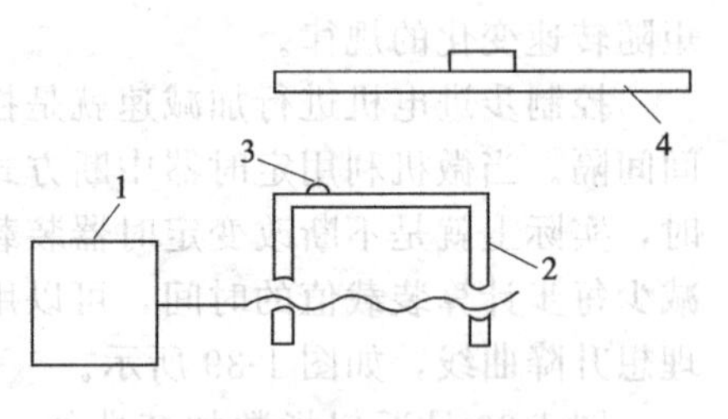

图 1-42 软磁盘驱动系统
1—步进电机；2—磁头小车；3—磁头；4—软磁盘

② 针式打印机。一般针式打印机的字车电机和走纸电机都采用步进电机，如 LQ-1600K 打印机。在逻辑控制电路（CPU 和门阵列）的控制下，走纸步进电机通过传动机构带动纸辊转动，每转一步使纸移动一定的距离。字车步进电机可以加速或减速，使字车停在任意指定位置，或返回到打印起始位置。字车步进电机的步进速度是由单元时间内的驱动脉冲所决定的，改变步进速度可产生不同打印模式中的字距。

第2章 伺服电机原理

2.1 伺服电机概述

2.1.1 伺服电机的用途与分类

伺服电机（又称为执行电机）是一种应用于运动控制系统中的控制电机，它的输出参数，如位置、速度、加速度或转矩是可控的。

伺服电机在自动控制系统中作为执行元件，把输入的电压信号变换成转轴的角位移或角速度输出。输入的电压信号又称为控制信号或控制电压，改变控制电压可以变更伺服电机的转速及转向。

伺服电机按其使用的电源性质不同，可分为直流伺服电机的交流伺服电机两大类。

交流伺服电机按结构和工作原理的不同，可分为交流异步伺服电机和交流同步伺服电机。交流异步伺服电机又分为两相交流异步伺服电机和三相交流异步伺服电机，其中两相交流异步伺服电机又分为笼型转子两相伺服电机和空心杯形转子两相伺服电机等。同步伺服电机又分为永磁式同步电机、磁阻式同步电机和磁滞式同步电机等。

直流伺服电机有传统型和低惯量型两大类。直流伺服电机按励磁方式可分为永磁式和电磁式两种。传统式直流伺服电机的结构形式和普通直流电机基本相同，传统式直流伺服电机按励磁方式可分为永磁式和电磁式两种。常用的低惯量直流伺服电机有以下几种。

① 盘形电枢直流伺服电机。

② 空心杯形电枢永磁式直流伺服电机。

③ 无槽电枢直流伺服电机。

随着电子技术的飞速发展，又出现了采用电子器件换向的新型直流伺服电机。此外，为了适应高精度低速伺服系统的需要，又出现了直流力矩电机。在某些领域（例如数控机床），已经开始用直线伺服电机。伺服电机正在向着大容量和微型化方向发展。

伺服电机的种类很多，本章介绍几种常用伺服电机的基本结构、工作原理、控制方式、静态特性和动态特性等。

2.1.2 自动控制系统对伺服电机的基本要求

伺服电机的种类虽多，用途也很广泛，但自动控制系统对它们的基本要求可归结为以下几点。

① 宽广的调速范围，即要求伺服电机的转速随着控制电压的改变能在宽广的范围内连续调节。

② 机械特性和调节特性均为线性。伺服电机的机械特性是指控制电压一定时，转速随转矩的变化关系；调节特性是指电机转矩一定时，转速随控制电压的变化关系。线性的机械特性和调节特性有利于提高自动控制系统的动态精度。

③ 无“自转”现象，即要求伺服电机在控制电压降为零时能立即自行停转。

④ 快速响应，即电机的机电时间常数要小，相应地伺服电机要有较大的堵转转矩和较小的转动惯量。这样，电机的转速才能随着控制电压的改变而迅速变化。

⑤ 应能频繁启动、制动、停止、反转以及连续低速运行。

此外，还有一些其他要求，如希望伺服电机具有较小的控制功率、重量轻、体积小等。

2.2 直流伺服电机

2.2.1 直流伺服电机的工作原理与结构特点

(1) 直流伺服电机的基本工作原理

直流伺服电机的工作原理与普通直流电机相同，仍然基于电磁感应定律和电磁力定律这两个基本定律。

图 2-1 是最简单的直流电机的物理模型。在两个空间固定的永久磁铁之间，有一个铁制的圆柱体（称为电枢铁芯）。电枢铁芯与磁极之间的间隙称为空气隙。图中两根导体 ab 和 cd 连接成为一个线圈，并敷设在电枢铁芯表面上。线圈的首、尾端分别连接到两个圆弧形的铜片（称为换向片）上。换向片固定于转轴上，换向片之间及换向片与转轴都互相绝缘。这种由换向片构成的整体称为换向器。整个转动部分称为电枢。为了把电枢和外电路接通，特别装置了两个电刷 A 和 B。电刷在空间上是固定不动的，其位置如图 2-1 所示。当电枢转动时，电刷 A 只能与转到上面的一个换向片接触，而电刷 B 则只能与转到下面的一个换向片接触。

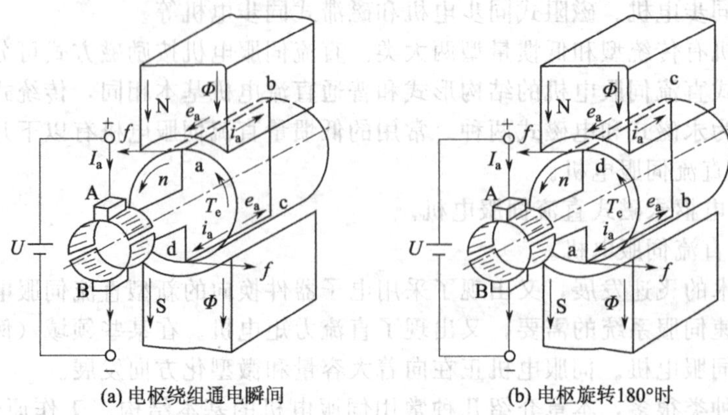

图 2-1 直流电机的物理模型

如果将电刷 A、B 接直流电源，于是电枢线圈中就会有电流通过。假设由直流电源产生的直流电流从电刷 A 流入，经导体 ab、cd 后，从电刷 B 流出，如图 2-1 (a) 所示，根据电磁力定律，载流导体 ab、cd 在磁场中就会受到电磁力的作用，其方向可用左手定则确定。

在图 2-1（a）所示瞬间，位于 N 极下的导体 ab 受到的电磁力 f 的方向是从右向左；位于 S 极下的导体 cd 受到的电磁力 f 的方向是从左向右，因此电枢上受到逆时针方向的力矩，称为电磁转矩 T_e。在该电磁转矩 T_e 的作用下，电枢将按逆时针方向转动。当电刷转过 180°，如图 2-1（b）所示时，导体 cd 转到 N 极下，导体 ab 转到 S 极下。由于直流电源产生的直流电流方向不变，仍从电刷 A 流入，经导体 cd、ab 后，从电刷 B 流出 。可见这时导体中的电流改变了方向，但产生的电磁转矩 T_e 的方向并未改变，电枢仍然为逆时针方向旋转。

实际的直流电机中，电枢上也不是只有一个线圈，而是根据需要有许多线圈。但是，不管电枢上有多少个线圈，产生的电磁转矩却始终是单一的作用方向，并使电机连续旋转。

在直流电机中，因为电枢电流 i_a 是由电枢电源电压 U 产生的，所以电枢电流 i_a 与电源电压 U 的方向相同。由于直流电机的电枢是在电磁转矩 T_e 的作用下旋转的，所以，电机转速 n 的方向与电磁转矩 T_e 的方向相同，即在直流电机中，电磁转矩 T_e 是驱动性质的转矩。当电机旋转时，电枢导体 ab、cd 将切割主极磁场的磁力线，产生感应电动势 e_a（e_a 为电枢导体中的感应电动势），感应电动势 e_a 的方向如图 2-1 所示，从图中可以看出，感应电动势 e_a 的方向与电枢电流 i_a 的方向相反，因此，在直流电机中，感应电动势 e_a 为反电动势。改变直流电机旋转方向的方法是将电枢绕组（或励磁绕组）反接。

直流伺服电机的工作原理与普通直流电机相同，当电枢两端接通直流电源时，电枢绕组中就有电枢电流 I_a 流过，电枢电流 I_a 与气隙磁场（每极磁通 Φ）相互作用，产生电磁转矩 T_e，电机就可以带动负载旋转，改变电机的输入参数（电枢电压、每极磁通等），其输出参数（如位置、速度、加速度或转矩等）就会随之变化，这就是直流伺服电机的工作原理。

电磁转矩 T_e 与电枢电流 I_a 和每极磁通 Φ 的关系式为 $T_e=C_T\Phi I_a$，其中的 C_T 是一个与电机结构有关的常数，称为转矩常数。当电机的转子（电枢）以转速 n 旋转时，电枢绕组将切割气隙磁场而产生感应电动势 E_a（E_a 为电枢感应电动势，即正、负电刷两端的电动势），电枢电动势 E_a 与电枢转速 n 和每极磁通 Φ 的关系式为 $E_a=C_e\Phi n$，其中的 C_e 是一个与电机结构有关的常数，称为电动势常数 。

（2）传统型直流伺服电机

传统型直流伺服电机的结构形式和普通直流电机基本相同，也是由定子、转子两大部分组成。体积和容量都很小，无换向极，转子细长，便于控制。

传统型直流伺服电机按励磁方式可分为电磁式和永磁式两种。

电磁式直流伺服电机的定子铁芯通常由硅钢片冲制叠压而成，磁极和磁轭整体相连，如图 2-2（a）所示，在磁极铁芯上套有励磁绕组；转子铁芯与小型直流电机的转子铁芯相同，由硅钢片冲制叠压而成，在转子冲片的外圆周上开有均布的齿槽，如图 2-2（b）所示，在转子槽中放置电枢绕组，并经换向器、电刷引出。电枢绕组和励磁绕组分别由两个独立电源供电，属于他励式。其主磁场由励磁绕组中通入励磁电流产生。

常用永磁式直流伺服电机的结构如图 2-3 所示。永磁式直流伺服电机与电磁式直流伺服电机的电枢基本相同，它们的不同之处在于，永磁式伺服电机的主磁极由永磁体构成。由于取消了主磁极铁芯和励磁绕组，不仅提高了电机的效率，而且使电机的体积明显减小。随着永磁材料的不断进步，永磁式直流伺服电机的体积也在不断减小。

永磁式直流伺服电机采用的永磁材料主要有铝镍钴、铁氧体和稀土永磁等。不同永磁材料的磁特性差异很大，因此采用不同永磁材料时，永磁式直流伺服电机的磁极结构也各不相同。

铝镍钴永磁材料的特点是剩磁较大而矫顽力很小，为了避免电机磁极永久性去磁，铝镍钴永磁体的磁化方向长度较长。几种常用的铝镍钴永磁直流伺服电机的磁极结构如图 2-4 所示。显然，在图 2-4 中，前 3 种磁极结构（圆筒式、切向式凸极、切向式隐极）均能满足“永

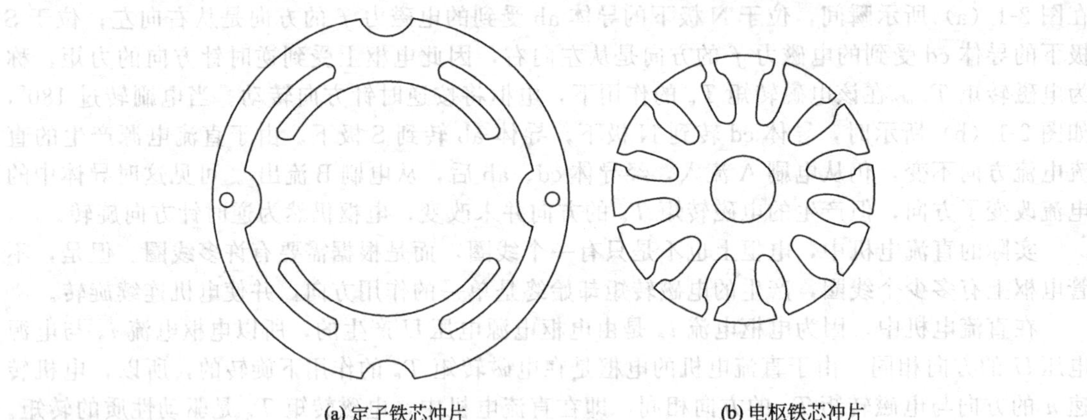
(a) 定子铁芯冲片　　(b) 电枢铁芯冲片

图 2-2　电励磁直流伺服电机的铁芯冲片

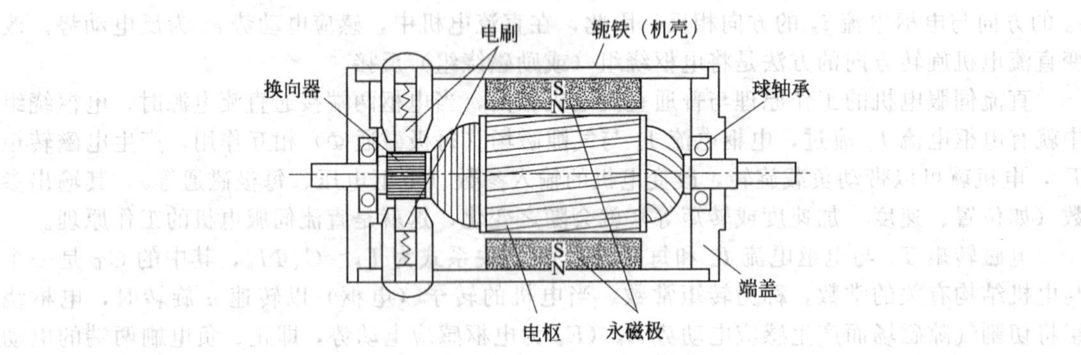

图 2-3　永磁直流伺服电机的结构

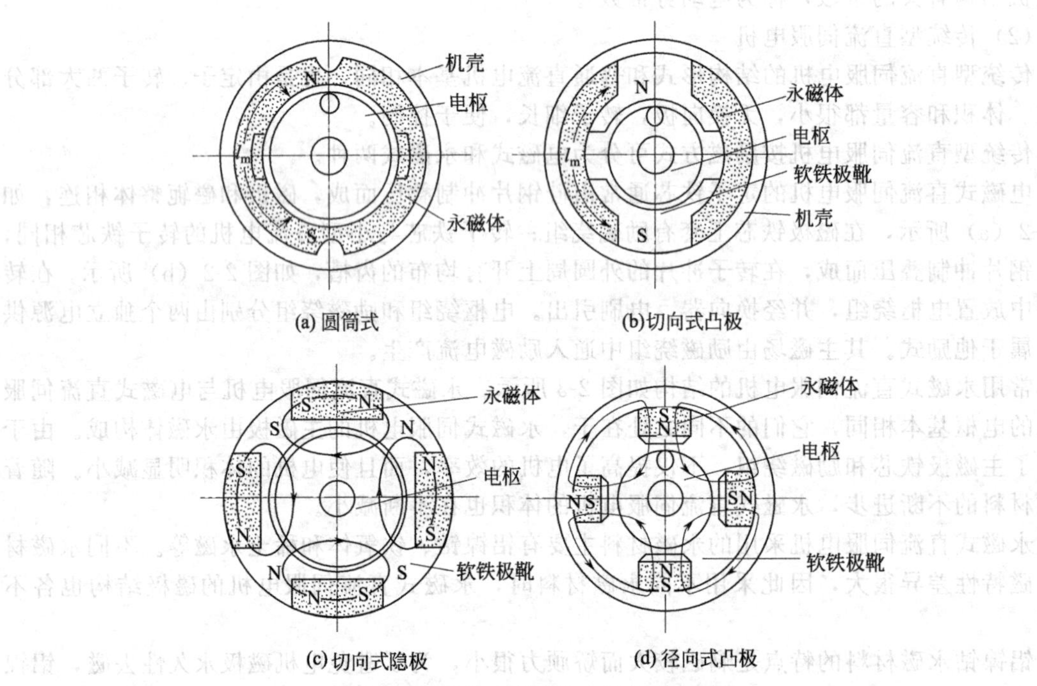

(a) 圆筒式　　(b) 切向式凸极

(c) 切向式隐极　　(d) 径向式凸极

图 2-4　铝镍钴永磁直流电机的磁极结构

磁体的磁化方向长度较长”的要求，而采用图 2-4（d）所示的径向式凸极结构时，电机的径向尺寸将会放大。

铁氧体永磁材料的特点与铝镍钴永磁材料的特点正好相反，其剩磁较小而矫顽力较大。为了电机的磁负荷，需要尽可能增大永磁体的有效截面。几种常用铁氧体永磁直流伺服电机的磁极结构如图 2-5 所示。

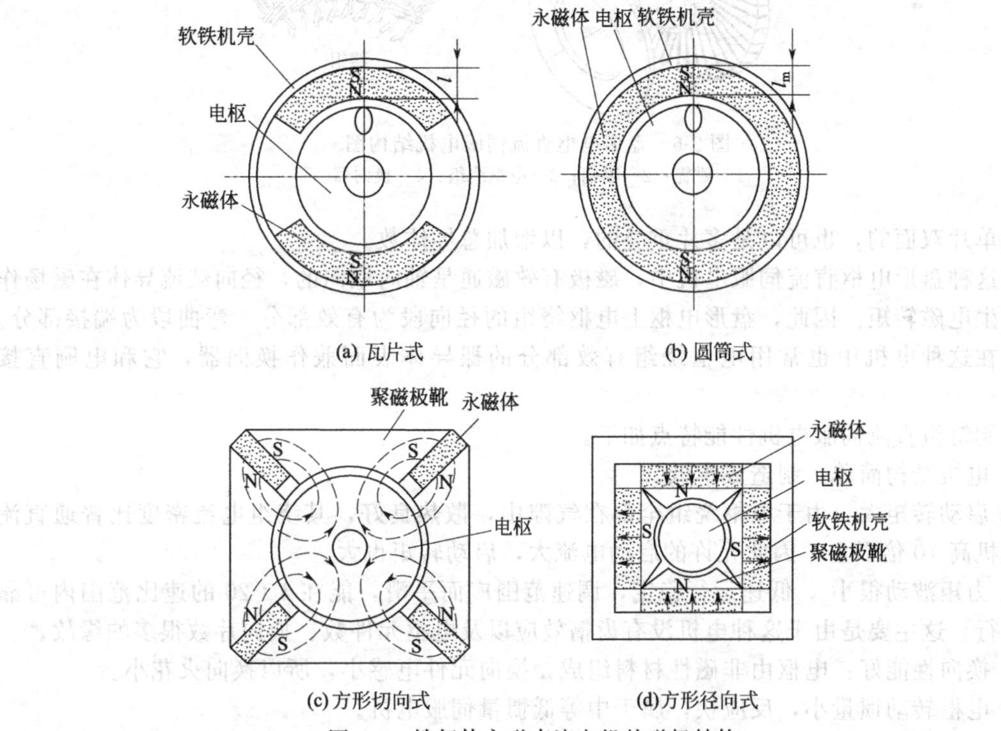

图 2-5　铁氧体永磁直流电机的磁极结构

钕铁硼永磁材料具有优良的磁性能，其剩磁感应强度可达铁氧体永磁材料的 3 倍，矫顽力可达铝镍钴永磁材料的 10 倍以上。因此，钕铁硼永磁伺服电机最适合采用图 2-5（a）所示的瓦片形磁极结构。与其他两种永磁材料的电机相比，钕铁硼永磁直流伺服电机的体积更小，性能也更为优良。

以上两种是具有传统结构的直流伺服电机。现代伺服控制系统对快速响应性的要求越来越高，尽可能减小伺服电机的转动惯量，以便减小电机的机电时间常数，提高伺服控制系统的快速响应能力，已经成为对伺服电机的一个重要技术要求。为此多种类型的低惯量型直流伺服电机应运而生。常见的低惯量伺服电机有盘形电枢直流伺服电机、空心杯形转子直流伺服电机和无槽电枢直流伺服电机等。

(3) 盘形电枢直流伺服电机

盘形电枢直流伺服电机如图 2-6 所示。它的定子由磁钢（永久磁铁）和前、后磁轭（磁轭由软磁材料构成）组成，磁钢可在圆盘的一侧放置，也可以在两侧同时放置，磁钢产生轴向磁场，它的极数比较多，一般制成 6 极、8 极或 10 极。电机的气隙就位于圆盘的两边，圆盘上有电枢绕组，可分为印制绕组和绕线式绕组两种形式。

绕线式绕组是先绕制成单个线圈，然后将绕好的全部线圈沿径向圆周排列起来，再用环氧树脂浇注成圆盘形。

印制绕组是由印制电路工艺制成的电枢导体，两面的端部连接起来即成为电枢绕组，它

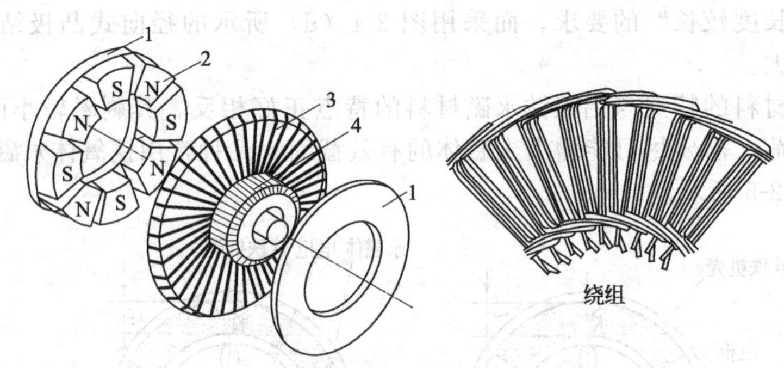

图 2-6 盘形电枢直流伺服电机结构图

1—磁轭；2—磁钢；3—电枢绕组；4—换向器

可以是单片双面的，也可以是多片重叠的，以增加总导体数。

在这种盘形电枢直流伺服电机中，磁极有效磁通是轴向取向的，径向载流导体在磁场作用下产生电磁转矩。因此，盘形电枢上电枢绕组的径向段为有效部分，弯曲段为端接部分。另外，在这种电机中也常用电枢绕组有效部分的裸导体表面兼作换向器，它和电刷直接接触。

印制绕组直流伺服电机性能特点如下。

① 电机结构简单，制造成本低。

② 启动转矩大：由于电枢绕组全部在气隙中，散热良好，其绕组电流密度比普通直流伺服电机高 10 倍以上，因此允许的启动电流大，启动转矩也大。

③ 力矩波动很小，低速运行稳定，调速范围广而平滑，能在 1∶20 的速比范围内可靠平稳运行。这主要是由于这种电机没有齿槽效应以及电枢元件数、换向片数很多的缘故。

④ 换向性能好：电枢由非磁性材料组成，换向元件电感小，所以换向火花小。

⑤ 电枢转动惯量小，反应快，属于中等低惯量伺服电机。

⑥ 印制绕组直流伺服电机由于气隙大、主磁极漏磁大、磁动势利用率不高，因而效率不高。

⑦ 因为电枢直径大，限制了机电时间常数进一步降低。

(4) 空心杯形转子电枢直流伺服电机

空心杯形电枢永磁式直流伺服电机如图 2-7 所示。它有一个外定子和一个内定子，通常外定子是由两个半圆形（瓦片形）的永久磁铁所组成，也可以是通常的电磁式结构；而内定子则由圆柱形的软磁材料做成，仅作为磁路的一部分，以减小磁路的磁阻。

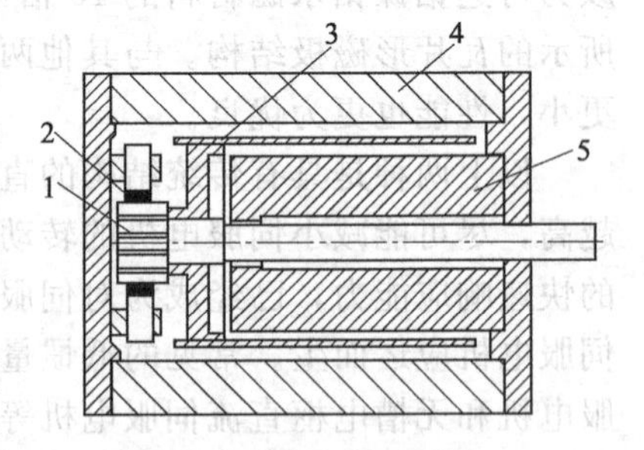

图 2-7 空心杯电枢永磁式直流伺服电机结构简图

1—换向器；2—电刷；3—空心杯形电枢；4—外定子；5—内定子

也可采用与此相反的形式，内定子为永磁体，而外定子采用软磁材料，这时定子为磁路的一部分。这种结构形式称为内磁场式，与上面介绍的外磁场式在原理上相同。

空心杯形电枢上的电枢绕组可采用印制绕组，也可以先绕成单个成形线圈，然后将它们沿圆周的轴向方向排列成空心杯形，再用环氧树脂热固化成形。空心杯电枢直接装在转轴上，在内、外定子间的气隙中旋转。电枢绕组接到换向器上，由电刷引出。

空心杯形转子直流伺服电机性能特点如下。

①低惯量。由于转子无铁芯，且薄壁细长，转动惯量极低。

②灵敏度高。因转子绕组散热条件好，并且永久磁钢体积大，可提高气隙的磁通密度，

所以力矩大。因而转矩与转动惯量之比很大，时间常数很小，灵敏度高，快速性好。

③力矩波动小，低速转动平稳，噪声很小。由于绕组在气隙中分布均匀，不存在齿槽效应，因此力矩传递均匀，波动小，故运行时噪声小，低速运转平稳。

④换向性能好，寿命长。由于杯形转子无铁芯，换向元件电感很小，几乎不产生火花，换向性能好，因此大大提高了电机的寿命。由于换向火花很小，可大大减少对无线电的干扰。

⑤损耗小，效率高。因转子中无磁滞和涡流造成的铁芯损耗，所以效率较高。

(5) 无槽转子电枢直流伺服电机

无槽电枢直流伺服电机如图 2-8 所示。它的电枢铁芯上并不开槽，即电枢铁芯是光滑、无槽的圆柱体。电枢的制造是将电枢绕组直接排列在光滑的电枢铁芯表面，再用环氧树脂固化成形，并把它与电枢铁芯粘成一个整体，其气隙尺寸比较大，比普通的直流伺服电机大 10 倍以上。其定子磁极可以用永久磁铁做成，也可采用电磁式结构。

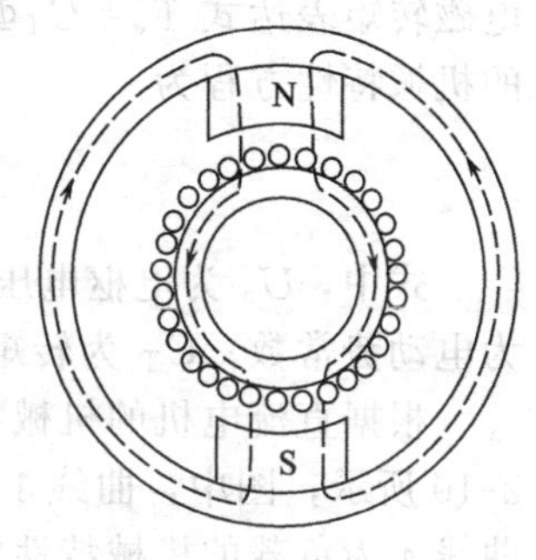

图 2-8　无槽电枢直流伺服电机结构简图

由于无槽电枢直流伺服电机在磁路上不存在齿部磁通密度饱和的问题，因此可以大大提高电机的气隙磁通密度并减小电枢的外径。所以无槽电枢直流伺服电机具有启动转矩较大、反应较快、启动灵敏度较高、转速平稳、低速运行均匀、换向性能良好等优点。主要用于要求快速动作、功率较大的系统，例如数控机床和雷达天线驱动等方面。

无槽电枢直流伺服电机的转动惯量和电枢绕组电感比较大，因而其动态性能不如盘形电枢直流伺服电机和空心杯形电枢永磁式直流伺服电机。

2.2.2　直流伺服电机的控制方式

直流伺服电机实质上就是他励直流电机。由直流电机的电压方程 $U=E_a+I_aR_a$ 及电枢电动势表达式 $E_a=C_e\Phi n$，可以得到直流伺服电机的转速表达式为

$$n=\frac{U_a}{C_e\Phi}-\frac{R_a}{C_e\Phi}I_a$$

式中，U_a 为电枢电压；E_a 为电枢感应电动势；I_a 为电枢电流；R_a 为电枢回路总电阻；n 为转速；Φ 为每极主磁通；C_e 为电动势常数。

上式表明：改变电枢电压 U_a 和改变励磁磁通 Φ，都可以改变直流伺服电机的转速 n。

因而直流伺服电机的控制方式有两种：一种方法是把控制信号作为电枢电压来控制电机的转速，这种方式称为电枢控制；另一种方法是把控制信号加在励磁绕组上，通过控制磁通来控制电机的转速，这种控制方式称为磁场控制（又称为磁极控制）。直流伺服电机的工作原理图如图 2-9 所示。

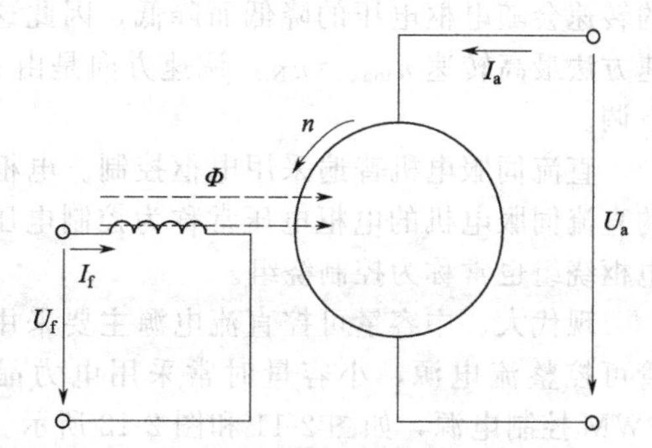

图 2-9　电枢控制时直流伺服电机的工作原理图

(1) 电枢控制

由图 2-9 所示，在励磁回路上加恒定不变的励磁电压 U_f，以保证直流伺服电机的主磁通 Φ 不变。在电枢绕组上加控制电压信号。当负载转矩 T_L 一定时，升高电枢电压 U_a，电机的转速 n 随之升高；反之，减小电枢电压 U_a，电机的转速 n 就降低；若电枢电压 $U_a=0$

时，电机则不转。当电枢电压的极性改变后，电机的旋转方向也随之改变。因此把电枢电压 U_a 作为控制信号，就可以实现对直流伺服电机转速 n 的控制，其电枢绕组称为控制绕组。

对于电磁式直流伺服电机，采用电枢控制时，其励磁绕组由外施恒压的直流电源励磁；对于永磁式直流伺服电机则由永磁磁极励磁。

下面分析改变电枢电压 U_a 时，电机转速 n 变化的物理过程。

直流伺服电机实质上就是他励直流电机。由直流电机的转速表达式 $n=\frac{U_a}{C_e\Phi}-\frac{R_a}{C_e\Phi}I_a$ 及电磁转矩表达式 $T_e=C_T\Phi I_a$，可以得到保持电机的每极磁通为额定磁通 Φ_N 时，直流电机的机械特性方程为

$$n=\frac{U_a}{C_e\Phi_N}-\frac{R_a}{C_eC_T\Phi_N^2}T_e$$

式中，U_a 为电枢电压；R_a 为电枢回路总电阻；n 为转速；Φ_N 为每极额定主磁通；C_e 为电动势常数；C_T 为转矩常数；T_e 为电磁转矩。

根据直流电机的机械特性方程，可以绘制出直流电机降压调速时的机械特性曲线，如图 2-10 所示，图中，曲线 1、2、3 分别为对应于不同电枢电压时，直流电机的机械特性曲线；曲线 4 为负载的机械特性曲线。从图中可以看出，改变电枢电压后，直流电机的理想空载转速 n_0 随电压的降低而下降，电机的转速 n 也随电压的降低而下降。但是，电机的机械特性的斜率不变，即电机机械特性的硬度不变。

设电枢电压 U_a 为额定电压 U_N（即 $U_a=U_N$）时，直流电机拖动恒转矩负载 T_L 运行于固有特性曲线（即图 2-10 中的曲线 1）上的 A 点。运行转速为 n_N。若电枢电压由 U_N 下调为 U_1，则电机的机械特性变为人为机械特性（即图 2-10 中的曲线 2）。在降压瞬间，由于惯性，转速 n 不能突变，工作点由原来的 A 点平移到 A' 点；在 A' 点，$T'_e<T_L$，转速 n 开始减小；随着 n 的减小，E_a 减小，电枢电流（$I_a=\frac{U_1-E_a}{R_a}$）增大，电磁转矩 T_e 增大，工作点由 A' 点向 B 点移动；到达 B 点时，$T_e=T_L$，$n=n_1$，电机以较低的转速稳速运行。

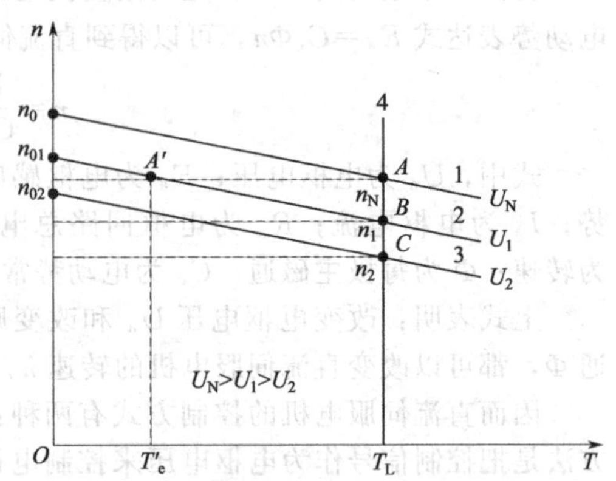

图 2-10 直流电机降压调速的机械特性

由图 2-10 可以看出，在一定负载下，电机的转速会随电枢电压的降低而降低，因此这种调速方法最高转速 $n_{max}=n_N$，调速方向是由 n_N 向下调。

直流伺服电机普遍采用电枢控制。电枢控制的直流伺服电机的电枢电压常称为控制电压，而电枢绕组也常称为控制绕组。

现代大、中容量可控直流电源主要采用晶闸管可控整流电源，小容量时常采用电力晶体管 PWM 控制电源，如图 2-11 和图 2-12 所示。

采用晶闸管可控整流电源时，可根据电机容量和控制性能的不同要求，选用三相或单相、全控桥式或半控桥式整流电路。电机要求正反转控制时，可采用电枢极性切换方式或励磁极性切换方式，也可采用两组桥式电路反并联接法的无触点切换方式。

采用晶闸管可控整流电源的优点是控制的快速性好、效率高，设备的占地面积小、噪声低。缺点是晶闸管电路注入交流电网的电流中，含有一系列高次谐波，将对交流电网造成一定的谐波污染。

电力晶体管 PWM 控制电源的三角波调制频率远大于交流电源频率，可以进行近似正弦

波的 PWM 电流控制。这种控制方式的可贵之处在于，电力晶体管电路从电网输入电流的谐波含量小，其波形近似为正弦波。因此小容量可控整流电源大多采用电力晶体管 PWM 可控电源。

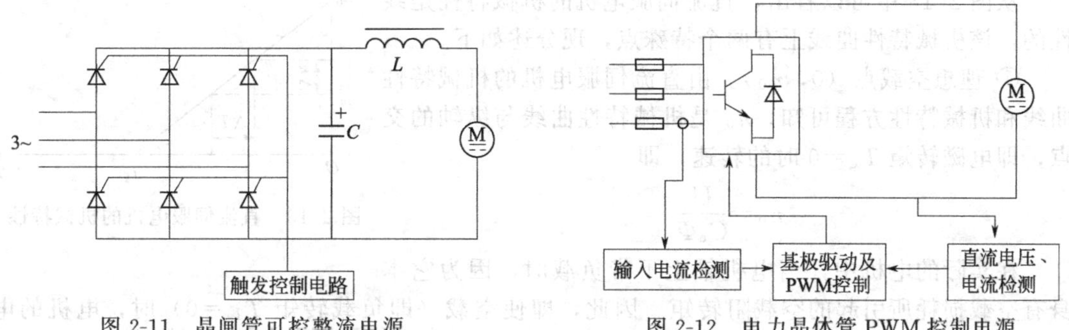

图 2-11　晶闸管可控整流电源　　图 2-12　电力晶体管 PWM 控制电源

(2) 磁场控制

磁场控制就是以励磁电压 U_f 作为输入量，以直流伺服电机的转子位置、转速等作为输出量，当改变励磁电压的大小和极性时，电机的转子位置、转速和转向也将随之变化。

当降低励磁回路的电压 U_f 时，则励磁电流 I_f 将减小，磁通 Φ 也将减小，直流伺服电机的转速 n 便升高。反之，若升高励磁回路的电压 U_f 时，则励磁电流 I_f 将增大，磁通 Φ 也将增大，直流伺服电机的转速 n 便降低。显然，引起转速变化的直接原因是磁通 Φ 的变化。在直流伺服电机中，并不是采用改变励磁回路调节电阻的方法来改变磁通 Φ，而是采用改变励磁电压 U_f 的方法来改变磁通 Φ。因此，可以把励磁电压 U_f 作为控制信号，来实现对直流伺服电机转速的控制。

由于励磁回路所需的功率小于电枢回路，所以磁场控制时的控制功率小。但是，磁场控制有严重的缺点，例如在磁场控制时，励磁电压的调节范围很小，过分弱磁会导致电机运行不稳定以及换向恶化；由于励磁绕组电感较大，使磁场控制时的相应速度较慢等。所以，在自动控制系统中，磁场控制很少被采用，或只用于小功率电机中。

2.2.3　直流伺服电机的静态特性

直流伺服电机的静态特性（又称稳态特性或运行特性）包括机械特性和调节特性。为了简化分析，可作如下假设：电机磁路不饱和；电刷位于几何中性线。因此可以略去负载时电枢反应对主磁场的影响，认为电机的每极气隙磁通 Φ 将保持恒定。

(1) 机械特性

直流伺服电机的机械特性是指当电源电压 U＝常值、气隙每极磁通量 Φ＝常值时，电机的转速 n 和电磁转矩 T_e 之间的关系曲线，即 $n=f(T_e)$。在直流伺服电机的诸多特性中，机械特性是最重要的特性。它是选用直流伺服电机的依据。

直流伺服电机的机械特性方程与直流电机的机械特性方程基本相同，即

$$n=\frac{U_a}{C_e\Phi}-\frac{R_a}{C_eC_T\Phi^2}T_e=n_0-kT_e$$

式中，U_a 为电枢电压；R_a 为电枢回路总电阻；n 为转速；Φ 为每极磁通；C_e 为电动势常数；C_T 为转矩常数；T_e 为电磁转矩；n_0 $\left(=\frac{U}{C_e\Phi}\right)$ 称为直流伺服电机的理想空载转速；k $\left(=\frac{R_a}{C_eC_T\Phi^2}\right)$ 称为直流电机机械特性的斜率。

因为直流伺服电机的机械特性方程为一直线方程，所以其机械特性为一条直线，如图 2-13 所示。显然，只要找到直线上的两个点，便可绘制出该机械特性的直线。

从图 2-13 中可以看出，直流伺服电机的机械特性是线性的，该机械特性曲线上有两个特殊点，现分述如下。

① 理想空载点（0，n_0）。由直流伺服电机的机械特性曲线和机械特性方程可知，n_0 是机械特性曲线与纵轴的交点，即电磁转矩 $T_e=0$ 时的转速，即

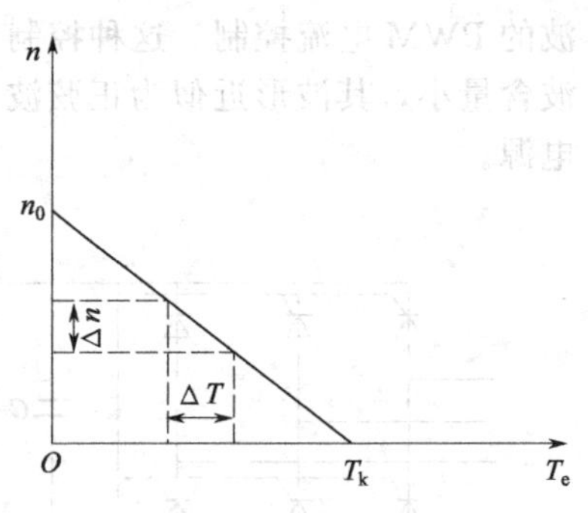

图 2-13 直流伺服电机的机械特性

$$n_0=\frac{U}{C_e\Phi}$$

在实际的电机中，当电机轴上不带负载时，因为它本身有空载损耗所引起的空载阻转矩。因此，即使空载（即负载转矩 $T_L=0$）时，电机的电磁转矩也不为零，只有在理想条件下，即电机本身没有空载损耗时，才可能有 $T_e=0$，所以对应于 $T_e=0$ 时的转速 n_0 称为理想空载转速。

② 堵转点（T_k，0）。由直流伺服电机的机械特性曲线和机械特性方程可知，T_k 是机械特性曲线与横轴轴的交点，即电机的转速 $n=0$ 时的电磁转矩，即

$$T_k=\frac{C_T\Phi U_a}{R_a}$$

式中，T_k 为电机处在堵转状态时所产生的电磁转矩。

k （$=\frac{R_a}{C_eC_T\Phi^2}$）称为直流电机机械特性的斜率。$k$ 前面的负号表示直线是下倾的。k 的大小可用 $\Delta n/\Delta T$ 表示，如图 2-13 所示。因此 k 的大小表示电机电磁转矩变化所引起的转速变化程度。斜率 k 大，则对应于同样的转矩变化，转速变化大，这时电机的机械特性软。反之斜率 k 小，则对应于同样的转矩变化，转速变化小，这时电机的机械特性硬。

以上讨论的是在电枢电压为常数时，直流伺服电机的机械特性。改变电枢电压 U_a，电机的机械特性就发生变化。由机械特性方程可知，电机的理想空载转速 n_0 随电枢电压 U_a 成正比变化，但是，机械特性的斜率 k 与电枢电压 U_a 无关，k 即保持不变。所以，对应于不同的电枢电压，可以得到一组相互平行的机械特性曲线，如图 2-14 所示。随电枢电压的降低，机械特性曲线平行地向原点移动，但机械特性曲线的斜率不变，即机械特性的硬度不变。这是电枢控制的优点之一。

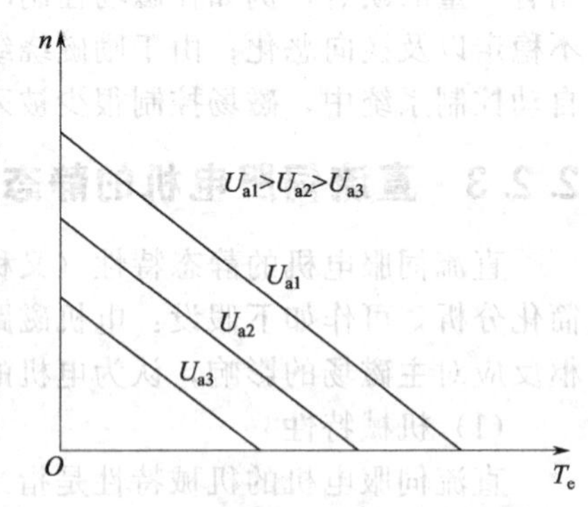

图 2-14 不同控制电压时的机械特性

(2) 调节特性

直流伺服电机的调节特性是指负载转矩 T_L 恒定时，电机的转速随控制电压变化的关系，即

$$n=f\ (U_a)$$

当负载转矩保持不变时，电机轴上的总阻转矩 $T_s=T_L+T_0$（式中，T_0 为电机的空载转矩）也不变，因此电机稳态运行时，其电磁转矩 $T_e=T_s$ 为常数。

由机械特性方程可得电机的转速 n 与控制电压 U_a 的关系为

$$n=\frac{U_a}{C_e\Phi}-\frac{R_a}{C_eC_T\Phi^2}T_s$$

对应的直流伺服电机的调节特性如图 2-15 所示，它们也是一组平行的直线。直线的斜

率为 k_1 （$=\frac{1}{C_e\Phi}$），它与负载的大小无关，仅由直流伺服电机的参数决定。

由图2-15可知，这些调节特性曲线与横轴的交点，就表示在一定负载转矩时电机的始动电压。若负载转矩一定时，电机的控制电压大于相对应的始动电压，它便能转动起来并达到某一转速；反之，控制电压小于相对应的始动电压，则电机的最大电磁转矩仍小于负载转矩，电机就不能启动。所以，调节特性曲线的横坐标从零到始动电压的这一范围称为在一定负载转矩时伺服电机的失灵区。显然，失灵区的大小是与负载转矩成正比的。

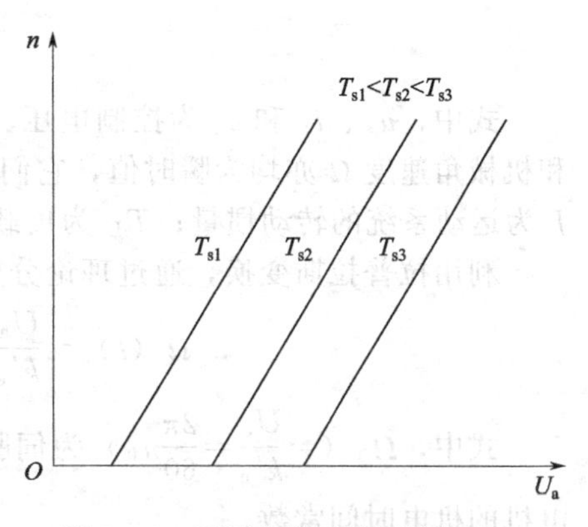

图2-15 不同负载时的调节特性

由以上分析可知，电枢控制时直流伺服电机的机械特性和调节特性都是一组平行的直线。这是直流伺服电机很可贵的特点，也是交流伺服电机所不及的。但是上述的结论是在假设电机的磁路为不饱和及忽略电枢反应的前提下才得到的，实际的直流伺服电机的特性曲线只是一组接近直线的曲线。

2.2.4 直流伺服电机的动态特性

动态是指电机运行时，由于电源电压的波动、负载的变化、电机的启动、制动或调速以及发生短路、断路故障等，电机从一种稳定状态变化到另一种稳定状态时所经历的过渡状态。动态过程中，电机的电流、转矩以及转速等随时间而变化的特性称为动态特性。对于伺服电机，最重要的是其中的转速特性。

电枢控制时直流伺服电机的动态特性，是指电机的电枢上外施阶跃电压时，电机的转速从零开始增长的过程，即 $n=f(t)$ 或 $\Omega=f(t)$。

为了满足自动控制系统快速响应的要求，直流伺服电机的机电过渡过程应尽可能短，即电机转速的变化能迅速跟上控制信号的改变。

电机的动态过程十分复杂，不仅有电磁方面的，还有机械方面的和热方面的动态过程，几个方面又是相互影响和互为因果的。由于热的变化过程较其他变化过程慢很多，进行伺服电机分析时一般不予考虑，而只考虑电磁的和机械的动态过程。

若电机在电枢外施电压前处于停转状态，则电枢外施阶跃电压后，由于电枢绕组有电感，电枢电流不能突然增大，因此有一个电气过渡过程，相应的电磁转矩的增大也有一个过程。在电磁转矩的作用下，电机从停转状态逐渐加速，由于电枢有一定的转动惯量，电机的转速从零增大到稳定转速需要一定的时间，因而还有一个机械过渡过程。电气和机械的过渡过程交叠在一起，形成了电机的机电过渡过程。

在整个机电过渡过程中，电气的和机械的过渡过程是相互影响的。一方面由于电机的转速由零加速到稳定转速是由电磁转矩（或电枢电流）所决定的；另一方面电磁转矩或电枢电流又随转速而变化，所以，电机的机电过渡过程是一个复杂的电气、机械相交叠的物理过程。

电机动态分析的方法主要有两种：一种是基于运动方程的动态分析；另一种是基于电磁场有限元法的动态分析。

描述直流伺服电机动态过程的运动方程是微分方程，包括直流伺服电机电系统的电路方程和机械系统的转矩方程。对于采用电枢控制的直流伺服电机（包括电励磁式和永磁式），其电枢回路电压方程和转矩方程为

$$u_a = L_a \frac{di_a}{dt} + R_a i_a + e_a$$

$$T_e = J\frac{d\Omega}{dt} + T_L$$

式中，u_a、i_a 和 e_a 为控制电压、电枢电流和电枢感应电动势的瞬时值；电磁转矩 T_e 和机械角速度 Ω 亦均为瞬时值，它们都是时间的函数；L_a 和 R_a 为电枢回路的电感和电阻；J 为运动系统的转动惯量；T_L 为负载转矩（包括空载转矩 T_0）。

利用拉普拉斯变换，通过理论分析可得直流伺服电机角速度随时间变化的规律为

$$\Omega(t) = \frac{U_a}{k'_e}(1 - e^{-\frac{t}{\tau_m}}) = \Omega_0(1 - e^{-\frac{t}{\tau_m}})$$

式中，Ω_0（$=\frac{U_a}{k'_e}=\frac{2\pi}{60}n_0$）为伺服电机的理想空载角速度；$n_0$ 为理想空载转速；τ_m 为电机的机电时间常数。

与上式相对应的直流伺服电机角速度随时间变化的曲线（又称直流伺服电机的角速度响应曲线）如图 2-16 所示。

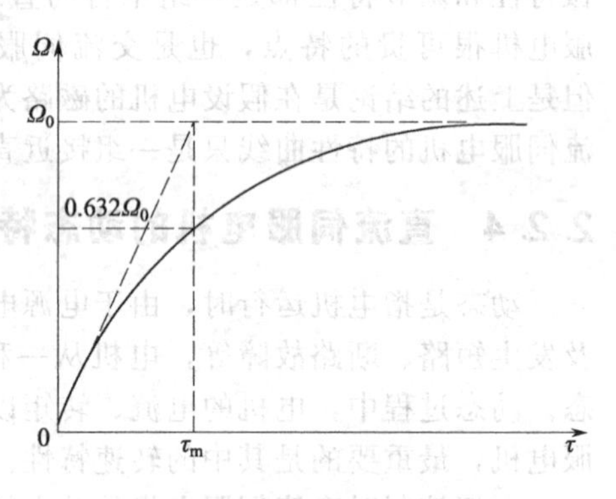

图 2-16 直流伺服电机角速度随时间变化的曲线

由上式和图 2-16 可以看出，从在电枢两端突加阶跃电压的瞬间算起，当时间 $t=\tau_m$ 时，电机的角速度 Ω（转速 n）上升到与 U_a 相对应的稳态角速度 Ω_0（转速 n_0）的 63.2%；当时间 $t=3\tau_m$ 时，电机的角速度 $\Omega=0.95\Omega$。一般情况下，可认为这时电机的动态过程已经结束，也就是说，电机的动态过程时间为 $3\tau_m$.

由此可见，伺服电机的机械时间常数 τ_m 也可定义为在电机空载和额定励磁条件下，加以阶跃的额定控制电压，其角速度（速度）从零上升到稳定空载角速度（或稳定空载转速）的 63.2% 所需要的时间。机电时间常数 τ_m 反映了伺服电机的快速响应能力，即电机转速跟随控制电压变化的快速性，τ_m 是伺服电机的一个重要性能指标。

同理，通过理论分析可得直流伺服电机的机电时间常数为

$$\tau_m = \frac{2\pi}{60} \times \frac{R_a J}{C_e C_T \Phi^2} = \frac{\frac{2\pi}{60}U_a J}{C_T\Phi \frac{U_a}{R_a} C_e \Phi} = \frac{\Omega_0 J}{T_{st}}$$

式中，T_{st}为启动转矩，$T_{st}=C_T\Phi I_{st}$，$I_{st}=\frac{U_a}{R_a}$；Ω_0 为理想空载角速度，$\Omega_0=\frac{2\pi n_0}{60}$，$n_0=\frac{U_a}{C_e\Phi}$。

可见，影响机电时间常数 τ_m 大小的因素如下。

① τ_m 与电机电枢的转动惯量 J 成正比。为了减小 τ_m，宜采用细长形的电枢或采用空心杯形电枢、盘形电枢等，以获得尽量小的 J 值。

② τ_m 与电机的每极气隙磁通 Φ 的平方成反比。为了减小 τ_m，应增加每极气隙磁通，即增高气隙磁通密度。

③ τ_m 与电机电枢电阻 R_a 成正比。为了减小 τ_m，应尽可能减小电枢电阻，当伺服电机

用于自动控制系统并由放大器供给控制电压时，其机电时间常数还受到系统放大器内阻 R_i 的影响，相应上式中的电阻应写成 R_a+R_i。

2.3 交流伺服电机

2.3.1 概述

两相异步伺服电机的基本结构和工作原理与普通感应电机相似。从结构上看，电机由定子和转子两大部分构成，定子铁芯中嵌放两相交流绕组，它们在空间相差90°电角度。其中一组绕组为励磁绕组，另一相则为控制绕组。转子绕组为自行闭合的多相对称绕组。运行时定子绕组通入交流电流，产生旋转磁场，在闭合的转子绕组中感应电动势、产生转子电流，转子电流与磁场相互作用产生电磁转矩。

两相伺服电机运行时，励磁绕组接至电压为 U_f 的交流电源上；在控制绕组上，施加与 U_f 同频率、大小或相位可调的控制电压 U_c，通过 U_c 控制伺服电机的启动、停止及运行的转速。值得注意的是，由于励磁绕组电压 U_f 固定不变，而控制电压 U_c 是变化的，故通常情况下两相绕组中的电流不对称，电机中的气隙磁场也不是圆形旋转磁场，而是椭圆形旋转磁场。

与直流伺服电机一样，两相异步伺服电机在控制系统中也被用作执行元件，自动控制系统对它的基本要求有以下几个方面。

① 伺服电机的转速能随着控制电压的变化在宽广的范围内连续调节。

② 整个运行范围内的机械特性应接近线性，以保证伺服电机运行的稳定性，并有利于提高控制系统的动态精度。

③ 无“自转”现象，即当控制电压为零时，伺服电机应立即停转。

④ 伺服电机的机电时间常数要小，动态响应要快。为此，要求伺服电机的堵转转矩大，转动惯量小。

为了满足上述要求，在具体结构和参数上两相异步伺服电机与普通异步电机相比有着不同的特点。

两相异步伺服电机就转子结构形式而言通常有三种：笼型转子、非磁性空心杯形转子和铁磁性空心杯形转子。由于铁磁性空心杯形转子应用较少，下面仅就前两种结构进行介绍。

交流伺服电机与直流伺服电机的性能比较见表2-1。

表 2-1 交、直流伺服电机的性能比较

项 目	类 型	
	直流伺服电机	交流伺服电机
机械性能和调节性能	机械特性硬、线性度好，不同控制电压下斜率相同，堵转转矩大，调速范围广	机械特性软、非线性，不同控制电压下斜率不同，系统的品质因数变坏，调速范围较小，受频率及极对数限制
体积、重量和效率	功率较大、体积较小、重量较轻、效率高	功率小、体积和重量较大、效率低
放大器	直流放大器产生“零点漂移”现象，精度低、结构复杂、体积和重量较大	交流放大器，结构简单、体积和重量较小

续表

项 目	类 型	
	直流伺服电机	交流伺服电机
自转	不会产生自转	参数选择不当，制造工艺不良时会产生自转现象
结构、运行的可靠性及对系统的干扰	有电刷和换向器，结构和工艺复杂、维修不便、运行的可靠性差、换向火花会产生无线电干扰、摩擦转矩大	无电刷和换向器，结构简单、运行可靠、没有电火花，因而也没有无线电干扰，摩擦转矩小

为了满足自动控制系统对伺服电机的要求，伺服电机必须具有宽广的调速范围、线性的机械特性、无“自转”现象和快速响应等性能。为此，它和普通异步电机相比，应具有转子电阻大和转动惯量小这两个特点。

2.3.2 两相交流伺服电机的基本结构与工作原理

(1) 两相交流伺服电机的基本结构

两相交流异步伺服电机或称两相交流感应伺服电机，简称两相伺服电机。其定子铁芯中嵌放着由两相电源供电的两相绕组，两相绕组在空间相距90°电角度。其中一相为励磁绕组，运行时接至交流电源 U_f 上；另一相为控制绕组，输入控制电压 U_c。U_f 和 U_c 的频率相同、相互独立。通过分别或同时改变控制电压 U_c 的幅值、相位来控制伺服电机的转矩、转速和转向。

两相交流伺服电机的转子通常有三种结构形式：高电阻率导条的笼型转子、非磁性空心杯形转子和铁磁性空心转子。其中，应用较多的是前两种。

① 高电阻率导条的笼型转子。笼型转子交流异步伺服电机的结构如图 2-17 所示。励磁绕组和控制绕组均为分布绕组；转子结构与普通异步电机的笼型转子一样，但是，为了减小转子的转动惯量，需做成细长转子。笼型导条和端环采用高电阻率的导电材料（如黄铜、青铜等）制造，也可采用铸铝转子，其导电材料为高电阻率的铝合金材料。

② 非磁性空心杯形转子。非磁性空心杯形转子两相交流异步伺服电机由外定子、内定子和杯形转子等构成，其结构如图 2-18 所示。它的外定子用硅钢片冲制叠压而成，两相绕组嵌于其内圆均布的槽中，两相绕组在空间相距 90°电角度。内定子也用硅钢片冲制叠压而成，一般不嵌放绕组，而仅作为磁路的一部分，以减小主磁通磁路的磁阻。内定子铁芯的中心处开有内孔，转轴从内孔中穿过。空心杯形转子由非磁性导电金属材料（一般为铝合金）加工成杯形，置于内、外定子铁芯之间的气隙中，并靠其底盘和转轴固定，能随转轴在内、外定子之间自由转动。

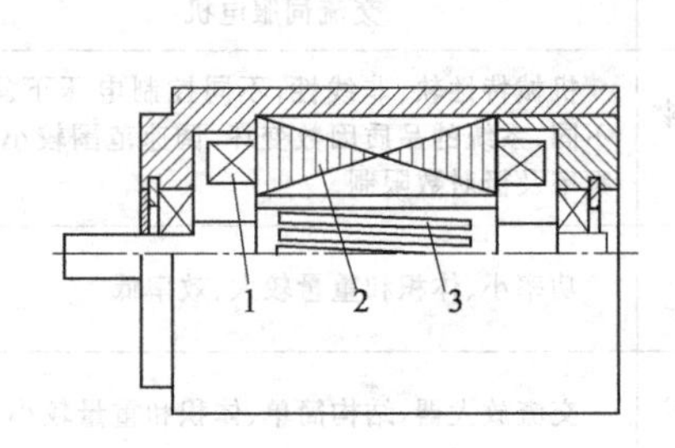

图 2-17 笼型转子交流异步伺服电机结构示意图
1—定子绕组；2—定子铁芯；3—笼形转子

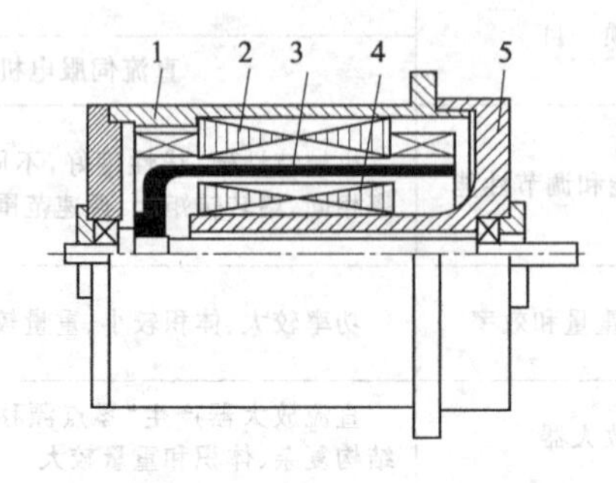

图 2-18 非磁性空心杯形转子异步伺服电机结构示意图
1—机壳；2—外定子；3—杯形转子；4—内定子铁芯；5—端盖

非磁性杯形转子的壁很薄（0.2～0.8mm），因而具有较大的转子电阻和很小和转动惯量，又因其转子上无齿槽，故运行平稳、噪声低。与笼型转子相比，杯形转子的转动惯量小、摩擦力矩小，所以运行时反应灵敏、改变转向迅速、无噪声以及调速范围大等，这些优点使它在自动控制系统中得到了广泛应用。主要应用于对噪声和运行平稳性有较高要求的场合。

但是，这种结构的电机空气隙较大，励磁电流也较大，致使电机的功率因数较低，效率也较低。它的体积和重量都要比同容量的笼型转子伺服电机大得多。

(2) 两相交流异步伺服电机的结构特点

两相交流异步伺服电机除了在转子结构上与普通异步电机有所不同之外，为了得到尽可能接近线性的机械特性，并实现无“自转”现象，必须具有足够大的转子电阻，这是异步伺服电机与普通异步电机的另一个重要区别。

普通异步电机的机械特性曲线如图 2-19 中的曲线 1 所示。由电机学可知，它的稳定运行区间仅在转差率 s 从 0 到临界转差率 s_m 这一范围。普通异步电机由于转子电阻 R_{r1} 较小，s_m 为 0.1～0.2，所以其转速可调范围很小。为了增大异步伺服电机的调速范围，必须增大转子电阻，使出现最大转矩时的临界转差率 s_m 增大，如图 2-19 所示。当转子电阻足够大时其临界转差率 $s_m \geqslant 1$，此时机械特性曲线如图 2-19 中的曲线 3、4 所示，电磁转矩的峰值已到第二象限，相应地电机的可调速范围在 0 到同步转速之间，即在此范围内电机均能稳定运行。

(3) 两相交流异步伺服电机的工作原理

两相交流伺服电机的转速将随控制电压的大小和相位而变化。因为两相交流异步伺服电机的控制绕组与励磁绕组在空间相距 90°电角度。所以当控制电压 U_c 为最大值，控制电压 U_c 的相位与励磁电压 U_f 相位相差 90°电角度时，电机构成了一个两相对称系统，这时的气隙合成磁场是一个圆形旋转磁场，电机的转速最高；调节控制电压的幅值或相位差角或二者同时改变时，气隙合成磁场将变为椭圆形旋转磁场，控制电压的幅值越低或相位差偏离 90°越多，气隙磁场的椭圆度就越大，电机的转速就越低；当 $U_c=0$ 时，只有励磁电源供电，电机单相运行，气隙合成磁场是一个单相脉振磁场，这时，电机应立即停转。改变控制电压与励磁电压的相序，旋转磁场的转向就会改变，也就实现了电机的正反转控制。以上就是两相交流伺服电机的伺服控制原理。

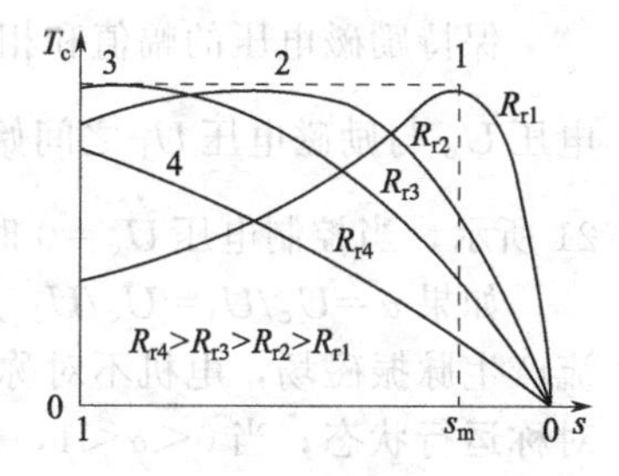

图 2-19 不同转子电阻时的机械特性

这里，还需要对“$U_c=0$ 时电机应立即停转”这一点作进一步说明。

根据单相感应电机的工作原理，当转子电阻较小时，单相运行的感应电机仍然产生正方向的电磁转矩，如图 2-20 (a) 所示，只要负载转矩小于电磁转矩，转子仍将继续运行，而不会因 $U_c=0$ 而立即停转。这种控制电压为 0 时电机仍然旋转的现象称为“自转”现象，“自转”现象破坏了电机的伺服性，因此是不允许存在的。

随着转子电阻的增大，正序旋转磁场产生的最大转矩所对应的临界转差率 s_{m1} 将相应增大，而负序旋转磁场产生的最大转矩对应的临界转差率 $s_{m2}=1-s_{m1}$ 则相应减小，于是电机的合成电磁转矩的最大转矩随之减小，而且最大转矩点逐步向纵轴方向移动，如图 2-20 (b) 所示。当转子电阻足够大时，正序旋转磁场产生的最大转矩所对应的临界转差率 $s_{m1}>1$。此时，在 $0<s<1$ 的范围内，合成电磁转矩将变为负值，如图 2-20 (c) 所示。这就是说，当电机因 $U_c=0$ 而单相运行时，电机将承受制动性质的转矩而立即停转。实际上，两相交流伺服电机采用了较大的转子电阻，一方面使电机具有了宽广的调速范围，另一方面，

也有效防止了电机的“自转”现象。

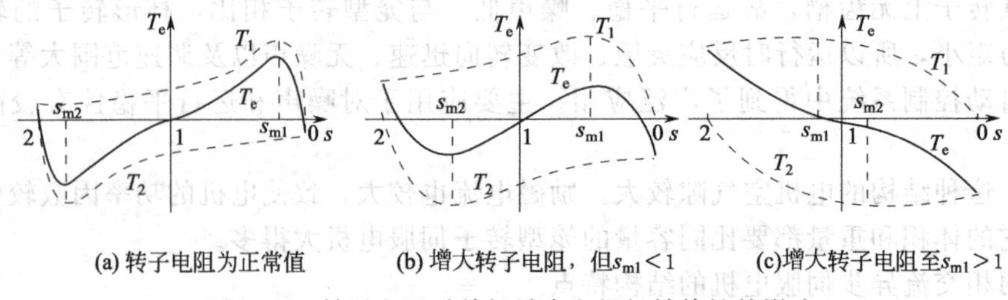

(a) 转子电阻为正常值　(b) 增大转子电阻，但$s_{m1}<1$　(c)增大转子电阻至$s_{m1}>1$

图 2-20　转子电阻对单相异步电机机械特性的影响

2.3.3 两相交流伺服电机的控制方式

两相交流异步伺服电机运行时，励磁绕组接至电压值恒定的励磁电源，而控制绕组所加的控制电压U_c是变化的，一般来说得到的是椭圆形旋转磁场，由此产生电磁转矩驱动电机旋转，若改变控制电压的大小或改变它相对于励磁电压的相位差，就能改变旋转磁场的椭圆度，从而改变电磁转矩。

当负载转矩一定时，通过改变控制绕组电压的大小或相位，可以控制伺服电机的启动、停止及运行转速。因此，两相异步伺服电机的控制方法有以下几种。

(1) 幅值控制

保持励磁电压的幅值和相位不变，通过调节控制电压的大小来改变电机的转速，而控制电压$\dot{U}_c$与励磁电压$\dot{U}_f$之间始终保持90°电角度相位差。其原理电路图和电压相量图如图 2-21 所示，当控制电压$\dot{U}_c=0$时，电机停转；当控制电压反相时，电机反转。

如果$\alpha=U_c/U_f=U_c/U_1$为信号系数，则$U_c=\alpha U_1$。当$\alpha=0$时，即$U_c=0$时，定子电流产生脉振磁场，电机不对称度最大；当$\alpha=1$时，$U_c=U_1$，产生圆形旋转磁场，电机处于对称运行状态；当$0<\alpha<1$，即$0<U_c<U_1$时，产生椭圆形旋转磁场，电机运行的不对称度随α的增大而减小。

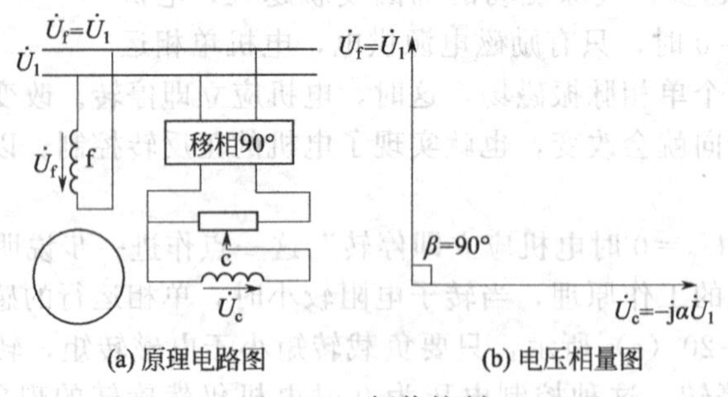

(a) 原理电路图　(b) 电压相量图

图 2-21　幅值控制

(2) 相位控制

采用相位控制时，控制绕组与励磁绕组的电压大小均保持额定值不变，通过调节控制电压的相位，即改变控制电压与励磁电压之间的相位角β，实现对电机的控制。相位控制时的原理电路图和电压相量图如图 2-22 所示。当$\beta=0°$时，两相绕组产生的气隙合成磁场为脉振磁场，电机停转。

(3) 幅值-相位控制（又称电容控制）

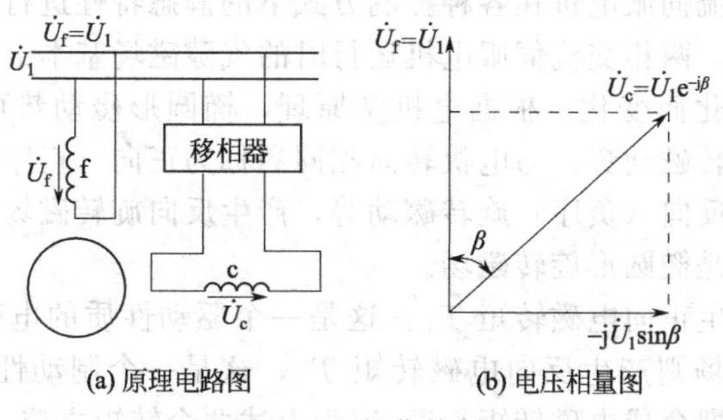

(a) 原理电路图 (b) 电压相量图

图 2-22 相位控制

幅值-相位控制是将励磁绕组串联电容 C_a 以后，接到交流电源 U_1 上，而控制绕组电压 $\dot{U}_c$ 的相位始终与 $\dot{U}_1$ 相同。其原理电路图和电压相量图如图 2-23 所示。通过调节控制电压 $\dot{U}_c$ 的幅值可以改变电机的转速。

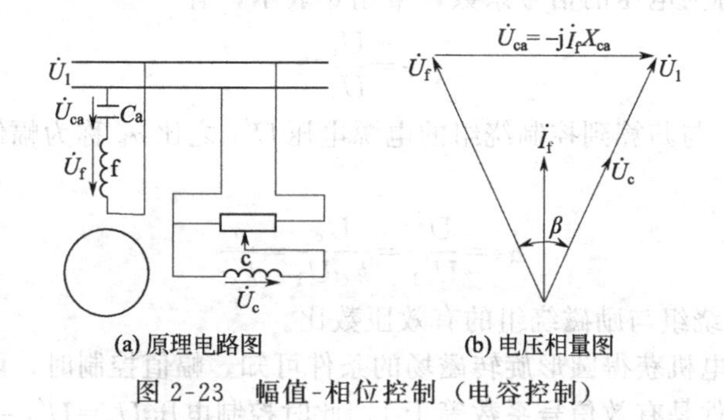

(a) 原理电路图 (b) 电压相量图

图 2-23 幅值-相位控制（电容控制）

采用幅值-相位控制时，励磁绕组电压 $\dot{U}_f=\dot{U}_1-\dot{U}_ca$。当调节控制绕组电压的幅值改变电机的转速时，由于转子绕组的耦合作用，励磁绕组中的电流 $\dot{I}_f$ 也会发生变化，使励磁绕组的电压 $\dot{U}_f$ 及串联电容上的电压 $\dot{U}_{ca}$ 也随之改变，因此控制绕组电压 $\dot{U}_c$ 和励磁绕组电压 $\dot{U}_f$ 的大小及它们之间的相位角 β 也都随之改变。所以，这种控制方式成为幅值-相位控制，或称为电容控制。若控制电压 $\dot{U}_c=0$ 时，电机便停转。这种控制方式利用励磁绕组中的电容来分相，不需要复杂的移相装置，所以设备简单、成本较低，是实际应用中最常见的一种控制方式。

以上三种控制方式的实质都是利用改变不对称两相电压中正序和负序分量的比例，来改变电机中正序和负序旋转磁场的相对大小，从而改变它们产生的合成电磁转矩，以达到改变转速的目的。

2.3.4 两相交流伺服电机的静态特性

两相交流伺服电机的静态特性（又称稳态特性）与直流伺服电机一样，主要是指它的机械特性和调节特性，随着控制方式不同，其静态特性也有所不同。

严格来说，两相交流伺服电机的这些特性均为非线性，分析起来较为复杂。为了对这种电机的静态特性有个基本的了解，需要对电机作一些适当简化，略去某些次要的因素。通常把这种经过简化后的电机称为“理想电机”。下面先以幅值控制时的“理想电机”为例进行分析，然后再对两相交流伺服电机在各种控制方式下的静态特性进行对比研究。

由前面的分析可知，两相交流伺服电机运行时的气隙磁场基本上是一个椭圆形磁场，其椭圆度随控制电压的变化而变化。根据电机学原理，椭圆形磁动势可以分解成两个幅值不等、转向相反的圆形旋转磁动势。与电机转向相同的称为正向（正序）旋转磁动势，产生正向旋转磁场；反之称为反向（负序）旋转磁动势，产生反向旋转磁场。正向旋转磁场与反向旋转磁场合成起来，就是椭圆形旋转磁场。

正向旋转磁场将产生正向电磁转矩 T_1，这是一个驱动性质的电磁转矩，使电机工作在电机状态；反向旋转磁场则产生反向电磁转矩 T_2，这是一个制动性质的电磁转矩。显然，伺服电机的电磁转矩（即合成电磁转矩）T_e 应为上述两个转矩之差，即

$$T_e = T_1 - T_2$$

(1) 有效信号系数及获得圆形旋转磁场的条件

幅值控制时励磁绕组直接接在电压为 $\dot{U}_1$ 的交流电源上，即 $\dot{U}_f = \dot{U}_1$，控制绕组电压 $\dot{U}_c$ 在相位上滞后 $\dot{U}_1$ 90°电角度，而 U_c 的大小是可调的，若取电源电压 U_1 为电压基值，则控制电压 U_c 的标么值称为电压的信号系数，常用 α 表示，有

$$\alpha = \frac{U_c}{U_1}$$

而将控制电压 U_c 与归算到控制绕组的电源电压 U'_1 之比 α_e 称为幅值控制时的有效信号系数，即

$$\alpha_e = \frac{U_c}{U'_1} = \frac{U_c}{k_{cf} U_1} = \frac{\alpha}{k_{cf}}$$

式中，k_{cf} 为控制绕组与励磁绕组的有效匝数比。

由电机学中两相电机获得圆形旋转磁场的条件可知，幅值控制时，两相交流伺服电机获得圆形旋转磁场的条件是有效信号系数等于 1，此时控制电压 $U_c = U'_1 = k_{cf} U_1$。

(2) 机械特性

两相交流伺服电机的机械特性是指在控制电压或相位差的正弦函数值保持不变的情况下，电机的转速随电磁转矩变化的特性，一般用标么值表示，即 U_c = 常值或 simβ = 常值时，$n^* = f(T^*_{em})$ 的关系。

理想情况下（忽略漏阻抗中的次要成分、忽略励磁电流的影响等），采用幅值控制时，两相交流伺服电机机械特性的标么值方程如下：

$$n^* = \frac{2\alpha_e}{1+\alpha_e^2} - \frac{2}{1+\alpha_e^2} T_e^*$$

式中，n^* 为转速标么值［以同步转速 n_1（r/min）为基值］；T_e^* 为电磁转矩标么值［以圆形旋转磁场时的堵转转矩 T_{k0}（N・m）为基值］；α_e 为有效信号系数。

由上式可以看出，两相伺服电机理想空载（$T_e^* = 0$）时，其理想空载转速的标么值为

$$n_0^* = \frac{2\alpha_e}{1+\alpha_e^2}$$

可见，只有 $\alpha_e = 1$ 时，电机的理想空载转速才能达到同步转速，使 $n_0^* = 1$，否则，理想空载转速总是小于同步转速，即总有 $n_0^* < 1$。α_e 越小，旋转磁场中的负序磁场越强，电机的理想空载转速就越低。

由两相交流伺服电机机械特性的标么值方程还可以看出，两相伺服电机堵转（$n^* = 0$）时的堵转转矩标么值等于有效信号系数，即

$$T_k^* = \alpha_e$$

① 幅值控制时的机械特性。图 2-24（a）给出了一台两相交流伺服电机采用幅值控制时的机械特性曲线，其中虚线为理想电机时的特性曲线，实线为实测的特性曲线。可以看出，采用幅值控制时，两相伺服电机的机械特性已经呈非线性，与理想电机的特性曲线（图中的虚线）相比，堵转转矩点是重合的，两种特性曲线也较为接近。

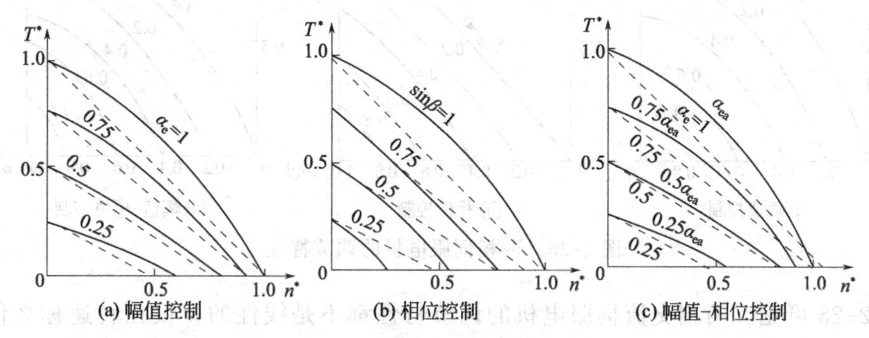

图 2-24 两相伺服电机的机械特性

由图 2-24（a）可以看出，只有当有效信号系数 $\alpha_e=1$ 时，电机的理想空载转速才等于同步转速，而 $\alpha_e\neq1$ 时，电机的理想空载转速均低于同步转速。这是因为只有当 $\alpha_e=1$ 时，电机中产生的才是圆形旋转磁场。当 $\alpha_e\neq1$ 时则为椭圆形旋转磁场，此时由于反向旋转磁场的存在，会产生一个制动转矩 T_2，如图 2-20 所示，因此，转子转速不能达到同步转速 n_1，理想空载转速 n_0 只能小于同步转速 n_1。当某转速下正向转矩 T_1 与反向转矩 T_2 正好相等时，合成电磁转矩 $T_e=T_1-T_2=0$，这一转速即为该 α_e 下的理想空载转速。有效信号系数 α_e 越小，磁场椭圆度越大，反向转矩越大，理想空载转速越低。

② 相位控制时的机械特性。图 2-24（b）为两相伺服电机采用相位控制时的机械特性。可以证明，采用相位控制时，相位差角 β 为 90°时的机械特性与幅值控制时有效信号系数等于 1 时的机械特性完全相同，这是因为两条曲线是在同样圆形旋转磁场的条件下获得的。但总体上来说，采用相位控制时的特性要比幅值控制时差些，这也是这种控制方式应用很少的原因之一。

③ 幅值-相位控制时的机械特性。采用幅值控制和相位控制时，若 $\alpha_e=1$ 或 $\sin\beta=1$，伺服电机在不同转速下均可获得圆形旋转磁场。但是，采用幅值-相位控制时，则只能使伺服电机在某一转速下获得圆形旋转磁场，即使有效信号系数保持不变，随着转速的变化，磁场也将变成椭圆形旋转磁场。

两相伺服电机采用幅值-相位控制时，为了使伺服电机启动时能有尽可能大的转矩，以提高系统动态性能。应使电机在启动时获得圆形旋转磁场。因此，即使有效信号系数等于 1 时，伺服电机转动后也为椭圆形旋转磁场，使其理想空载转速总是低于同步转速。

与其他两种控制方式相比，由于电机的励磁绕组端电压常常因电容器的存在而升高，使幅值-相位控制时电机的转矩标幺值较大，但采用这种控制方式时电机机械特性的线性度较差。

（3）调节特性

两相伺服电机的调节特性是指在电磁转矩不变的情况下，电机的转速随控制电压幅值或相位差的正弦函数值而变化的特性，一般也用标幺值表示，即 $T_e^*=$ 常值时，$n^*=f(\alpha)$ 或 $n^*=f(\sin\beta)$ 的关系。

两相伺服电机调节特性方程式的导出相当繁琐，因此，各种控制方式下的调节特性一般都是利用机械特性曲线，用作图法间接获得的，即在某一转矩下，由机械特性曲线上找出转速和相对应的有效信号系数，并绘制成曲线。各种控制方式下的调节特性如图 2-25 所示。

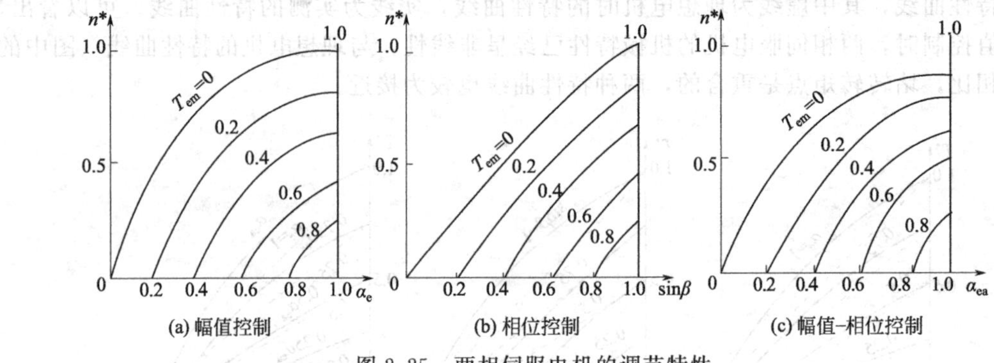

图 2-25 两相伺服电机的调节特性

由图 2-25 可见，两相交流伺服电机的调节特性都不是线性的，仅在转速标么值较小和有效信号系数不大的范围内才接近线性关系。相比之下，相位控制时的线性度较好，而其他两种控制方式都存在较大的非线性。

为了获得线性的调节特性，伺服电机应工作在较小的相对转速范围内，即工作在 n^* 较小的范围内。这可通过提高伺服电机的工作频率来实现。例如，伺服电机的调速阀范围是 0～2400r/min，若电源频率为 50Hz，同步转速 n_s＝3000r/min，转速标么值 n^* 的调节范围为 0～0.8；若电源频率为 400Hz，同步转速 n_s＝24000r/min，转速标么值 n^* 的调节范围为 0～0.1，这样伺服电机便可工作在调节特性的线性部分。

（4）输出特性

两相伺服电机的输出特性是指在控制电压或相位差的正弦函数值保持不变的情况下，电机的输出功率随转速变化的特性，一般用标么值表示，即 U_c＝常值或 $\sin\beta$＝常值时，$P_2^*=f(n^*)$ 的关系。输出功率等于转矩乘以角速度，即输出功率与转速和转矩的乘积成正比。图 2-26 中表示了三种不同控制方式下，两相伺服电机的输出特性曲线组。

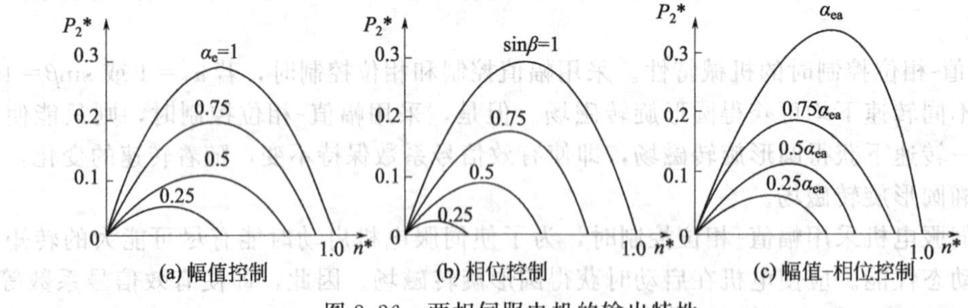

图 2-26 两相伺服电机的输出特性

由图 2-26 可以看出，无论采用何种控制方式，当电机堵转（$n^*=0$）时和理想空载（$T_e^*=0$）时，其输出功率均为零，而电机的最大输出功率一般出现在理想空载转速的 0.55 倍附近。当有效信号系数减小时，电机的最大输出功率减小，对应的转速也向低转速方偏移。

顺便指出，通常两相伺服电机的额定功率定义为有效信号系数 $\alpha_e=1$ 时的最大输出功率，此时所对应的转速定义为额定转速，相应的输出转矩则定义为额定转矩，与一般电机的规定不尽相同。

从 2-26 中所示的三种不同控制方式下电机的输出功率曲线可以看出，在相应的信号系数时，幅值-相位控制时最大输出功率值较大，而相位控制时较小。这是因为在机械特性曲线中，当信号系数和转速相同时，幅值-相位控制时产生的转矩最大，而相位控制时较小。

虽然幅值-相位控制时电机的机械特性线性度较差，但是，它有较大的输出功率，又不需要附加复杂的移相设备，就能在单相电源上获得控制电压和励磁电压的分相，所以在实际应用中它是常见的一种控制方式。

2.3.5 两相交流伺服电机的动态特性

与直流伺服电机一样，两相交流异步伺服电机的动态特性是指在阶跃控制电压作用下，电机转速随时间的变化规律，其分析方法也与直流伺服电机相似。只是由于两相交流异步伺服电机的机械特性和调节特性皆为非线性，准确地分析其动态过程就变得相当复杂。下面以幅值控制为例对两相异步伺服电机的动态性能进行分析。

分析时假设电机的有效信号系数 $\alpha_e=1$，即电机工作在圆形旋转磁场条件下，略去其电气过渡过程，并如图 2-27 所示将其机械特性进行线性化处理。

考虑到机械特性的非线性，则电机转速随时间变化就不再呈指数函数关系。为了解决机械特性非线性问题，在满足工程精度要求的条件下，通常将它近似看成抛物线关系，这样只需通过三个特定点的数值便可确定此抛物线方程。因此，通过 $n^*=0$，$T_e^*=1$；$n^*=0.5$，$T_e^*=0.5+\mu$ 和 $n^*=1$，$T_e^*=0$ 三个特定点来确定抛物线方程，如图 2-27 所示。故机械特性表示为

$$T_e^*=1+(4\mu-1)n^*-4\mu n^{*2}$$

根据动力学方程式可以推导出电机转速随时间的变化关系为

$$n^*=\frac{e^{\frac{k}{\tau_m}t}-1}{e^{\frac{k}{\tau_m}t}-1+k}$$

式中 $$k=4\mu+1$$

由上式可以绘制出两相异步伺服电机，考虑机械特性非线性后的电机转速随时间的变化关系，如图 2-28 所示。

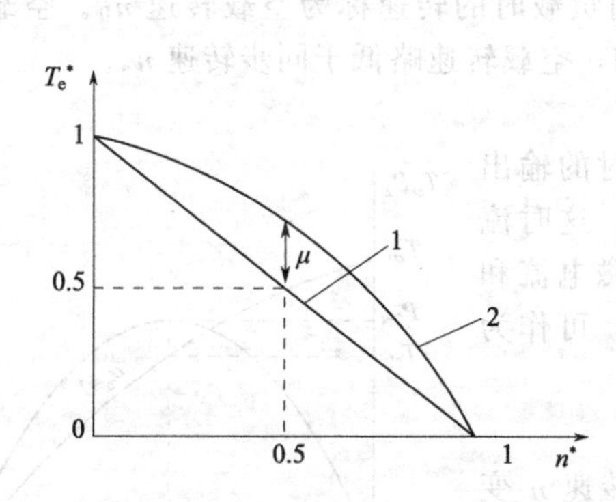

图 2-27 机械特性的线性化

1—理想线性的机械特性；2—实际机械特性

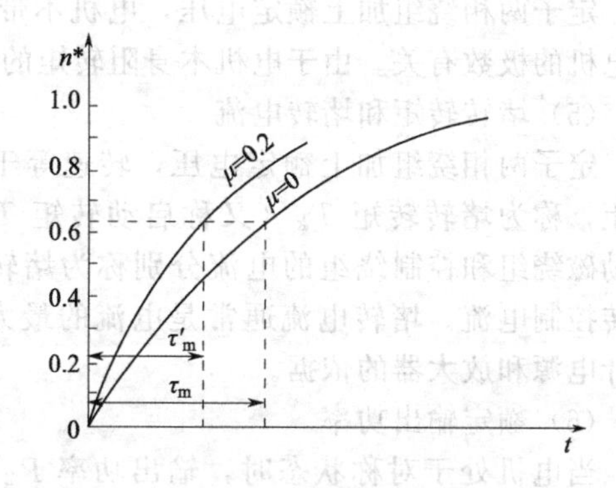

图 2-28 考虑机械特性非线性后电机转速随时间的变化关系

由上式可求得电机转速由零上升到 63.2% 所需的时间，即考虑到电机机械特性非线性后的时间常数的数值方程为

$$\tau'_m=k_\mu\frac{2\pi}{60}\times\frac{Jn_s}{T_{st}}=k_\mu\tau_m$$

式中 $$k_\mu=\frac{1}{4\mu+1}\ln(2.71+6.86\mu)$$

因 k_μ 为小于1的数，并随 μ 的增大而减小，当 $\mu=0$ 时，$\tau'_m=\tau_m$；当 $\mu\neq0$ 时，$\tau'_m<\tau_m$。也就是说，机械特性的非线性使电机的机电时间常数变小，实际的两相伺服电机 μ 值不超过0.2，所以 k_μ 值就近似于1。这样，τ'_m 仍可近似地用理想线性机械特性时的机电时间常数 τ_m 代替。

幅值控制方式下，当有效信号系数 $\alpha_e=1$ 时，若电机的机械特性为理想的直线，这时它的机电时间常数可按下式确定，即

$$\tau_m=0.1047\frac{Jn_s}{T_{k0}}$$

2.3.6 两相异步伺服电机的额定值

(1) 额定励磁绕组电压

励磁绕组电压的允许变动范围一般为额定励磁电压的±5%。电压太高，电机会发热；电压太低，电机的性能将变坏，如堵转转矩和输出功率会明显下降，加速时间增加等。

当电机采用幅值-相位控制时，应注意到励磁绕组两端电压会高于电源电压，而且随转速升高而增大。

(2) 额定控制电压

控制绕组的额定电压有时也称最大控制电压，在幅值控制条件下加上这个电压，电机就能得到圆形旋转磁场

(3) 额定频率

目前控制电机常用的频率分低频和中频两大类，低频为50Hz（或60Hz），中频为400Hz（或500Hz）。因为频率越高，涡流损耗越大，所以中频电机的铁芯需用更薄的硅钢片，一般低频电机用厚度为0.35～0.5mm的硅钢片，而中频电机用厚度在0.2mm以下的硅钢片。

中频和低频电机一般不可以互相代替使用，否则电机性能会变差。

(4) 空载转速

定子两相绕组加上额定电压，电机不带任何负载时的转速称为空载转速 n_0。空载转速与电机的极数有关。由于电机本身阻转矩的影响，空载转速略低于同步转速 n_s。

(5) 堵转转矩和堵转电流

定子两相绕组加上额定电压，转速等于0时的输出转矩，称为堵转转矩 T_k（又称启动转矩 T_{st}）。这时流过励磁绕组和控制绕组的电流分别称为堵转励磁电流和堵转控制电流。堵转电流通常是电流的最大值，可作为设计电源和放大器的依据。

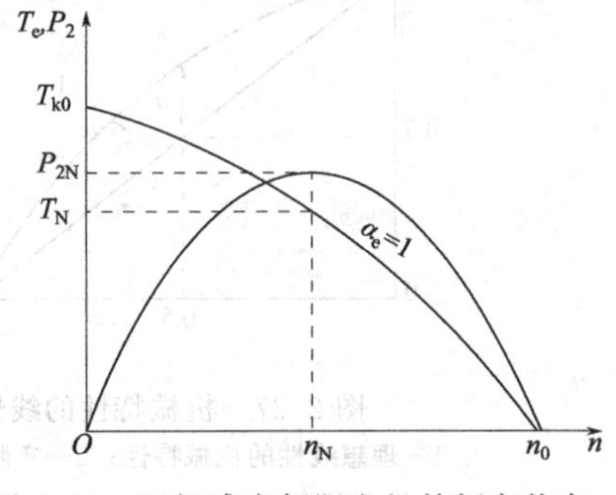

图2-29 两相感应伺服电机的额定状态

(6) 额定输出功率

当电机处于对称状态时，输出功率 P_2 随转速 n 变化的情况如图2-29所示。当转速接近空载转速 n_0 的一半时，输出功率最大，通常就把这点规定为两相异步伺服电机的额定状态。电机可以在这个状态下长期连续运转而不过热。这个最大的输出功率就是电机的额定功率 P_{2N}。对于这个状态下的转矩和转速称为额定转矩 T_N 和额定转速 n_N。

2.3.7 两相异步伺服电机的主要性能指标

(1) 空载始动电压 U_{s0}

在额定励磁电压和空载情况下，使转子在任意位置开始连续转动所需的最小控制电压定义为空载始动电压 U_{s0}，通常以额定控制电压的百分比来表示。U_{s0} 越小，表示伺服电机的灵敏度越高。一般要求 U_{s0} 不大于额定控制电压的 3%～4%。用于精密仪器仪表中的两相交流异步伺服电机，有时要求 U_{s0} 不大于额定控制电压的 1%。

(2) 机械特性非线性度 k_m

在额定励磁电压下，将任意控制电压时的实际机械特性与线性机械特性在转矩 $T_e=T_{st}/2$（T_{st} 为启动转矩）时的转速偏差 Δn 与空载转速 n_0（对称状态时）之比的百分数，定义为机械特性非线性度 k_m，即

$$k_m=\frac{\Delta n}{n_0}\times 100\%$$

机械特性的非线性度如图 2-30 所示。

(3) 调节特性非线性度 k_v

在额定励磁电压和空载情况下，当 $\alpha_e=0.7$ 时，实际调节特性与线性调节特性的转速偏差 Δn 与 $\alpha_e=1$ 时的空载转速 n_0 之比的百分数，定义为调节特性非线性度 k_v，即

$$k_v=\frac{\Delta n}{n_0}\times 100\%$$

调节特性的非线性度如图 2-31 所示。

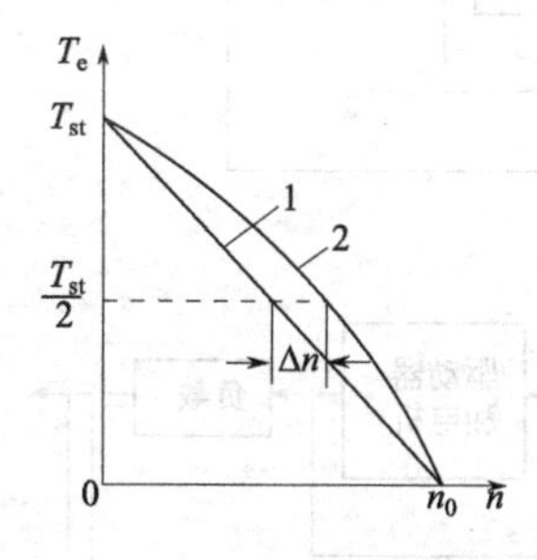

图 2-30 机械特性的非线性度

1—线性机械特性；2—实际机械特性

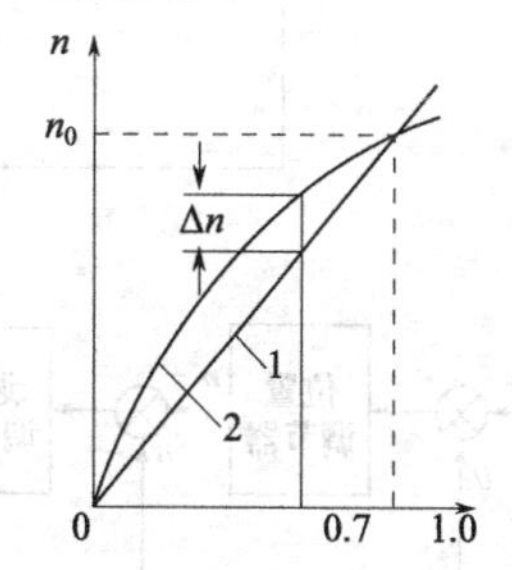

图 2-31 调节特性的非线性度

1—线性调节特性；2—实际调节特性

以上特性的非线性度越小，特性曲线越接近直线，系统的动态误差就越小，工作就越准确，一般要求 $k_m\leqslant 10\%\sim 20\%$，$k_v\leqslant 20\%\sim 25\%$。

(4) 机电时间常数 τ_m

当转子电阻相当大时，交流伺服电机的机械特性接近于直线。如果把 $\alpha_e=1$ 时的机械特性近似地用一条直线来代替，如图 2-24 中的虚线所示，那么与这条机械特性相对应的机电时间常数就与直流伺服电机机电时间常数表达式相同。

对伺服电机而言，机电时间常数 τ_m 是反映电机动态响应快速性的一项重要指标。在技术数据中给出的机电时间常数是用对称状态下的空载转速 n_0 代替同步转速 n_s，按照下式计算所得，即

$$\tau_m=0.1047\frac{Jn_s}{T_{k0}}$$

式中，T_{k0} 仍为对称状态下的堵转转矩。

考虑到机械特性的非线性及有效信号系数变化的影响，两相交流异步伺服电机实际运行时的机电时间常数 τ'_m 与 τ_m 有所不同。

2.4 伺服电机的应用

伺服电机在自动控制系统中作为执行元件，即输入控制电压后，电机能按照控制电压信号的要求驱动工作机械。它通常作为随动系统、遥测和遥控系统及各种增量运动系统的主传动元件，应用于打印机的纸带驱动系统、磁盘存储器的磁头驱动机构、工业机器人的关节驱动系统和数控机床进给装置等。

由伺服电机组成的伺服系统，按被控制对象的不同可进行以下分类。

① 速度控制方式。电机的速度是被控制的对象。

② 位置控制方式。电机的转角位置是被控制的对象。

③ 转矩控制方式。电机的转矩是被控制的对象。

④ 混合控制方式。此种系统可采用上述的多种控制方式，并能从一种控制方式切换到另一种控制方式。

在伺服系统中，通常采用前两种控制方式，其原理框图如图 2-32 所示。

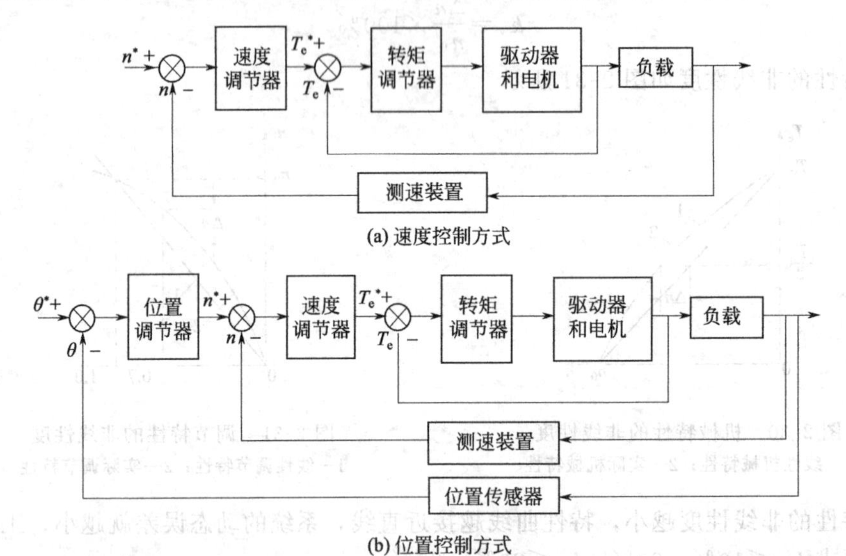

(a) 速度控制方式

(b) 位置控制方式

图 2-32 速度控制和位置控制原理图

图 2-32（a）为速度伺服驱动系统，n^* 为速度给定信号，n 为通过测速装置输出的实际速度值，两者的偏差通过速度调节器补偿后作为转矩环的指令信号。图 2-32（b）为位置伺服系统，θ^* 为位置给定信号，位置伺服系统将外面的位置环加到速度环上，位置给定信号 θ^* 与转子实际位置 θ 的差值通过位置调节器进行调节。

（1）在张力控制系统中的应用

张力控制系统在纺织工业、造纸工业、电缆工业和钢铁工业都获得了广泛应用。

例如在纺织、印染和化纤生产中，有许多生产机械（如整经机、浆纱机和卷染机等）在加工过程中以及加工的最后，都要将加工物——纱线或织物卷绕成筒形。为使卷绕紧密、整齐，要求在卷绕过程中，在织物内保持适当的恒定张力。实现这种要求的控制系统，叫做张力控制系统。图 2-33 所示为利用直流伺服电机驱动张力辊进行检测的张力控制系统。

当织物由导辊经过张力辊时，张力弹簧通过摇杆拉紧张力辊。如织物张力发生波动，则张力辊的位置将上下移动，带动摇杆改变电位器滑动端位置，使张力反馈信号 U_F 随之发生

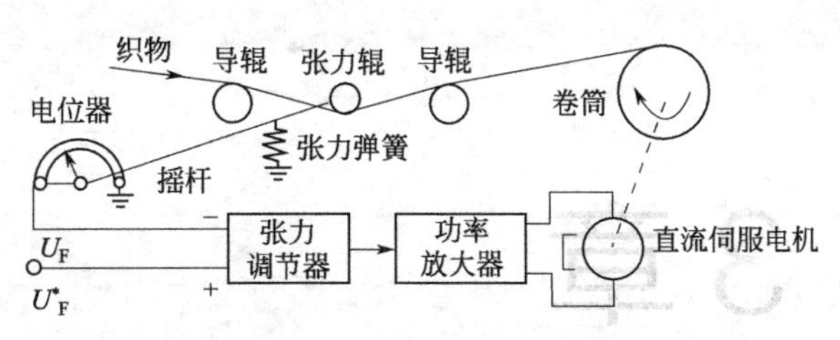

图 2-33 张力控制系统原理图

变化。如张力减小，在张力弹簧的作用下，摇杆使电位滑动端向反馈信号减小的方向移动，在某一张力给定信号 U_F^* 下，输入到张力调节器的差值电压 $\Delta U_F = U_F^* - U_F$ 增加，经功率放大器放大后，使直流伺服电机的转速升高、张力增大并保持近似恒定。

(2) 在雷达天线系统中的应用

图 2-34 所示为某雷达天线系统中由直流力矩电机组成的主传动系统，它是一个典型的位置控制随动系统。在该系统中，被跟踪目标的位置经雷达天线系统检测并发出误差信号，此信号经放大后便作为力矩电机的控制信号，并使力矩电机驱动天线跟踪目标。若天线因偶然因素使它的阻力发生改变，例如阻力增大，则电机轴上的阻力矩增加，导致电机的转速降低。这时雷达天线系统检测到的误差信号也随之增大，它通过自动控制系统的调节作用，使力矩电机的电枢电压立即增高，相应使电机的电磁转矩增加，转速上升，天线又能重新跟踪目标。为了提高控制系统的运行稳定性，该系统使用了测速发电机负反馈装置。

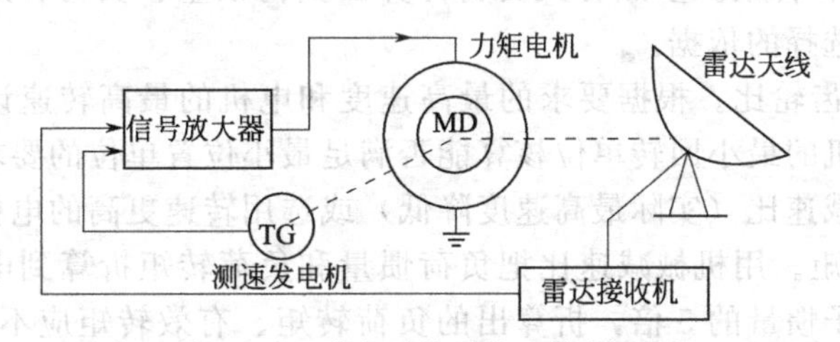

图 2-34 雷达天线系统工作原理图

第3章 步进电机和伺服电机选型

驱动系统容量的确定，必须综合考虑负荷惯量、负荷转矩、要求的定位精度、要求的最高速度，建议按以下步骤考虑。

(1) 容量选择

① 计算负荷惯量和转矩。参照有关资料计算出负荷惯量、负荷转矩、加减速转矩、有效转矩，作为下一步选择的依据。

② 初步确定机械齿轮比。根据要求的最高速度和电机的最高转速计算出最大机械减速比，用此减速比和电机的最小回转单位核算能否满足最小位置单位的要求，如果位置精度要求较高，可增大机械减速比（实际最高速度降低）或选用转速更高的电机。

③ 核算惯量和转矩。用机械减速比把负荷惯量和负荷转矩折算到电机轴上，折算出的惯量应不大于电机转子惯量的5倍，折算出的负荷转矩、有效转矩应不大于电机额定转矩。如果不能满足上述要求，可增大机械减速比（实际最高速度降低）或选用容量更大的电机。

(2) 电子齿轮比（伺服系统）

设置位置指令脉冲的分倍频（电子齿轮），在位置控制方式下，通过对相关参数的设置，可以很方便地与各种脉冲源相匹配，以达到用户理想的控制分辨率（即角度/脉冲）。计算公式为

$$PG=4NC$$

式中，P 为输入指令的脉冲数；G 为电子齿轮比，G＝分频分子/分频分母；N 为电机旋转圈数；C 为光电编码器每转线数。

例如，输入脉冲指令为6000，$C=2500$ 时，伺服电机旋转1圈时

$$G=4NC/P=4\times1\times2500/6000=5/3$$

电子齿轮比推荐范围：$1/50\leqslant G\leqslant50$。

位置控制方式下，负载实际速度为：指令脉冲速度×G×机械减速比。负载实际最小位移为：最小指令脉冲行程×G×机械减速比。

当电子齿轮比 G 不为1时，进行齿轮比除法运算可能有余数，此时会存在位置偏差，最大偏差为电机的最小转动量（最小分辨率）。

(3) 停止特性

位置控制方式下用脉冲串控制伺服电机时，指令脉冲与反馈脉冲之间有一个差值，叫滞后脉冲，此值在位置偏差计数器中累积起来，它与指令脉冲频率、电子齿轮比和位置比例增益之间有以下关系

$$\varepsilon=(fG)/K_p$$

式中，ε为滞后脉冲；f为指令脉冲频率，Hz；K_p为位置比例增益，s^{-1}；G为电子齿轮比。

以上关系是在位置比例增益为0条件下得到的，如果位置比例增益大于0，则滞后脉冲会比上式计算值小。

3.1 步进电机选型

3.1.1 步进电机选型步骤

步进电机指令位移与实际位移计算方法为

$$S=\frac{I}{\delta}\times\frac{\theta}{360°}\times\frac{Z_D}{Z_M}L$$

式中，S为实际位移，mm；I为指令位移，mm；θ为步进电机步距角；δ为CNC最小单位，mm；Z_D为电机侧齿轮齿数；Z_M为丝杠侧齿轮齿数；L为丝杠螺距，mm。

根据所用设备计算好所用步进电机步距角，再根据计算出的负荷惯量、负荷转矩，以及要求的定位精度、要求的最高速度和所用控制系统、驱动来综合选择步进电机和所配套使用驱动装置。

3.1.2 步进电机选型实例

步进电机经历了反应式步进电机、永磁式步进电机、混合式步进电机，步进电机的步距角由固定单一的发展到可以通过步进电机配套驱动器通过组合拨码开关不同组合可以调整很多步距角。下面以实例来介绍几种机床选用步进电机情况。

实例一——一种CK40P数控车床，系统为广州数控系统GSK996T或GSK928TA，步进电机选用反应式步进电机。

经过计算X轴步距角为0.6°，保持转矩为12N·m，Z轴步距角为0.6°，保持转矩为18N·m，可以由表3-1选出所用步进电机型号。

表3-1 武汉华中理工大学电机厂三相反应式步进电机

电机型号	相数	保持转矩/N·m	半步距角/(°)	静态电流/A	空载运行频率/Hz	空载启动频率/Hz	运行矩频特性/Hz					
							1000	3000	5000	7000	9000	10000
110BC380A	3	4	0.75	3	12000	2200	4.1	4.1	3.7	3.3	2.9	2.3
110BC380B	3	8	0.75	6	15000	2100	8.6	8.2	7.6	6.7	5.8	5.4
110BC380C	3	10	0.75	6	12000	1800	9.5	8.8	7.9	7.1	6.2	5.8
130BC3100A	3	12	0.6	12	15000	2100	10.8	9.4	8.2	7.4	5.8	4.1
130BC3100B	3	18	0.6	15	15000	2400	17.1	16.5	15.3	12.7	10.1	7.5
130BC3100C	3	12	0.6	8	15000	2300	10.1	9.1	8.2	6.8	5.2	4.7
130BC3100D	3	18	0.6	10	15000	2300	15.5	14.5	12.7	9.5	7.9	6.3
130BC3100E	3	25	0.6	10	12000	1800	23.3	21.9	17.7	11.1	10.2	9.8
130BC3100F	3	25	0.6	15	15000	2100	24.8	24.1	18.7	14.1	13.5	13.1

由表 3-1 可以查到符合 X 轴步进电机条件的有 130BC3100C，符合 Z 轴步进电机条件的有 130BC3100B，另外根据步进电机的功率和电流，选用配套驱动器型号为：X 轴选用 DF3A-8 型驱动器，Z 轴选用 DF3A-110 型驱动器，所选用步进电机和驱动器符合使用要求。

实例二——一台 20 世纪 90 年代早期 CJK6140 数控车床系统为帝特马 DTM-5T 系统，步进电机采用五相十拍永磁式步进电机，经过计算选用杭州中达电机厂所产永磁式步进电机，参数如下。

X 轴步进电机：型号为 110BYG550BH，相数为 5 相，步距角为 0.36°，电流为 5A，转力矩为 9N·m。

X 轴驱动板选用帝特马公司专门定做驱动器板。

Z 轴步进电机：型号为 110BYG550CH，相数为 5 相，步距角为 0.36°，电流为 5A，转力矩为 12N·m。

Z 轴驱动板选用帝特马公司专门定做驱动器板。

帝特马公司上述系统、选用步进电机和驱动板在多个机床厂家得到了应用。表 3-2 是步进电机的参数表。

表 3-2 杭州中达永磁式步进电机参数

型号	相数	步距角/(°)	电流/A	转力矩/N·m
110BYG550BH	5	0.36	5	9
110BYG550CH	5	0.36	5	12

实例三——一台 JBNC320B 数控车床，系统经过改造后更换为广州数控 GSK928TA 系统，经过计算选用以下型号混合式步进电机。

X 轴：110BYG350A，相数：3 相，步距角：0.6°，电流：2.4A，保持转矩 8N·m。

Z 轴：110BYG350B，相数：3 相，步距角：0.6°，电流：2.8A，保持转矩 12N·m。

配套驱动器选用广州数控配套驱动器，表 3-3 是广数多种型号混合式步进电机参数表。

表 3-3 广州数控三相混合式步进电机参数

型号	相数	保持转矩/N·m	步距角	静态相电流/A	空载运行频率/Hz	空载启动频率/Hz	相电感/mH	转动惯量/kgf①·m²	使用电压范围/V	质量/kg
90BYG350A	3	2	0.6°	1.0	30000	1600	28	1.5	80～325	3
90BYG350B	3	4	0.6°	1.1	30000	1600	38	3.0	80～325	4
90BYG350C	3	6	0.6°	1.3	30000	1600	43	4.5	80～325	5
110BYG350A	3	8	0.6°	2.4	30000	1600	20	8.4	80～325	7
110BYG350B	3	12	0.6°	2.8	30000	1600	30	12.6	80～325	10
110BYG350C	3	16	0.6°	3.0	30000	1600	35	16.8	80～325	12

① 1kgf=9.80665N。

3.2 伺服电机选型

3.2.1 伺服电机选型步骤

伺服系统与位置控制器选型计算方法如下。

① 指令位移与实际位移

$$S=\frac{I}{\delta}\times\frac{C_R}{C_D}\times\frac{D_R}{D_D}\times\frac{1}{S_T}\times\frac{Z_D}{Z_M}\times L$$

式中，S 为实际位移，mm；I 为指令位移，mm；δ 为 CNC 最小单位，mm；C_R 为指令倍频系数；C_D 为指令分频系数；D_R 为伺服倍频系数；D_D 为伺服分频系数；S_T 为伺服电机每转分度数；Z_M 为丝杠侧齿轮齿数；L 为丝杠螺距 mm。

通常，$S=I$，指令值与实际值相等。

② CNC 最高指令速度

$$\frac{F}{60\delta}\times\frac{C_R}{C_D}\leqslant f_{max}$$

式中，F 为指令速度，mm/min；f_{max} 为 CNC 最高输出频率，Hz（广数 GSK980 系统为 128000）。

③ 伺服系统最高速度

$$v_{max}=n_{max}\frac{D_R}{D_D}\times L$$

式中，v_{max} 为伺服系统允许工作台最高速度，mm/min；n_{max} 为伺服电机允许最高转速，r/min。

机床实际最高速度受 CNC 及伺服系统最高速度限制。

④ 机床最小移动量

$$\alpha=\frac{\text{INT}\left[\text{INT}\left(N\frac{C_R}{C_D}\right)\times\frac{D_R}{D_D}\right]_{min}}{S_T}\times\frac{Z_D}{Z_M}\times\frac{L}{\delta}$$

式中，α 为机床最小移动量，mm；N 为自然数；INT（）为取整；INT $[\,]_{min}$ 为最小整数。

3.2.2 伺服电机选型实例

伺服电机经历了直流伺服电机到交流伺服电机的发展阶段，下面分别以直流伺服电机和交流伺服电机应用实例来介绍。

实例一——NC40-1 车床，系统为北京航天时空系统 MNC866B，系统选用直流伺服电机，所配型号如下。

X 轴选用 SY400（B4）型直流伺服电机，径向载荷为：70kgf，功率：0.4kW，轴向载荷为：20kgf，额定转矩：2.7N·m。

Z 轴选用 SY800（B8）型直流伺服电机，径向载荷为：70kgf，功率：0.8W，轴向载荷为：20kgf，额定转矩：5.4N·m。

X 轴、Z 轴直流伺服电机所配套伺服板为北京航天数控公司配套伺服控制板。表 3-4 为直流伺服电机参数表。

表 3-4　贵州林泉电机厂直流伺服电机参数表

项目	型号				
	SY400	SY800	SY1100	SY1500	SY2500
输出功率/kW	0.4	0.8	1.1	1.4	2.5
额定转矩/N·m	2.7	5.4	11.8	17.6	34.3

续表

项目	型号				
	SY400	SY800	SY1100	SY1500	SY2500
最大转矩/N·m	23	47	94	154	309
最高转速/r·min^{-1}	2000	2000	1500	1500	1000
转子惯量/N·m·s	0.0026	0.0046	0.015	0.019	0.032
机械时间常数/ms	20	13	19	15.2	8.5
热时间常数/min	50	60	65	70	80
允许径向载荷/kgf	70	70	450	450	450
允许轴向载荷/kgf	20	20	135	135	135
质量/kg	12	17	27	30	47

实例二——CK40P数控车床，系统选用广数GSK928TC或GSK928TE系统，车床选用交流伺服电机和配套驱动器。

*X*轴交流伺服电机型号：130ST-M05025H，驱动器型号：DA98-13，功率：1.3kW，额定电流：6.5A，零速转矩：5N·m。

*Z*轴交流伺服电机型号：130ST-M10015H，驱动器型号：DA98-15，功率：1.5kW，额定电流：9.0A，零速转矩：10N·m。

表3-5～表3-8是部分国产交流伺服电机参数表。

表3-5 广州数控SJZ系列交流伺服电机参数表

型号	功率/kW	零速转矩/N·m	额定转速/r·min^{-1}	额定电流/A	转子惯量/kgf·m^2	机械时间常数/ms	工作电压/V(DC)	质量/kg
110SJZ2-1-HM	0.4	2	2000	3.0	5.4×10^{-4}	12.6	220(300)	11
110SJZ2-2-HM	0.6	2	3000	4	5.4×10^{-4}	12.6	220(300)	11
110SJZ4-1-HM	0.8	4	2000	5(3)	9.1×10^{-4}	5.9	220(300)	14
110SJZ4-2-HM	1.2	4	3000	7.5(5)	9.1×10^{-4}	5.9	220(300)	14
110SJZ5-1-HM	1.0	5	2000	6.5(4.5)	1.1×10^{-3}	6.0	220(300)	15
110SJZ5-2-HM	1.5	5	3000	9.5(5.5)	1.1×10^{-3}	6.0	220(300)	15
110SJZ6-1-HM	1.2	6	2000	7.5(4.5)	1.29×10^{-3}	6.6	220(300)	17
110SJZ6-2-HM	1.7	6	3000	11(7)	1.29×10^{-3}	6.6	220(300)	17
130SJZ4-1-HM	0.8	4	2000	6.5(4)	1.6×10^{-3}	12.5	220(300)	13
130SJZ4-2-HM	1.2	4	3000	9.5(5.5)	1.6×10^{-3}	12.5	220(300)	13
130SJZ5-1-HM	1.0	5	2000	6.5(4.5)	2.0×10^{-3}	10.0	220(300)	15
130SJZ5-2-HM	1.5	5	3000	9.5(6)	2.0×10^{-3}	10.0	220(300)	15
130SJZ6-1-HM	1.2	6	2000	6.5(4.5)	2.4×10^{-3}	8.5	220(300)	16
130SJZ6-2-HM	1.8	6	3000	9.5(6.5)	2.4×10^{-3}	8.5	220(300)	16
130SJZ7.5-1-HM	1.4	7.5	2000	9.5(5.5)	2.8×10^{-3}	6.0	220(300)	18
130SJZ27.5-2-HM	2.0	7.5	3000	14(9.5)	2.8×10^{-3}	6.0	220(300)	18

续表

型号	功率/kW	零速转矩/N·m	额定转速/r·min^{-1}	额定电流/A	转子惯量/kgf·m^2	机械时间常数/ms	工作电压/V(DC)	质量/kg
130SJZ10-1-HM	1.4	10	1500	9.5(5.5)	3.6×10^{-3}	5.0	220(300)	20
130SJZ10-2-HM	2.3	10	2500	16(10)	3.6×10^{-3}	5.0	220(300)	20
130SJZ15-1-HM	2.1	15	1500	13.5(8.5)	5.2×10^{-3}	3.9	220(300)	26

表 3-6 Star系列部分电机参数表

型号	功率/kW	零速转矩/N·m	额定转速/r·min^{-1}	额定电流/A	转子惯量/kgf·m^2	机械时间常数/ms	工作电压/V(DC)	质量/kg
110ST-M02030H	0.6	2	3000	4.0	0.33×10^{-3}	3.64	220(300)	4.2
110ST-M04030H	1.2	4	3000	7.5(5.0)	0.65×10^{-3}	2.32	220(300)	5.2
110ST-M05030H	1.5	5	3000	9.5(6.0)	0.82×10^{-3}	2.03	220(300)	5.8
110ST-M06020H	1.2	6	2000	8.0(6.0)	1.00×10^{-3}	1.82	220(300)	6.4
110ST-M06030H	1.8	6	3000	11.0(8.0)	1.00×10^{-3}	1.82	220(300)	6.4
130ST-M04025H	1.0	4	2500	6.5(4.0)	0.85×10^{-3}	3.75	220(300)	7.4
130ST-M05025H	1.3	5	2500	6.5(5.0)	1.06×10^{-3}	3.07	220(300)	7.9
130ST-M06025H	1.5	6	2500	8.0(6.0)	1.26×10^{-3}	2.83	220(300)	8.6
130ST-M07720H	1.6	7.7	2000	9.0(6.0)	1.58×10^{-3}	2.44	220(300)	9.5
130ST-M10015H	1.5	10	1500	9.0(6.0)	2.14×10^{-3}	2.11	220(300)	11.1
130ST-M10025H	2.6	10	2500	14.5(10.0)	2.14×10^{-3}	2.11	220(300)	11.1
130ST-M15015H	2.3	15	1500	13.5(9.5)	3.24×10^{-3}	1.88	220(300)	14.3

表 3-7 南京力源SN系列部分电机规格

型号	功率/kW	零速转矩/N·m	额定转速/r·min^{-1}	额定电流/A	转子惯量/kgf·m^2	机械时间常数/ms	工作电压/V(DC)
80SNSA2IE	0.4	2	2000	2.8	1.65×10^{-4}	1.1	220(300)
80SNSA1.6IE	0.4	1.6	3000	3.1	1.52×10^{-4}	2.65	220(300)
110SNMA2IE	0.4	2	2000	2.0	2.46×10^{-4}	11.1	220(300)
110SNMA4IE	0.8	4	2000	3.3	4.2×10^{-4}	9.45	220(300)
110SNMA4IIE	1.2	4.0	3000	5.0	4.88×10^{-4}	1.0	220(300)
110SNMA4IIEZ	1.2	4.0	3000	5.0	4.88×10^{-4}	1.0	220(300)
110SNMA6IE	1.2	6.0	2000	5.0	7.18×10^{-4}	0.8	220(300)
110SNMA6IIEZ	1.8	6.0	3000	7.0	1.65×10^{-3}	0.85	220(300)
130SNMA4IIE	0.8	4	2000	3.5	7.17×10^{-4}	2.1	220(300)
130SNMA5IE	1.0	5	2000	4.2	7.4×10^{-4}	7.08	220(300)
130SNMA6IIE	1.2	6	2000	5.8	10×10^{-4}	3.1	220(300)
130SNMA7.5IE	1.4	7.5	2000	5.8	1.31×10^{-3}	7.25	220(300)
130SNMA10IE	1.4	10	1500	6.8	1.74×10^{-3}	8.15	220(300)
130SNMA15IE	2.1	15	1500	8.6	2.37×10^{-3}	8.66	220(300)

表 3-8　广州数控 SJT 系列部分电机规格

型号	额定功率/kW	极对数	驱动电源输入电压/V	额定电流/A	额定转矩/N·m	最大转矩/N·m	额定转速/r·min^{-1}	最高转速/r·min^{-1}	转子惯量/kgf·m^2	加速时间常数/ms
110SJT-M020D	0.5	4	AC220,三相（或单相）	3	2	8	3000	3300	0.34×10^{-3}	52
110SJT-M040D	1.0	4	AC220,三相（或单相）	4.5	4	12	2500	3000	0.68×10^{-3}	45
110SJT-M060D	1.5	4	AC220,三相	7	6	12	2500	3000	0.95×10^{-3}	42
130SJT-M040D	1.0	4	AC220,三相	4	4	10	2500	3000	1.19×10^{-3}	80
130SJT-M050D	1.3	4	AC220,三相	5	5	12.5	2500	3000	1.19×10^{-3}	64
130SJT-M060D	1.5	4	AC220,三相	6	6	18	2500	3000	1.95×10^{-3}	82
130SJT-M0750D	1.88	4	AC220,三相	7.5	7.5	20	2500	3000	1.95×10^{-3}	66
130SJT-M100B	1.5	4	AC220,三相	6	10	25	1500	2000	2.42×10^{-3}	38
130SJT-M100D	2.5	4	AC220,三相	10	10	25	2500	3000	2.42×10^{-3}	63
130SJT-M150B	2.3	4	AC220,三相	8.5	15	30	1500	2000	3.1×10^{-3}	33
130SJT-M150D	3.9	4	AC220,三相	14.5	15	30	2500	3000	3.6×10^{-3}	63

FANUC 进给伺服系统分类及特点见表 3-9。

表 3-9　FANUC 进给伺服系统分类及特点

序号	名称	特点简介	所配系统型号
1	直流可控硅伺服单元	只有单轴结构，型号为：A06B-6045-H×××。主回路有 2 只可控硅模块组成（国产的为 6 只可控硅），120V 三相交流电输入，六路可控硅全波整流，接触器，三只保险。控制电路板有两种，带电源和不带电源，其作用是接受系统的速度指令（0～10V 模拟电压）和速度反馈信号，给主回路提供六路触发脉冲	配早期系统，如 5、7、330C、200C、2000C 等，市场上已不常见
2	直流 PWM 伺服单元	有单轴和双轴两种，型号为 A06B-6047-H×××，主回路由整流桥将三相 185V 交流电变成 300V 直流，再由四路大功率晶体管的导通和截止宽度来调整输出到直流伺服电机的电压，以调节电机的速度，有两个无保险断路器、接触器、放电二极管、放电电阻等。控制电路板作用原理与上述基本相同	较早期系统，如 3、6、0A 等，市场较常见
3	交流模拟伺服系统	有单轴、双轴或三轴结构，型号为：A06B-6050-H×××，主回路比直流 PWM 伺服多一组大功率晶体管模块，其他结构相似。控制电路板作用原理与上述基本相同	较早期系统，如 3、6、0A、10/11/12、15E、0E、0B 等，市场较常见
4	交流 S 系列 1 伺服单元	有单轴、双轴或三轴结构，型号为：A06B-6057-H×××，主回路与交流模拟伺服相似，控制板有较大改变，它只接受系统的六路脉冲，将其放大，送到主回路的晶体管的基极，主回路将电机的 U、V 两相电流转换为电压信号经控制板送给系统	0 系列，16/18A、16/18E、15E、10/11/12 等，市场较常见
5	交流 S 系列 2 伺服单元	有单轴、双轴或三轴结构，型号为：A06B-6058-H×××，原理同 S 系列，主回路有所改变，将接线改为螺钉固定到印制电路板上，这样便于维修，拆卸较为方便，不会造成接线错误。控制板可与上述通用	0 系列，16/18A、16/18E、15E、10/11/12 等，市场较常见
6	交流 C 系列伺服单元	有单轴、双轴结构，型号为：A06B-6066-H×××，主回路体积明显缩小，将原来的金属框架式改为黄色塑料外壳的封闭式，从外边看不到电路板，维修时需打开外壳，主回路有一个整流桥，一个 IPM 或晶体管模块，一个驱动板，一个报警检测板，一个接口板，一个焊接到主板的电源板，需要外接 100V 交流电源提供接触器电源	0C、16/18B、15B 等，市场不常见

续表

序号	名称	特点简介	所配系统型号
7	交流α系列伺服单元SVU、SVUC	有单轴、双轴或三轴结构，型号为SVU：A06B-6089-H×××，SVUC：A06B-6090-H×××，可替代C系列伺服，电路板有接口板和主控制板，电源、驱动和报警检测电路都集成在主控制板上，无100V交流输入。常用于不配备FANUC交流主轴电机系列的机床上，如数控车、数控铣、数控磨床等	0C、0D、16/18C、15B、I系列，市场上常见
8	交流α系列伺服单元SVM	有单轴、双轴或三轴结构，型号为SVM：A06B-6079-H×××。将伺服系统分成三个模块：PSMi(电源模块)、SPMi(主轴模块)和SVM(伺服模块)。电源模块将交流200V整流为300V直流和24V直流给后面的SPM和SVM使用，以及完成回馈制动任务。SVM不能单独工作，必须与PSM一起使用。其结构为：一块接口板，一块主控制板，一个IPM模块(智能晶体管模块)，无接触器和整流桥	0C、0D16/18C、15B、I系列，市场较常见
9	交流αi系列伺服单元SVM	有单轴、双轴或三轴结构，型号为SVM：A06B-6114-H×××。将伺服系统分成三个模块：PSMi(电源模块)、SPMi(主轴模块)和SVM(伺服模块)。电源模块将交流200V整流为300V直流和24V直流给后面的SPM和SVM使用，以及完成回馈制动任务。SVM不能单独工作，必须与PSM一起使用。其结构为：一块接口板，一块主控制板，一个IPM模块(智能晶体管模块)，无接触器和整流桥	15/16/18/21/0I-B系列，0I-C系列
10	交流β系列伺服单元	单轴，型号为：A06B-6093-H×××，有两种：一种是I/OLINK形式控制，控制刀库、刀塔或机械手，由LED显示报警号；另一种为伺服轴，由轴控制板控制，只有报警红灯点亮，无报警号，可在系统的伺服诊断画面查到具体的报警号。外部电源有三相交流200V，直流24V，外部急停，外接放电电阻及其过热线，这些插头很容易插错，一旦插错一个，就会将它烧坏。只有接口板和控制板	0C、0D、16/18C、15B、I系列，市场上常见，多用于小型数控机床或刀库、机械手等的定位
11	交流βi系列伺服单元	有单轴、双轴或三轴结构，型号为SVPM：A06B-6134-H30×(三轴)，H20×(两轴)；SVU：A06B-6130-H00×(只有单轴)	15/16/18/21/0I-B系列，0I-C、0IMATE-B/C系列

第4章
步进电机和伺服电机维护与保养

4.1 步进电机维护要点与保养步骤

4.1.1 步进电机检查维护要点

步进电机应存放在环境温度为－40～＋50℃、相对湿度不大于95%的清洁通风良好的库房内，空气中不得含有腐蚀性气体。运输过程中应小心轻放，避免碰撞和冲击，严禁与酸碱等腐蚀性物质放在一起。防止人体触及电机内部危险部件，以及外来物质的干扰，保证电机正常工作。但大部分切削液、润滑油等液态物质渗透力很强，电机长时间接触这些液态物质，很可能会导致不能正常工作或使用寿命缩短。因此，在电机安装使用时需采取适当的防护措施，尽量避免接触上述液态物质，更不能将其置于液态物质里浸泡，当电机电缆排布不当时，可能会导致切削液等液态物质沿电缆导入并积聚到插接件处，继而引起电机故障。因此，在安装使用时尽量使电机接插件侧朝下或朝水平方向布置，当电机接插件侧朝水平方向时，电缆在接入插接件前需作滴状半圆形弯曲，当由于机器结构的关系，难以避免要求电机插接件侧朝上时，需采取相应的防护措施。

4.1.2 步进电机连接保养要求和步骤

按照接口说明，接齐信号线、电机线、电源线。电机线和电源线流过电流较大，接线时一定要接牢，并固定在扎带座上，插头需插紧，防止因接触不良引起发热烧坏插头插座。

连接电机线时需确认相间无短路，电机绕组绝缘符合要求，无错相连接，三相绕组的同名端不要接反（同名端接反会使运行性能变差，容易引起步进电机失步）。

连接电源时，建议电源应通过隔离变压器供电，这样电机漏电时（如电机接线碰壳，相绕组碰壳、电机进水等），可起到对人身、设备（驱动器和电机）的保护作用。电源开关可使用空气开关、漏电保护开关或接触器等能快速、可靠通断的开关，但不能使用普通的闸刀开关，因为此类开关在合闸时极易产生接触不良现象，使驱动器受干扰而出现错误动作。

电源经隔离变压器、开关后连接到电源接口的“AC220V IN”端子上，轴流风扇电源线接到电源接口的“AC220V OUT”端子上，保护接地线连接到电源接口的“FG”端子上。

4.2 伺服电机维护要点与保养步骤

4.2.1 伺服电机维护要点

伺服电机应存放在环境温度为－40～＋50℃、相对湿度不大于95%的清洁通风良好的库房内，空气中不得含有腐蚀性气体。运输过程中应小心轻放，避免碰撞和冲击，严禁与酸碱等腐蚀性物质放在一起。防止人体触及电机内部危险部件，以及外来物质的干扰，保证电机正常工作。但大部分切削液、润滑油等液态物质渗透力很强，电机长时间接触这些液态物质，很可能会导致不能正常工作或使用寿命缩短。因此，在电机安装使用时需采取适当的防护措施，尽管避免接触上述液态物质，更不能将其置于液态物质里浸泡，当电机电缆排布不当时，可能会导致切削液等液态物质沿电缆导入并积聚到插接件处，继而引起电机故障。因此，在安装使用时尽量使电机接插件侧朝下或朝水平方向布置，当电机接插件侧朝水平方向时，电缆在接入插接件前需作滴状半圆形弯曲，当由于机器结构的关系，难以避免要求电机插接件侧朝上时，需采取相应的防护措施。

(1) 伺服电机的维护

直流伺服电机带有数对电刷，电机旋转时，电刷与换向器摩擦而逐渐磨损。电刷异常或过度磨损，会影响电机工作性能。因此，对电刷的维护是直流伺服电机维护的主要内容。交流伺服电机与直流伺服电机相比，由于不存在电刷，在维护方面相对来说比较容易。

数控车床、铣床和加工中心的直流伺服电机应每年检查一次，频繁加、减速机床（如冲床）的直流伺服电机应每两个月检查一次。检查要求如下。

① 在数控系统处于断电状态且电机已经完全冷却的情况下进行检查。

② 取下橡胶刷帽，用螺钉旋具拧下刷盖，取出电刷。

③ 测量电刷长度，如FANUC直流伺服电机的电刷由10mm磨损到小于5mm时，必须更换同型号的新电刷。

④ 仔细检查电刷的弧形接触面是否有深沟或裂痕，以及电刷弹簧上有无打火痕迹。如有上述现象，则要考虑电机的工作条件是否过分恶劣或电机本身是否有问题。

⑤ 用不含金属粉末及水分的压缩空气导入装电刷的刷孔，吹净粘在刷孔壁上的电刷粉末。如果难以吹净，可用螺钉旋具尖轻轻清理，直至孔壁全部干净为止，但要注意不要碰到换向器表面。

⑥ 重新装上电刷，拧紧刷盖。如果更换了新电刷，应使电机空运行跑合一段时间，以使电刷表面和换向器表面相吻合。

(2) 位置检测元件的维护

数控机床伺服系统最终是以位置控制为目的，对于闭环控制的伺服系统，位置检测元件的精度将直接影响到机床的位置精度。目前，用于闭环控制的位置检测元件多用光栅；用于半闭环控制的位置检测元件多用光电脉冲编码器。

① 光栅的维护。光栅有两种形式，一是透射光栅，即在一条透明玻璃片上刻有一系列等间隔密集线纹；二是反射光栅，即在长条形金属镜面上制成全反射或漫反射间隔相等的密集条纹。光栅输出信号有两个用于辨向的相位信号和一个零标志信号（又称一转信号），用于机床回参考点的控制。

对光栅的维护要点如下。

a. 防污

ⓐ 光栅由于直接安装于工作台和机床床身上，因此，极易受到冷却液的污染，从而造成信号丢失，影响位置控制精度。

ⓑ 冷却液在使用过程中会产生轻微结晶，这种结晶在扫描头上形成一层薄膜且透光性差，不易清除，故在选用冷却液时要慎重。

ⓒ 加工过程中，冷却液的压力不要太大，流量不要过大，以免形成大量的水雾进入光栅。

ⓓ 光栅检测装置最好通入低压压缩空气（105Pa 左右），以免扫描头运动时形成的负压把污物吸入光栅。压缩空气必须净化，滤芯应保持清洁并定期更换。

光栅上的污染物可以用脱脂棉蘸无水酒精轻轻擦除。

b. 防振光栅拆装时要用静力，不能用硬物敲击，以免引起光学元件的损坏。

② 光电脉冲编码器的维护。光电脉冲编码器是在一个圆盘的边缘上开有间距相等的缝隙，在其两边分别装有光源和光敏元件。当圆盘转动时，光线的明暗变化经光敏元件变成电信号的强弱，从而得到脉冲信号。编码器的输出信号有：两个相位信号输出，用于辨向；一个零标志信号，用于机床回参考点的控制。另外还有±5V 电源和接地端。

对光电脉冲编码器的维护要点如下。

a. 防污和防振由于编码器是精密测量元件，使用环境或拆装时要与光栅一样注意防污和防振问题。污染容易造成信号丢失，振动容易使编码器内的紧固件松动脱落，造成内部电源短路。

b. 防松脉冲编码器用于位置检测时有两种安装方式：一种是与伺服电机同轴安装，称为内装式编码器，如西门子伺服电机 L 的 ROD320 编码器；另一种是编码器安装于传动链末端，称为外装式编码器，当传动链较长时，这种安装方式可以减小传动链累积误差对位置检测精度的影响。不管是哪种安装方式，都要注意编码器连接松动的问题。由于连接松动，往往会影响位置控制精度。另外，在有些交流伺服电机中，内装式编码器除了位置检测外，同时还具有测速和交流伺服电机转子位置检测的作用，如三菱 HA 系列交流伺服电机中的编码器（ROTARY ENCODER OSE253S）。因此，编码器连接松动还会引起进给运动的不稳定，影响交流伺服电机的换向控制，从而引起机床的振动。

4.2.2 伺服电机保养要求与步骤

(1) 直流伺服电机的保养

① 用户在收到电机后不要放在户外，保管场所要避开潮湿、灰尘多的地方。

② 当电机存放一年以上时，要卸下电机电刷。如果电刷长时间接触在整流子上时，可能在接触处生锈，产生整流不良和噪声。

③ 要避免切削液等液体直接溅到电机本体。

④ 电机与 NC 系统间的电缆连线，一定要按照说明书给出的要求接线。

⑤ 若电机使用直接联轴器、齿轮、带轮传动时，一定要进行周密计算，使加在电机轴上的力，不要超过电机的允许径向载荷及允许轴向载荷的参数指标。

直流电机径向、轴向承载参数见表 4-1。

表 4-1 直流 DC 电机径向、轴向承载参数 kgf

电机型号	允许径向载荷	允许轴向载荷
SY400(B4),SY800(B8)	70	20

续表

电机型号	允许径向载荷	允许轴向载荷
SY1100(B11),SY1500(B15)	450	135
SY2500(B25),FB15,FB25	450	135

⑥ 电机电刷要定期检查与清洁，以减少磨损或损坏。

(2) 交流伺服电机的保养

① 50Hz 工频的伺服电机多为 2 极或 4 极高速电机，400Hz 中频的多为 4 极、6 极、8 极的中速电机，更多极数的慢速电机是很不经济的。

② 输入阻抗随转速上升而变大，功率因数变小。额定电压越低、功率越大的伺服电机，输入阻抗越小。

③ 为了提高速度适应性能，减小时间常数，应设法提高启动转矩，减小转动惯量，降低启动电压。伺服电机启动和控制十分频繁，且大部分时间在低速下运行，所以要注意散热问题。

④ 电机结构按标准的 IP65 等级进行防护，防止人体触及电机内部危险部件，以及外来物质的干扰，保证电机正常工作。但大部分切削液、润滑液等液态物质渗透力很强，电机长时间接触这些液态物质，很可能会导致不能正常工作或使用寿命缩短。因此，在电机安装使用时需采取适当的防护措施，尽量避免接触上述物质，更不能将其置于液态物质里浸泡。

⑤ 当电机电缆排布不当时，可能导致切削液等液态物质沿电缆导入并积聚到插接件处，继而引起电机故障，因此在安装时尽量使电机插接件侧朝下或超水平方向布置。

⑥ 当电机插接件侧朝水平方向时，电缆在接入插接件前需作滴状半圆形弯曲。

⑦ 当由于机器的结构关系，难以避免电机接插件侧朝上时，需采取相应的防护措施。

第5章 步进电机及驱动故障分析与维修实例

 步进电机及驱动故障类型分析

5.1.1 反应式步进电机及驱动故障类型分析

下面以广州数控110BC和130BC系列步进电机和DF3系列驱动器为例介绍，其故障类型分析见表5-1。

表5-1 广州数控110BC和130BC系列步进电机和DF3系列驱动器故障类型分析

故障现象	故障原因	检查方法
高压及报警指示灯正常，相电流指示灯不亮，电机不转且无保持力矩	① 无使能信号输入 ② 电机与驱动器未连接	① 检查信号接口的端子8和端子5之间是否无5V以上电压 ② 检查电机与驱动器之间的连接线是否有断路，电机是否有断路
相电流指示灯亮，电机有保持力矩但不能转动	① 无脉冲(CP、CW、CCW)信号输入 ② 输入为CCW信号	① 检查信号接口的端子1与端子2之间或端子3与端子4之间是否有信号 ② DIP第一位设在OFF处
电机只能一个方向转	DIP开关设置错误	单脉冲输入时设在ON，双脉冲输入时设在OFF
控制电机运行时，出现定位不准确(丢步)	① 输入脉冲(CP、CW、CCW)停止时，信号电压未撤销 ② 控制器升减速太快 ③ 机械传动机构不顺畅或负荷过重 ④ 机械共振 ⑤ 电机或电气插头处渗入冷却液 ⑥ 电机连接线连接不良 ⑦ 驱动器的电机接口处插头烧坏 ⑧ 驱动器自身故障 ⑨ 驱动器的下功放管损坏	① 检查信号接口的端子1与端子2之间或端子3与端子4之间是否有电压存在 ② 合理设置升降器速度 ③ 检修机械传动机构或检查负荷 ④ 调整电机后面的阻尼盘减振 ⑤ 更换电机或电气插头 ⑥ 检查电机连接线 ⑦ 更换驱动器的电机接口处插头 ⑧ 检修驱动器 ⑨ 更换驱动器下功放管

续表

故障现象	故障原因	检查方法
电机不转且无保持力矩，报警灯亮	① 电源欠压，电源电压瞬间下跌过大 ② 在使用 220V 电源供电时，将地线作零线 ③ 断电后重新上电时间间隔太短 ④ 电机接线或电机有短路、漏电 ⑤ 驱动器超温 ⑥ 驱动器自身故障 ⑦ 驱动器的上功放管损坏	① 检查供电回路中的开关、接触器、接线端子等是否有接触不良等，附近是否有大功率的电气设备启动 ② 不能使用地线作零线 ③ 断电后重新上电要间隔足够长时间 ④ 检查电机接线或电机线圈阻值和绝缘值 ⑤ 检查驱动器散热风扇是否正常运转 ⑥ 检修驱动器 ⑦ 更换驱动器上功放管
烧保险管	① 电源板上的整流桥损坏 ② 电源板上的滤波电容损坏 ③ 功放板上的上功放管坏	① 更换整流桥 ② 更换滤波电容 ③ 更换驱动器上功放管

如果出现表中所列故障时，可根据检查出的问题作出相应的措施。

注意：① 驱动器出现报警时，如果要解除报警，必须要先断电约 4s 以上，然后再重新上电。

② 如何检查驱动器是否有功放管损坏：断电，将驱动器电机接口的插头拉出，用万用表的电阻挡（大于“100k”挡），测量 A＋和 A－、B＋和 B－、C＋和 C－之间的电阻值，测量时可先用万用表正极对被测点的正极、万用表负极对被测点的负极测量，然后再将更换驱动器上功放管测量时可先用万用表负极对被测点的正极、万用表正极对被测点的负极测量。如果无功放管损坏，则三相的阻值应接近（一般没有同时三相烧功放管），如果某相的阻值偏小，则该相有功放管损坏。

判断已坏的功放管：管子在线路板上未拆卸的情况下，用数字万用表的电阻挡（“20k”挡），测量功放管的栅（G）、源（S）极间电阻值，正常值应在 5kΩ，脱离电路板测量应大于 200MΩ。

更换功放管（MOSFET）时，应使用同型号的管子，若使用其他型号的管子时，驱动器可能会无法正常工作或出现烧管现象，这时应与生产厂商联系解决。

5.1.2　永磁式步进电机及驱动故障类型分析

永磁式步进电机和驱动器故障类型及分析见表 5-2。

表 5-2　永磁式步进电机和驱动器故障类型及分析

序号	故障内容	故障现象	故障原因	排除方法
1	步进驱动器故障	驱动器上的绿色发光二极管 RDY 亮，但驱动器的输出信号 RDY 为低电平，如果 PLC 应用程序对 RDY 信号进行扫描，则导致 PLC 运算错误	机床现场没有接地（PE 与交流电源的中性线连接），静电放电（工作环境差）	首先将电气柜中的 PE 与大地连接，如果仍有故障，则驱动器模块可能损坏，更换驱动器模块
2	高速时电机堵转	在快速点动（或运行 G00）时步进电机堵转“丢步”[注意：这里所指的丢步是步进电机在设定的高速时不能转动（堵转），而不是像某些简易数控系统那样由于硬件不稳定，在系统工作过程中出现随机的丢步]，或使用了脉冲监控功能系统出现报警	传动系统的设计有问题，比如，传动系统在设定高速时所需的转矩大于所选用步进电机在设定的最高转速下的输出转矩。如果选用的步进电机正确，系统保证不会出现丢步，因此如果出现丢步，说明所选择的步进电机不合适。在设计时要考虑步进电机的矩频特性曲线	① 若进给倍率为 85％时高速点动不堵转，则可使用折现加减速特性 ② 降低最高进给速度 ③ 更换大转矩步进电机

续表

序号	故障内容	故障现象	故障原因	排除方法
3	传动系统的定位精度不稳定	某坐标的重复定位精度不稳定(时大时小)	该传动系统的机械装配有问题,可能是由于丝杠螺母安装不正或松动,造成运动部位的装配应力	重新安装丝杠螺母
4	参考点的定位误差过大	参考点定位误差过大,该现象大多出现在参考点配置方式	① 接近开关或检测体安装不正确 ② 接近开关或检测体之间的间隙为检测临界值 ③ 所选用接近开关的检测距离过大,检测体和相邻金属物体均在检测范围内 ④ 接近开关的电气性能差 注意:接近开关的重复特性影响参考点的定位精度	① 检查接近开关的安装 ② 调整接近开关于检测体之间的间隙(接近开关技术指标表示的是最大检测距离,调整时应将间隙调整为最大间隙的50%) ③ 更换接近开关
5	返回参考点动作不准确	返回参考点的动作不准确	① 选用了负逻辑(NPN型)的接近开关("OVDC"表示接近开关动作;"24VDC"表示接近开关无动作) ② 接触式开关触点位置不正确,不能及时复位	① 更换正逻辑接近开关(PNP型) ② 更换触点开关或调整开关触点使其及时复位
6	传动系统的定位误差大	某坐标的定位误差较大(可重复)	丝杠螺距误差较大	进行丝杠螺距误差补偿,或更换较高精度的丝杠。注意:如果丝杠无预紧力安装,丝杠螺距误差补偿没有意义
7	传动系统的定位误差大	某坐标的定位误差较大(不重复)	步进电机与丝杠之间的机械连接松动	检查步进电机与丝杠之间的连接
8	螺纹加工时螺纹乱扣	在进行螺纹加工时,螺纹不能重复(即乱扣)	主轴与主轴编码器之间的机械连接松动	检查主轴与编码器之间的连接。注意:当主轴编码器连接改好后,在NC屏幕上显示的主轴角位置与卡盘的实际位置是唯一的;如果检测结果不是唯一的,则说明主轴与编码器间连接松动
9	重复上电后,键盘失效	① 在设定了一些数据后重新上电 ② NC在正常工作一段时间后,系统在引导过程中停机,屏幕出现: Load NC system OK Init OP system OK Init NC system 屏幕界面显示上述信息后,无正常工作画面,并且所有操作键无效	① 在调试时,某些未列在"机床简明调试手册"中上电生效的机器数据被修改 ② 由于系统口令未关闭,在操作时无意识地改动了不该修改的机床数据	将NC的调试开关拨到位置1,重新上电(注意:所有数据变为默认值)。调试完毕后一定要关闭口令。注意:调试时,如果没有特殊要求,尽可能按"机床简明调试手册"列出的数据进行调整

续表

序号	故障内容	故障现象	故障原因	排除方法
10	驱动器报警，电机不动	步进电机不动(屏幕显示位置在变化，而且驱动器上标有DIS的黄色发光管亮)	驱动器上DIS的黄色发光管亮，表明驱动器正常，但电机无电流 ①前提条件：PLC用户程序中已给出了使能信号；标准机床数据被加载[标准机床数据使系统工作在仿真方式，即无驱动信号(脉冲、方向、使能)]，这种情况发生在以下情况下 a. 新的802S(机床数据为缺省值) b. 系统调试完成后未作数据存储，静态存储器掉电后系统自动加载了缺省数据 ②PLC用户程序中未输出坐标使能信号(有系统状态显示)	①根据"机床简明调试手册"输入所有必要的机床数据 ②修改PLC用户程序，加入坐标使能信号输出
11	驱动器就绪，电机不动	步进电机不动(屏幕显示位置在变化，而且驱动器上标有DIS的绿色发光管亮)	驱动器上标有DIS的绿色发光管亮，表明驱动器就绪。此时电机不动的原因如下 ①系统工作在程序测试PRT方式(自动方式"程序控制"下设定) ②驱动器故障	①在自动方式下，选取"程序控制"子菜单，取消"程序测试"方式 ②更换有故障的驱动器
12	螺纹加工时工件螺距值不正确	螺纹加工时实际螺距的螺距大于或小于编程螺距	查阅"机床参数一览表"得知，数据号"MD31020"的机床数据名称为"ENC-RESOL"，该数据内存"编码器每转所发生的脉冲数"与螺距及脉冲当量的关系如下 螺距=脉冲当量×编码器每转所发生的脉冲数 由此可见，数据号"MD31020"中所存数值影响螺距值，该故障原因是主轴参数MD31020 ENC-RESOL中输入了不正确的脉冲数	将正确的编码器每转所发生的脉冲数填入主轴参数"MD31020"中
13	高速进给时常出现"丢步"报警	系统报警"25201"在高速时时常出现	与脉冲监控功能相关的机器数据值错误。这里涉及两个机床数据，一个是MD31100BER0-CYCLE值不对；另一个数据是MD31110BER0EDGETOL值过小	参数MD31100的值应为丝杠每转步进电机的脉冲数。参数MD31100的值应考虑最大速度下坐标的跟随误差和接近开关两个边沿的距离以及反向间隙，即每转步数监控容差 丝杠每转步进电机的脉冲数=电机每转的步数/减速比跟随误差对应的脉冲数=丝杠每转电机的步数×最高速度下的跟随误差/丝杠螺距 根据上述公式改写机床数据参数MD31100和MD31110 例如：电机每转1000脉冲，电机丝杠直连，丝杠螺距为5mm，进给速度6m/min时的跟随误差为2mm，跟随误差对应的脉冲数为400，即参数MD31100存入数值"1000"，参数MD31110存入数值"400"

续表

序号	故障内容	故障现象	故障原因	排除方法
14	不能修改螺距误差补偿数据	螺距误差补偿后，仍需要对补偿数据进行修改时，修改后的补偿文件不能传入系统（或通过PCIN下载修改后补偿文件，或进行补偿程序对补偿数据进行赋值）	查阅“机床参数一览表”得知：数据号“MD32700”的机床数据名称为“ENC-CI-MP-ENABL”，该数据为“丝杠螺距误差补偿功能使能”，当置位“0”时，可以写入丝杠螺距误差补偿数据，当置位“1”时，则不可以写入丝杠螺距误差补偿数据。由于轴参数MD32700＝1，数控系统内部的螺距误差补偿值文件为写保护状态，出现不能修改丝杠螺距误差补偿故障	在加载丝杠螺距误差补偿值之前，必须将补偿轴的机床参数MD32700设为“0”，然后加载数据；在加载完毕后再将MD32700设为“1”
15	返回参考点的方向错误	返回参考点的运动方向不正确；手动方式下，手动操作坐标轴正、负点动，运动方向均正确，但返回参考点运动方向与定义方向相反（返回参考点采用双开关方式）	① 选用了负逻辑（NPN型）的接近开关作为减速开关（即“0VDC”表示接近开关动作；“24VDC”表示接近开关无动作）；或普通量程开关作为减速开关时采用了常闭接法 ② 使用标准PLC用户程序或用户PLC程序是在标准PLC程序的基础上建的，即PLC机床参数MD14512[2]/MD14512[3]定义输入位的正负逻辑时，对应于返回参考点减速开关的逻辑定义设定为负逻辑	① 更换正逻辑接近开关（PNP型），或将定义的输入位设定为负逻辑；或采用常开接法的普通量程开关作为返回参考点减速开关 ② 更正机床参数MD14512[2]/MD14512[3]逻辑定义位的设定
16	步进电机	① 电机轴不能自锁，手可以盘动丝杠 ② 工作台不移动，电机有响声	① 步进电机相间断路（检测绕组，如A＋、A－间通断情况） ② 对地短路 ③ 电机轴卡死	① 重新绕线，绝缘 ② 更换电机 ③ 更换电机轴承等配件
17	传动部件	程序运行和手动移动中距离不足	① 电机轴卡死 ② 同步齿形带磨损，联轴器松动	① 更换电机轴承等配件 ② 更换同步齿形带，紧固联轴器等连接部件

5.1.3 混合式步进电机及驱动故障类型分析

红色报警灯ALM，ALM亮时驱动器报警，同时信号端子6和端子14断开，四个绿灯：RDY驱动器为准备好状态指示灯，此灯亮时表示工作正常，信号端子6和端子14接通，A、B、C三个灯表示脉冲输入状态，开机初始状态A、C亮，A、B、C共有8种状态指示，使用时，可根据未加工前在程序零点时与加工后回程序零点后A、B、C的状态是否相同，来判断加工过程是否失步。

5.2 步进电机及驱动故障维修实例

5.2.1 反应式步进电机及驱动维修实例

(1) 南京大方JWK-15T数控系统简介

JWK-15T数控系统通过键盘把程序存入RAM6264中，当需要加工工件时，按下启动键，此时 CPU 逐步解读 RAM6264 的程序，并通过 8255 接口电路发出控制 X 轴的 X_a、X_b、X_c 脉冲信号和控制 Z 轴的 Z_a、Z_b、Z_c 脉冲信号，经过功率放大，驱动 X 轴、Z 轴步进电机。其三相六拍波形图和真值表如图 5-1 所示。

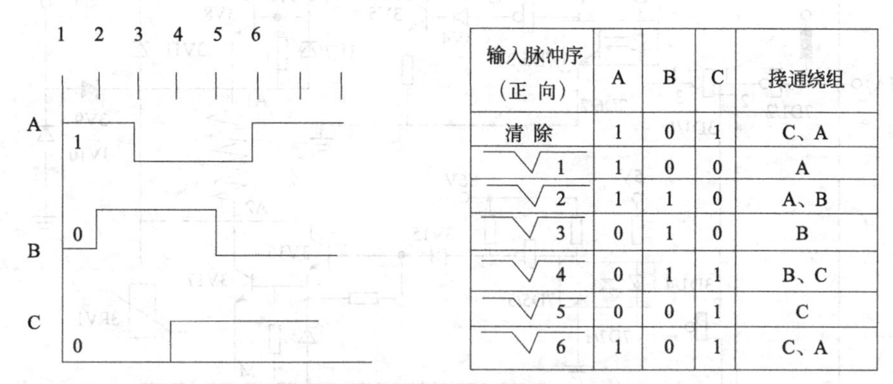

输入脉冲序（正 向）	A	B	C	接通绕组
清 除	1	0	1	C、A
1	1	0	0	A
2	1	1	0	A、B
3	0	1	0	B
4	0	1	1	B、C
5	0	0	1	C
6	1	0	1	C、A

图 5-1 三相六拍波形图和真值表

JWK-15T 的双路直线电源供电如图 5-2 所示：

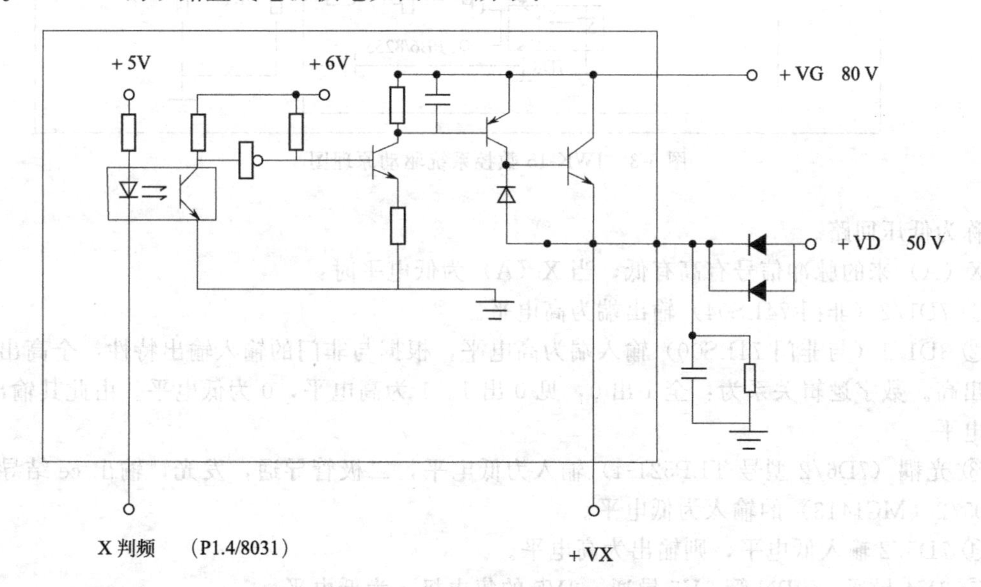

图 5-2 JWK-15T 双路直流电源图

双路直流电源供电是由判频电路决定的，操作面板上波段开关置 H1、H2、H3 挡，会产生三种不同的速度。波段开关置 H1 挡，X 判频为高电平，7D6/1 关断，则 7D5/1 输入为高电平、输出为低电平，7V5、7V6、7V7 均截止，此时，电压由 VD50V 供电。波段开关置 H2、H3 挡，X 判频为低电平，光电耦合管 7D6/1 导通，则 7D5/1 输入为低电平、输出为高电平，7V5、7V6、7V7 均导通，此时，电压由 VG80V 供电。

综上所述：波段开关置 H1 挡，电路由 VD50V 供电。波段开关置 H2、H3 挡，电路由 VG80V 供电。

JWK-15T 数控系统驱动原理图如图 5-3 所示。

功率驱动器原理：以 X 轴、A 相为例加以说明：从 8031、8255、74HC273 发来的脉冲信号，一路径 3D1/1，光耦，3V4，3V5、3V6 放大电路到功率管 3V8。为了表述方便，称为高压回路。另一路径 3D1/4，光耦，3V15，3V16 放大电路到功率管 3V17。为了表述方

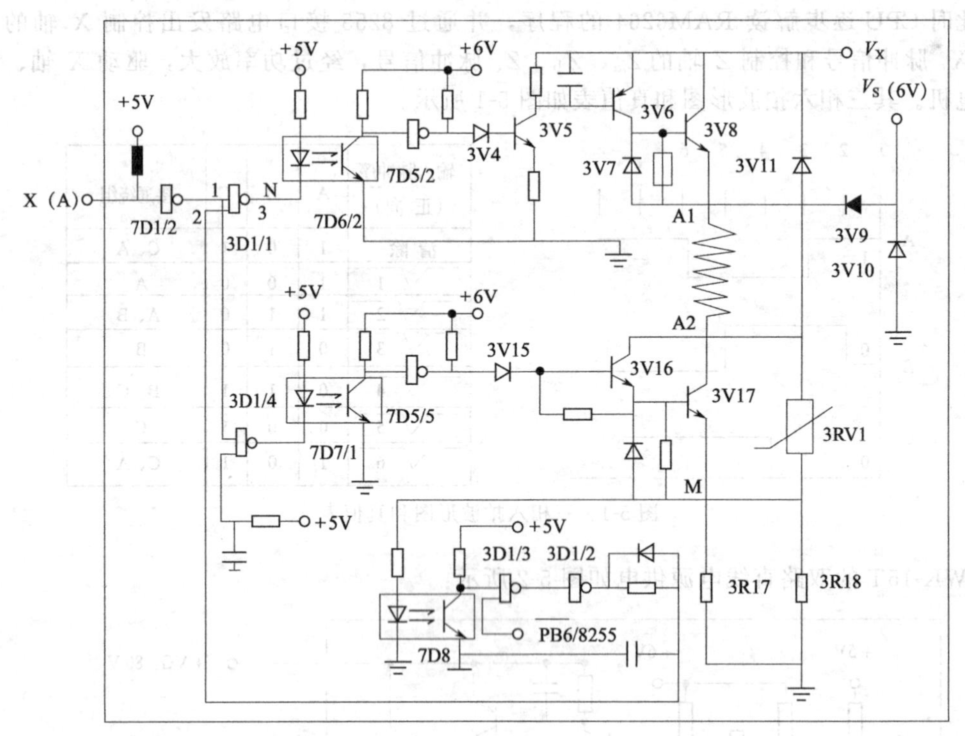

图 5-3　JWK-15 数控系统驱动原理图

便，称为低压回路。

X（A）来的脉冲信号有高有低，当 X（A）为低电平时：

① 7D1/2（非门 74LS04）输出端为高电平。

② 3D1/1（与非门 74LS00）输入端为高电平，根据与非门的输入输出特性：全高出低，见低出高。数字逻辑关系为：全 1 出 0，见 0 出 1。1 为高电平，0 为低电平。由此其输出端为低电平。

③ 光耦（7D6/2 型号 TLP521-4）输入为低电平，二极管导通，发光，输出 ce 结导通。使 7D5/2（MC1413）的输入为低电平。

④ 7D5/2 输入低电平，则输出为高电平。

⑤ 3V4 导通，NPN 管 3V5 导通，3V5 的集电极 c 为低电平。

⑥ 3V6 为 PNP 管，基极输入低电平，ce 结导通，使功率管 3V8。

当 X（A）为高电平时：

① 7D1/2 输出端为低电平，3 D1/1 见低出高。

② 光耦因输入为高电平而截止。

③ 7D5/2 因光耦截止使得输入为高电平，输出为低电平，3V5、3V6 截止，功率管 3V8 截止。

综上所述：X（A）为低电平，功率管 3V8 导通；X（A）为高电平，功率管 3V8 截止。

PB6 为 X 轴电机控制信号。当 PB6 为高电平时，控制电路的门被关闭，电机不能响应信号。当 PB6 为低电平时，3D 1/1 输入端为高电平，功率管 3V8 才能导通。电机的一相或两相才可能有电流流过。

当 8255 发出的 X（A）为低电平时，则 A 相绕组的上管功率管 3V8（高压回路）和下管功率管3V17（低压回路）瞬间导通。此时VX供电。低压VS6V不对绕组起作用。电流经功率管3V8、XA相绕组、功率管3V17、电阻3R17、3R18流过。A相绕组电流迅速上升。当电流超过额定稳态电流时，电流在3R17、3R18两端产生较大的压降，M点电压升高，光耦7D8导通，只关断高压管3V8（后边的保护回路加以说明），低压管3V17乃处于导通状态。A相绕组电压立即转为低压VS6V供电，经3V9、A相绕组、电阻3R17、3R18维持步进电机所需的稳态电流，保证加工的定位精度，锁定位置。

当8255发出的X（A）转为高电平时，低压管3V17截止，A相绕组在断电的瞬间，电机的绕组产生很高的反电势经放电二极管（3V11）回馈给电源，电流迅速降低，保护了功率驱动元件。

保护回路：当负载过重或其他原因引起过负荷、电机对地、绝缘、短路等问题时，电路产生保护动作。流过A相的电流超过额定稳态电流时，电流在3R17、3R18两端产生较大的压降，M点电压升高，光耦7D8导通，其输出端变为低电平，3D1/3输入端为低电平，与非门见0出1，其输出端变为高电平，非门3D1/2输出端变为低电平反馈给与非门3D1/1的输入端2角。输出端3角变为高电平，光耦截止，功放管3V8截止，断开高压回路，保护功放管和电机。

*X*轴B相、C相的分析过程与A相相同。

*Z*轴分析过程亦同于*X*轴。

测试是寻找故障的方法之一，寻找测试基准点更是快速解决故障问题的有效途径。现将基准点M、N、XA、XB、XC的测试值说明如下。

静态：H1挡，XA、XB、XC有的为2.6V，有的为0V。

动态：H1挡，XA、XB、XC为1.8V。

静态：H2挡，XA、XB、XC有的为2.6V，有的为0V。

动态：H2挡，XA、XB、XC为1.8V。

静态：H3挡，XA、XB、XC有的为2.6V，有的为0V。

动态：H3挡，XA、XB、XC为1.8V。

动态：N点

H1挡，3.8V。H2挡，2V。H3挡，2V。

动态：M点

H1挡，0.5V。H2挡，0.4V。H3挡，0.4V。

（注：动态H1挡、H2挡、H3挡基准点M、N的值为连续运行状态时所测的数值）

JWK-15T数控系统控制单元部分IC芯片端子图如图5-4所示：

现对驱动板的维修简单阐述如下。

对于确认驱动板有问题，通过系统给定的脉冲信号，利用系统的单步进给及数字逻辑电路的特性有时比较容易找出问题的所在。但如果身边没有好电机作负载或拆卸电机比较麻烦，只靠静态测量来维修驱动板找出故障点是非常困难的。本文介绍一种用电阻串联发光二极管作假负载的替代法，它安全、简便、明了、直观，便于观察。更容易解决修复驱动板的问题。具体方法如下，

① 图5-3中，电机A相绕组A1A2用一个电阻（10kΩ）与一个普通发光二极管串联替代。为方便起见，称此发光二极管为A。

② 同样，B相绕组B1B2、C相绕组C1C2也用一个电阻（10kΩ）与一个普通发光二极管串联替代。为方便起见，分别称此发光二极管为B和C。

③ 在手动状态下，步进给单步运行，观察三个发光二极管的变化。

④ 如果三个发光二极管交替变化，变化顺序为：A-AB-B-BC-C-CA-A且手动状态下，

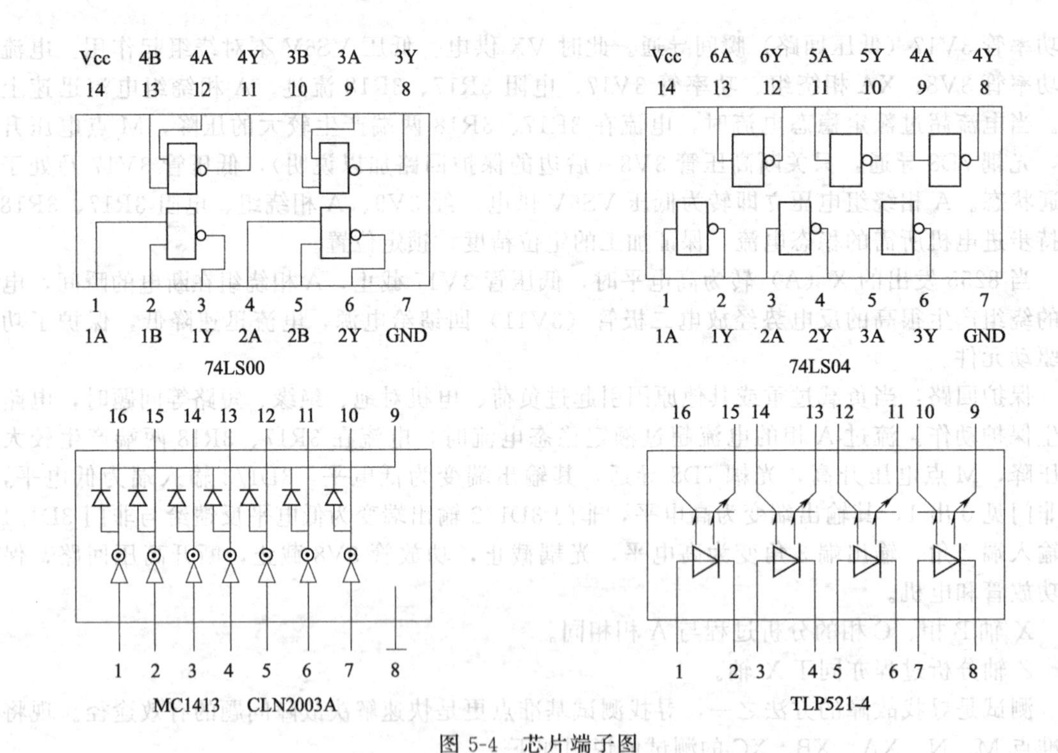

图 5-4 芯片端子图

H2 挡、H3 挡时电阻与二极管串联两端电压为 V_X（说明上管部分正常），则可以断定此驱动板是好的。如果只是三个二极管发光正常，不足以说明驱动板是好的。如上管断路，由功放电源 V_S（+6V）供电，下管工作正常，虽发光没问题，但上管已坏，则此驱动板也是有问题的。

⑤ 如果三个发光二极管有任何一个不亮，则可以断定此驱动板是坏的。例如发光二极管 B 和发光二极管 C 交替变化，发光二极管 A 始终不亮，应重点检查上管 3D1/1、7D6、7D5/2、3V4、3V5、3V8 下管 3D1/4、7D7、7D5/5、3V16、3V17 及有关电阻等。详细检查过程后边的实例中加以说明。

如果单独维修一块驱动板，身边无系统信号发生器，可用可编程控制器 PLC 编一个时钟脉冲代替 JWK-15T 数控系统，外加一个电源，即可维修驱动板。

（2）JWK 系列经济型数控系统驱动部分常见故障与维护

① 注意事项

a. 开机前先检查紧固件是否变形、松动（电机、电源插头、风机、功放、插头等），并检查电源是否在 AC 205～230V 的标准范围内。

b. 机械部分是否有死点，如正常，方可通电。

c. 开机时，先开电源，后开功放，置手动位置，点动观察电机。

d. 风机一定要正常运转，否则影响散热，大功率管易损坏。

e. 较长时间不运转应关闭功放，以免电机长时间停在某一相上，造成大功率管过热损坏。

f. 避免金属屑或带酸性冷却液进入箱内，引起短路。

g. 关机时先关功放，再关电源。

② 重点介绍驱动电路故障：当电机发现丢步，能通过逐级排除法排除机械故障之后，并判断是某相功放电路板的故障后，可将该相电路板取下，首先可用万用表电阻“×10k”挡，判断是否低压大功率管被击穿，方法为将电表置于电阻“×10k”挡，用黑表笔对集电

极，红表笔分别测发射极和基极，如 c-e 及 c-b 均导通可判断该管被击穿。判断出某相的低压大功率管被击穿后，还应同时检查一下其相应的高压管是否被击穿。通常情况下，高压管被击穿以后其相应的低压管也被击穿。这是因为高压管被击穿以后，若电机在静态锁定时，正好锁在这一相，这时有一个 80V 的电压直接加在低压管上，使其低压管通过大电流，这时若定流电路不起作用，时间稍长一点，低压管将被烧坏，相反低压管被击穿后，其相应的高压管不一定被击穿。通常情况下，大功率管被击穿有以下 4 个方面原因。

a. 大功率管自身的原因，主要是管子的质量问题。

b. 由于大功率管的推动极中某元件损坏造成的，尤其是高压管损坏的情况下，应特别注意。

c. 采样及光耦反馈电路失灵，不能定流。

d. 电机线圈泄放电路产生故障，尤其是低压管被击穿的情况下应注意查泄放电路。

在未找出管子被损坏的真正原因之前，切不可更换大功率管或功放板，否则，管子仍有可能被击穿，造成不必要的经济损失。一般在排除管子被损坏的这一类故障时，为了节省时间，可先检查各个电源是否正常？若正常，再测量一下单片机到功放的输出插头信号线电压是否正常，之后再检查电机线圈泄放回路是否正常？若正常，此时变换备用功率驱动板。对于换下的功放板，可做进一步的检查。

• 若只是低压管损坏，可检查一下前级三极管，光电耦合器是否正常？若正常，可更换大功率管。一般来讲，对于只是低压管被击穿的情况下，前级部分有问题还是比较少见的。

• 对于高压管，低压管同时击穿的情况下，应注意检查高压管前级推动部分以及采样、光耦反馈电路部分，若正常，便可换新的大功率管。对 5/3T、14T、15T 系统而言，其后级大功率管为高反压、大电流三极晶体管 MJ13333，应注意更换该管时加上绝缘云母垫片，以使垫片与散热器绝缘。此外，电机插头、电源插头接触不良、烧焦都可使电源内阻增大，使电机丢步，在实际维修中仔细检查。

③ 电源部分故障：在实际维修中，常常发现锁定电压 V_S 低于正常值，可导致不锁定现象发生，这是由于整流二极管损坏引起 V_S 锁定电压内阻大，使得电压带负载能力下降。另外低压 6V 电压波形不好，带有缺口导致信号不准。总之，要想能够较顺利排除故障，首先必须懂得数控装置的工作原理，看懂原理图、接线图，熟悉有关技术参数、特性，同时还必须熟悉该装置的结构尤其元件的分布等情况。

(3) 广州开环系统配套三相混合式步进电机驱动器 DY3A 系列驱动器工作原理

当电机三相绕组通入正弦波电流（三相电流相位差为 120°）时，该电流在电机的气隙中长生一个空间幅值恒定的旋转磁场，该空间磁势的大小和方向与各相电流的顺序和大小有关，并且要求驱动单元在电机绕组中的电流为双向的分级变化的阶梯波（当分级数无限增加时，电流波将形成正弦波），各相电流之间的相位差为 120°。电机磁性转子跟踪定子空间磁势而移动形成电机旋转，当空间磁势定位于某点时，转子也定位于该点，实现了精确定位。

当某一相电流变化一个完整周期时（其他相电流也各自变化一个完整的周期，只是相角不同而已），步进电机将转过一个齿距，对应的机械角为 $360°/Z_2$（Z_2 为电机转子齿数），若相电流在一个周期内分成 N 个台阶电流值，转子在每一个台阶电流处于不同的定位点，因此，步进电机的步距角为：$\alpha=360°$（NZ_2），或电机每转步数为：$S=NZ_2$。如果每一个正弦周期由 20 个电流台阶 N 组成，由于电机的转子齿数 Z_2 为 50 个，则电机的步距角 $\alpha=360°/(NZ_2)=360°/(20\times50)=0.36°$，电机每一转需脉冲个数为：$S=NZ_2=20\times50=1000$。

广州开环系统配套三相反应式步进电机驱动器大量采用 DF3 系列驱动器，现先介绍其工作原理。

三相反应式步进电机的定子位置有三个互成120°的线圈，三个线圈分别称为A相、B相、C相，当三相都无电流时，电机转子无转矩和保持力矩，用手可转动，当给某一相通电时，电机转子产生保持力矩，手力不能直接将转子转动。当轮流给三相通电时，电机转子产生转矩转动。当DIP开关设定在1细分时，DF3驱动器对电机三相供电的顺序如下。

正转时　A→AB→B→BC→C→CA→A

反转时　A→CA→C→CB→B→B→BA→A

供电顺序经6个状态后循环，供电顺序从上一个状态转入下一个状态，不仅电机转过半个步距角，步距角大小由电机型号所定，状态的转换受外部输入到驱动器的脉冲（CP，DIR或CW，CCW）所控制，例如，驱动器的选择开关设定在单脉冲输入方式（DIP开关第一位拨向OFF），使能输入端输入低电平，外部电源输入端输入高电平，此时从脉冲输入端每输入一个脉冲信号，电机转过半个步距角，在这种情况下，外部每输入一个脉冲，电机的相电流是以全值增加（从0到最大值）或全值减少（从最大值到0）进行变化的。如果要改变电机的转动方向，可将输入方向端的信号电平改反。

如果DIP开关设定在5细分时，外部每输入一个脉冲，电机转过半个步距角的1/5，在这种情况下，外部每输入一个脉冲，电机的相电流是以全值的1/5增加或全值的1/5减少进行变化的，这样，供电顺序经30个状态之后循环。

如果DIP开关设定在10细分时，外部每输入一个脉冲，电机转过半个步距角的1/10，在这种情况下，外部每输入一个脉冲，电机的相电流是以全值的1/10增加或全值的1/10减少进行变化的，这样，供电顺序经60个状态之后循环。如果DIP开关设定在其他细分状态下，情况依此类推。

DF3驱动器整机有电源板、功放板、控制板三件电路板组成。电源板的功能是将外部输入的交流220V电源变为一路直流高压（310V，无稳压）供功放板用，两路直流低压（5V和15V，稳压）供控制板用，一路交流220V（通过保险丝）返回外部供冷却风扇用。

控制板的功能是根据选择开关的设置，以及外部输入信号的状态，向功放板提供电流控制信号，包括相电流顺序控制、微步距电流控制、恒流斩波控制、过流保护控制、自动限流控制等，板上还有向外输出的初始相位信号和报警信号。

功放板的功能是将由控制板送来的控制信号（15V），变成高电压（310V）大电流（最大达10A）向电机输出，并将电机的电流取样信号返回给控制板。

下面介绍DF3系列驱动器故障检修方法。

在故障检修之前，应先仔细阅读DF3系列驱动器说明书所有章节，以便对DF3系列驱动器的安全事项及工作原理、接线原理有所了解，检修者应具备电工常识及数字电路常识，一般情况下，用户不要随便拆开驱动器，如果控制系统出现故障时，可更换一台好的驱动器以确认原驱动器是否有故障，如果经检查后确认是驱动器故障，可以自己检修，也可以与厂家维修部门联系维修。

驱动器的故障及检修方法见表5-3。

表5-3　驱动器的故障及检修方法

故障现象	故障原因与检查方法
高压及报警指示灯正常，相电流指示灯不亮，电机不转且无保持力矩	① 无使能信号输入，检查信号接口的端子8与端子5之间是否有5V以上的电压 ② 电机与驱动器未接通。检查电机与驱动器之间的连接线是否有断路，电机是否有断路
相电流指示灯亮，电机有保持力矩但不能转动	① 无脉冲(CP、CW、CCW)信号输入。检查信号接口的端子1与端子2之间或端子3与端子4之间是否无信号 ② 输入为CCW信号，但DIP第一位设在OFF

续表

故障现象	故障原因与检查方法
电机只能往一个方向转	DIP 开关设置错误：单脉冲输入时设在 ON，双脉冲输入时设在 OFF。
控制电机运行时，出现定位不准确（失步）	① 输入脉冲（CP、CW、CCW）停止时，信号电压未撤销，检查信号接口的端子 1 与端子 2 之间或端子 3 与端子 4 之间是否有电压存在 ② 控制器升降速太快 ③ 机械传动机构不顺畅或负荷过重 ④ 机械共振（调整电机后面的阻尼盘减振）。 ⑤ 电机或电机电气插头处渗入冷却液 ⑥ 电机连接线焊接不良 ⑦ 驱动器的电机接口处接插头烧坏 ⑧ 驱动器自身故障 ⑨ 驱动器的下功放管损坏
电机不转且无保持力矩，报警灯亮	① 电源欠压，电源电压瞬间下跌过大，检查供电回路中的开关、接触器、接线端子等是否存在接触不良等，附近是否有大功率的电气设备启动 ② 在使用 220V 电源供电时，将地线作零线使用 ③ 断电后再重新上电时间间隔太短 ④ 电机接线或电机有断路、漏电 ⑤ 驱动器超温 ⑥ 驱动器自身故障 ⑦ 驱动器的上功放管损坏
烧保险管	① 电源板上的整流桥损坏 ② 电源板上的滤波电容损坏 ③ 功放板上的上功放管损坏

如果出现表中所列故障时，可根据检查出的问题作出相应的措施。

注意：① 驱动器出现报警时，如果要解除报警，必须要先断电约 4s 以上，然后再重新通电。

② 检查驱动器是否有功放管损坏：断电，将驱动器电机接口的插头拉出，用万用表的电阻挡（大于 100k 挡），测量 A＋与 A－、B＋与 B－、C＋与 C－之间的电阻值，测量时可先用万用表正极对被测点的正极、万用表负极对被测点的负极测量，然后再将万用表正极对被测点的负极、万用表负极对被测点的正极测量，如果无功放管损坏，则三相的阻值应接近（一般没有同时三相烧功放管），如果某相的阻值较小，则该相有功放管损坏。

如何判断已坏的功放管：管子在电路板上未拆卸的情况下，用数字万用表的电阻挡（20k 挡），测量功放管的栅（G）、源（S）极间电阻值，正常值应在 5kΩ 以上，脱离电路板测量应大于 200MΩ。

更换功放管（MOSFET）时，应使用同型号的管子，如使用其他型号的管子时，驱动器可能会无法正常工作或出现烧管现象。

维修实例 1：一台数控车床（广州 GSK928TA 系统）。

故障现象：此台车床在运行中系统显示出现 E62 报警（E62 报警意义为：Z 轴驱动电源未就绪，驱动器型号为：DF3A-10），驱动器报警灯亮。

故障检修过程：系统说明书给出 E62 报警处理方法是，设置 10# 参数相应位为 0，系统不检测驱动器报警输入。人们在实际工作中遇到驱动器报警往往是驱动器线路存在故障造成的，这时要逐项检查，对于经常出现故障的部位要经常检查维护。这次故障出现后，首先断电，对驱动器线路进行检查，发现驱动器步进电机插头变形，拔下插头发现有一相烧焦，驱动器的电机插座也烧坏了，拆下驱动器换掉步进电机插座，用万用表检查驱动器电源板、控制板、功放板，检查功放板时发现有一相功放管下引脚开焊，电机插头烧坏就是由于功放管引脚松动造成的，这支管子是以前换过的，由于焊接时功放管没有摆正造成在功放管安装散热片压紧时功放管引脚往外走，时间长了造成焊锡开焊，把功放管放正重新焊上，换掉坏的电机插头，给电试运行机床恢复正常。

维修实例 2：一台数控车床（广州 GSK928TA 系统）。

故障现象：此台车床在运行中系统显示出现 E61 报警（E61 报警意义为：*X* 轴驱动电源未就绪，驱动器型号为：DF3A-8），驱动器报警灯亮。

故障检修过程：首先检查步进电机，从驱动器上拔下插头，测量步进电机三相电阻，阻值正常，测量电机不接地，插上电机插头，给电后驱动器报警灯亮，断电拔下电机插头再次给电驱动器还是报警灯亮，系统显示 E61 报警，说明驱动器存在故障，摘驱动器时发现驱动器很热，驱动器散热风扇有油泥转不动，摘下散热风扇擦掉油泥，打开驱动器检查线路无故障，判断是驱动器风扇油泥太多停转造成驱动器温度过高报警，这种驱动器有超温报警功能，待驱动器温度降下来后安装，风扇转动，*X* 向恢复正常。

小结：驱动器风扇正常运转是保证驱动器正常工作的必要条件，由于很多时候数控机床安装位置有油烟或灰尘，容易造成风扇不能正常工作造成驱动器超温报警，在夏季尤其明显，所以要定期对驱动器散热风扇进行检查维护。

维修实例 3：一台数控车床（广州 GSK928TA 系统）。

故障现象：此台车床在运行中系统显示出现 E61 报警（E61 报警意义为：*X* 轴驱动电源未就绪，驱动器型号为：DF3A-8），驱动器报警灯亮。

故障检修过程：首先检查步进电机，从驱动器上拔下插头，测量步进电机三相电阻，阻值正常，测量电机不接地，插上电机插关，给电后驱动器报警灯亮，断电拔下电机插头再次给电驱动器还是报警灯亮，系统显示 E61 报警。检查驱动器手摸不热，检查步进电机插头发现有一相的上端变色插头变形，更换插头给电试，驱动器报警解除，*X* 向恢复正常。

维修实例 4：一台数控车床（广州 GSK996T 系统）。

故障现象：系统在一次断电再启动后 *X* 向和 *Z* 向丝杠在走时手动方式下出现爬行，系统不显示报警。

故障检修过程：首先检查是否在断电后系统启动后 *X* 向和 *Z* 向使能信号未加上，打开配电箱 *X* 向和 *Z* 向驱动器高压灯亮，说明使能信号已加上。*X* 向和 *Z* 向丝杠在手动方式下走驱动器三相指示灯都亮，说明驱动器是好的。是不是系统参数在断电重启后变了呢？打到参数选项逐一检查参数，同时与另一台同种系统机床对照参数，发现 18# 参数与另一台不一致，18# 参数是加减速时间参数，标准值是 150，这台 18# 参数值是 150，另一台是 80，把这台改成 80，然后试车 *X* 向和 *Z* 向恢复正常。

小结：遇到系统有关参数问题时，可以与另一台同种正常运行系统机床进行对照，这样可以更快地找到问题并及时解决问题。

维修实例 5：一台数控车床（广州 GSK996T 系统）。

故障现象：系统显示 *X* 轴驱动报警。

故障检修过程：首先系统断电检查步进电机与驱动器插头插接良好，用万用表测步进电机线圈电阻正常且不接地，与 *Z* 向对调电机插头，上电后 *Z* 向驱动器报警，说明问题在 *X* 向步进电机上。拆下 *X* 向步进电机检查发现步进电机插头松动，拆下检查发现有几个小的铁屑在里面，把铁屑清理干净，上紧插头，装上电机给电运行，*X* 向恢复正常。

维修实例 6：一台数控车床（广州 GSK928TA 系统）。

故障现象：*X* 向丢步。

故障检修过程：为了验证是电机还是驱动器的故障，将 *X* 向和 *Z* 向电机插头对调，用 *X* 向驱动器驱动 *Z* 向电机，用 *Z* 向驱动器驱动 *X* 向电机，从系统手动方式给 *X* 向信号 *Z* 向拖板运行正常（这时要降低进给速率以免撞车），说明 *X* 向驱动器是正常的，从系统手动方式给 Z 向信号 X 向拖板运行不正常，说明 X 向步进电机存在故障，用万用表测量步进电机驱动器插头发现接地，为了准确找到故障点，摘下步进电机插头，用万用表再次测量步进电机驱动器插头还是接地，更换电机插头，测量电机插座电机线圈接地，把电机插座固定螺丝摘下，再次测量 Z 轴线圈不接地，测电机线圈与插座接地，更换电机插座，在更换过程中要记住线的顺序，也可以作一些记号保证接线顺序正确。更换后试车正常。

维修实例 7：一台太原产 CJK6140 型号数控车床（机床大修后系统换为广州 GSK996T 系统）。

故障现象：系统运行过程中出现 X 向驱动报警。

故障检修过程：打开系统箱观察 X 向驱动器报警灯亮，系统断电，首先测步进电机三相线圈阻值平衡，对地测三相绝缘有一相对地，拔下步进电机插头测步进电机线不接地。拆下步进电机测电机一相接地，拆下插座发现有一颗线被插头压住已经破皮，把破皮线焊下套上腊管再焊上，上插座注意把线放到电机内以免插座压住破皮接地。测驱动器正常，上好电机和插头，给电试，X 向恢复正常。

维修实例 8：一台太原产 GJK6140 型号数控车床（南京大方 JWK 系统）。

故障现象：步进电机失步。

故障检修过程：在日常维修中，发现有些系统容易丢步，且伴有功放管容易烧坏现象，修复后在试验台上运行完全正常，装上机床后，在运行时却出现失步现象，检查计算机输出信号正常，可见问题出在功放部分，而功放板元器件均未发现损坏，且在试验室运行正常。未查出故障原因，我们用示波器在机床运行时实测各点波形，结果发现 C 点波形是不正常的，失步由此引起。根据 C 点波形分析，5VT14 没有可靠截止，C 点电位下降，导致 5VT16、17 不能可靠饱和而处在放大状态，限制了输出电流，步进电机力矩变小，带载能力下降，所以机床出现失步现象。5VT16、17 由饱和变为放大状态后管压降增大，管子功耗增加，所以功放管容易损坏。综上可见，C 点波形失常会引起失步故障，同时伴有功放管易损坏现象。是什么原因导致 C 点波形失常？经分析是由于 5VT11 光耦管性能差和设计上欠妥引起。5VT11 正常该管导通时，A 点电位值很低，接近零位；B 电位约 0.7V，5VT14 能可靠截止。5VT11 性能异常该管导通时，A 点电位值偏高，B 电位随之升高，使 5VT14 导通，集电极电位下降，而使 5VT16、17 由饱和转向放大状态，从而引起上述的故障。故障处理方法：选用性能好的元器件；对线路稍作改动，即在三极管 5VT14 基极增加一个二极管（于5VT13 相串联图中的虚线部分），当 B 点电位偏高时，使 5VT14 管不受影响，保证可靠截止；改用该系统改进型线路，如 JWK-5/3T，光耦管后接与非门，工作更可靠。

维修实例 9：一台太原产 CJK6140 型号数控车床（南京大方 JWK 系统）。

故障现象：机床无显示，两坐标有命令无动作。

故障检修过程：JWK 经济型数控系统是南京大方股份有限公司生产。两坐标有命令无动作，不可能驱动电路均有故障点，怀疑故障应在驱动单元的公共部分——电源。用万用表测量开关电源输出＋5V、＋24V，均无。更换电源后正常。

说明：南京大方 JWK 系统步进电机声音异常可能有以下原因。

① 电机驱动电源问题：插头不牢，接触不良；电机缺相。

② 电机故障，有减速箱时是否减速异常。

检查排除程序：电源插头；互换 X、Z 轴电机以判断电机故障（当然要先确信减速箱正常）；查电源、脉冲是否正常，比较法量测各阻容等元件的好坏，尤其是高、低压管的好坏。

维修实例 10：一台太原产 CJK6140 型号数控车床（南京大方 JWK 系统）。

故障现象：两轴电机走不动，连续走正常。

故障检修过程：用单步走时，高压管不通，绕组工作电源为低压电压，而连续高速运行时，有高压引入，故低压电源可能是故障原因所在。检查发现低压电源 V_S 确实有问题。更换电源后正常。

维修实例 11：一台太原产 CJK6140 型号数控车床（南京大方 JWK 系统）。

故障现象：机床刚通电而功放开关未合上时，X 轴电机锁死故障。

故障检修过程：检查功放单元由开关管 c-e 结击穿现象，采用比较法用万用表测出 4V17 管的 c-e 结被击穿，4V8 的 c-e 结也被击穿。更换击穿的功放管正常。

小结：由于功放管质量原因造成被击穿，而高压管被击穿后，如电机静态锁定时刚好锁定该相，则有一高压就加到低压管上，造成低压管被击穿。因此维修中切不可盲目换件，一定要查出原因。

维修实例 12：一台太原产 CJK6140 型号数控车床（南京大方 JWK 系统）。

故障现象：Z 轴高速上不去。

故障检修过程：步进电机转速 $n\propto f$，f 为通电脉冲频率，显然步进电机高速时，其控制脉冲频率也高，而步进电机绕组的感性特性致使绕组电流上升缓慢，因而高频下出力减少，但传动链太沉时带不动，经检查是 Z 轴传动链太死，调整后正常。

维修实例 13：太原机床厂生产的 CJK6140 数控机床，系统为南京大方 JWK-15T 数控系统。

故障现象：手动状态，Z 轴 H2 挡、H3 挡有时正常，有时不动，显示屏数字及程序运行正常。

故障检修过程如下。

① 首先检查机械方面，用手柄转动丝杠，丝杠滑动均匀，无异常现象。

② 检查系统电源＋24V、＋5V 均正常，排除电源故障。

③ 查看参数、程序均正常，删除刀偏及多余的程序，试车，故障依旧。

④ 显示屏数字及程序运行正常，可以排除软件故障。

⑤ 测 Z 轴驱动板上的脉冲 Za、Zb、Zc，发现 Zb、Zc 脉冲正常，没有 Za 相脉冲，再往前测，测集成电路 74HC273/2Q0 则有 Za 相脉冲出现。

⑥ 断掉电源，用万用表电阻挡测排线阻值，Zb、Zc 均通，Za 相断路，断定排线有问题，更换排线。

⑦ 加上电源，再测 Z 轴驱动板上的脉冲 Za、Zb、Zc 正常。以为故障排除，试车结果故障依旧。

⑧ 检查电机，三相平衡，绝缘正常，无发现异常现象。

⑨ 系统发出的脉冲正常，电机又没发现问题，断定问题就在 Z 向驱动板上，为了进一步确认，把 X 向、Z 向驱动板互相更换，再试结果 Z 向正常，X 向出现问题，由此断定 Z 向驱动板已坏。

⑩ 恢复原状，着重维修 Z 向驱动板，由于在机床维修测量不方便，便把系统从机床上取下，加上假负载（即自制的电阻串联三个发光二极管）。手动步进给，观察发光二极管的变化情况，发现二极管 A 始终不亮，B、C 交替变化正常，由此断定问题出在 A 上。参考图 5-3，当 Za 为低电平时，测 7D1/2（74LS04）的输出端为高电平，正常，测 3D1/1（74LS00）的输出端为高电平，显然不正常，正确应为低电平，反过来再测其输入端，均为高电平，根据与非门数字逻辑关系：高高出低，可以断定此集成块已坏。更换与非门 3D1/1 再试，二极管 A 仍不亮。

⑪ 再测与非门 3 D1/1 的输出端为低电平正常，光耦导通，测 7D5/2（MC1413）的输入端为低电平正常，输出端应为高电平，但测其结果为低电平，断定已坏，更换 7D5/2，输

出变为高电平。

⑫ 再测3V5、3V6正常，功率管3V8的b-e结开路，更换功率管3V8，再试，发光二极管A正常，变化顺序为：A→AB→B→BC→C→CA→A。且H3挡时，测得负载两端电压为80V，恢复机床，试车，机床故障排除。

小结： 机床出现故障，有时可能存在多个故障点，只有逐个排除各个故障点，才能少走弯路。彻底解决问题。

维修实例14： 太原机床厂生产的CJK6140数控机床，系统为南京大方JWK-15T数控系统。

故障现象： *Z*轴H3挡不运行，只听见电机“嗡、嗡”响声，像是带不动负载。

故障检修过程如下。

① 首先检查机械方面，用手柄转动丝杠，丝杠滑动忽轻忽重转动不均匀，更换轴承，手动转动平稳，排除机械故障，试车故障依旧。

② 检查系统电源＋24V、＋5V均正常，排除电源故障。

③ 用自制的三个电阻串三个发光二极管作假负载代替电机，观察三个发光二极管的变化，正常。

④ 把*Z*轴的给定脉冲信号移至*X*轴试车，*X*轴运行良好，排除*Z*轴给定脉冲及接触不良问题。

⑤ 测电机三相平衡，绝缘正常无异常现象。

⑥ 总结以上过程，还是怀疑*Z*轴驱动板有问题，可是三个发光二极管发光正常，为了确保起见，将*X*轴与*Z*轴驱动板互换，结果问题移至*X*轴，*Z*轴正常，断定问题确实出在*Z*轴驱动板上。

⑦ 把驱动板恢复原状，测负载两端电压只有6V功放电压，没有给上高压。

⑧ 测N点电压为1.8V正常，步进给测7D5/4（C相）的输出端，始终为低电平，不正常，再往前测5D1/1的输入端正常，光耦正常，断定5D1/1已坏，更换试车运行良好，机床故障排除。

小结： 发光二极管正常只能说明驱动板下管（低压部分）正常，高压部分是否正常不得而知，如果测的负载有高压则可以断定此驱动板是好的。

维修实例15： 太原机床厂生产的CJK6140数控机床，系统为南京大方JWK-15T数控系统。

故障现象： *Z*轴H3挡不运行，只听见电机“嗡、嗡”响声，好像没劲，打开功放，电机有时锁住，有时锁不住。

故障检修过程如下。

① 首先检查机械方面，用手柄转动丝杠，丝杠滑动均匀，无异常现象。

② 检查系统电源＋24V、＋5V均正常，排除电源故障。

③ 步进给测驱动板Za、Zb、Zc脉冲，有时高电平，有时低电平，变化均匀正常，排除系统故障。

④ 带电机测驱动板上的电压，集成块7D5/5有电压正常，测3R17、3R18上端M点，没有电压，测3R17、3R18取样电阻正常，以为驱动板有问题。

⑤ 判断是否正确，用自制的三个电阻串三个发光二极管作假负载代替电机，观察三个发光二极管的变化正常且测得负载两端电压为80V，可以断定此驱动板基本是好的。

⑥ 难道判断有误，测电机线圈，结果发现一相断路，打开电机插头，有一根线脱落，重新用电烙铁焊好，试车正常，机床故障排除。

小结： M点没有电压，是由于*Z*轴电机A相断线开路，没有形成回路电流，所以测不到电压。

维修实例16：一台南京JN系列数控系统车床。

故障现象：Z轴出错，致使刀具损坏。

故障检修过程：根据故障现象，首先检查Z轴，在手动状态下，Z轴只有正向移动而无负向移动。仔细观察步进电机的情况，在Z轴的正、负状态下步进电机均正常工作，说明Z轴步进电机及其驱动系统无故障。而滚珠丝杠在正方向时能转动，负方向时不能转动。检查发现丝杠与电机的连接销脱落，导致滚珠丝杠在正方向时能转动，而无负向移动。又由于Z轴丝杠只有正向移动，故电动刀架只能前进不能后退，以致加工尺寸出错，将刀具损坏。将脱落的销子重新连接后，故障排除。

维修实例17：一台南京JN系列数控系统车床。

故障现象：X轴定位不准。

故障检修过程：首先检查X轴的复位定位精度。驱动X轴正、负方向进行重复定位，每次的误差均在10μm以上，且连续重复几次后，误差便积累到了1mm左右。为判断是X轴驱动单元故障还是数控系统主板故障，采用替换法，将X轴驱动板与Z轴驱动板互换，结果故障转移到了Z轴，X轴定位恢复正常。说明故障在X轴驱动板上，而不在数控系统主板上。更换一块新的驱动板后，故障排除。

5.2.2 永磁式步进电机及驱动维修实例

维修实例1：一台太原产CJK6140型号数控车床（北京帝特马DTM SYSTEM 5T数控系统）。

故障现象：X向运行时响声异常。

故障检修过程：首先断电用摇把摇X向丝杠发现半圈沉半圈轻，摘下时发现固定步进电机的四个螺栓有三个滑扣了，电机与齿轮箱没有紧贴着，这可能是丝杠别劲的原因。摘下步进电机后再摇丝杠很轻，说明就是丝杠固定螺栓松动造成的，把丝杠传动箱电机固定孔扩孔重新攻螺纹，电机固定孔相应扩孔，安装后X向运行正常。

维修实例2：一台太原产CJK6140型号数控车床（北京帝特马DTM SYSTEM 5T数控系统）。

故障现象：在自动方式加工过程中出现X、Z轴丢步现象，转到手动方式，手动走X、Z轴，系统数字走，X、Z轴抖动。

故障检修过程：首先分析故障现象，一般情况下，X、Z轴同时出现故障的情况是比较少见的，如果出现首先应该分析X、Z轴公共电源和信号部分。于是首先检查驱动板电压，测高压＋125V电压正常，测＋12V实测只有8.1V，显然电压太低。于是换一块备用电源板，首先接上输入电源不接输出，给电，用万用表测输出电压正常。接上输出电压线，给电，手动分别走X、Z向，走Z向时慢速有快速没有，一走X向缺相，再走X和Z向就都不动了。再测电源板电压＋12V实测只有0.7V显然电源板已坏。是什么原因引起电源板损坏呢？驱动部分包括电源板、接口板、环分板、驱动板和步进电机。首先测从接口板到环分板之间连接电缆X轴和Z轴步进电机信号线连接正常。换一备用环分板试车还是不行。接着检查步进电机在测X轴电机时发现线圈已接地（Z轴步进电机正常），拆下电机插头测步进电机线圈接地，拆下步进电机换备用步进电机，拆下插头发现插头内有一颗线已断且与其他线短路，这正是电源板损坏的真正原因（步进电机单纯因为接地一般只会引起驱动板损坏，不会引起电源板损坏，而电机相间短路引起电源板损坏）。换备用插头，上好步进电机，测电机正常，给电，在步进给每次进给0.01mm状态下测驱动板发现驱动板也已损坏，修复驱动板，试车正常。这是一起由接地和相间短路引起的多种故障，只要逐一排查线路相关项，最终会找到故障原因并把问题解决掉。

维修实例3：一台太原产CJK6140型号数控车床（北京帝特马DTM SYSTEM 5T数控系统）。

故障现象：在手动方式下，*X*轴慢速走抖动。

故障检修过程：首先在步进给方式下测驱动板有一相灯不亮，断电测步进电机电阻正常，线圈不接地。接着用万用表测从系统到环分板的25芯电缆*X*向步进电机信号线的通断，测量正常。在准备重新查插头时发现25芯扁插头插针比其他插针低，明显是插针松动，正好是*X*轴的一根信号线，拔除后用502胶粘住，重新插好插头，试车正常。

维修实例4：德州机床厂生产的CKD6163数控机床，系统为北京帝特马数控设备公司DTM SYSTEM 5T数控系统。电机为五相十拍步进电机。

故障现象：机床工作时，*Z*向不运行。

故障检修过程：数控机床CKD6163上电运行，*Z*轴不动，观察系统输出接口板上的指示灯，指示灯转换正常，说明系统正常。测电源板的电压无12V电压，无125V电压，电源板烧坏，测电源板上的保险已烧断，场效应管IRF740短路，更换电源有输出，接上驱动板测电源板上的12V电压，由原来的12V降为8V，为了验证电源板的带载能力，断开*Z*轴驱动板手动单独运行*X*轴，*X*轴运行稳定。用*X*轴驱动板代替*Z*轴驱动板试运行*Z*轴，*Z*轴运行正常，排除*Z*轴电机引起的故障。由此可见，电源板没问题，问题出在*Z*轴驱动板上。驱动板原理图见图5-5。

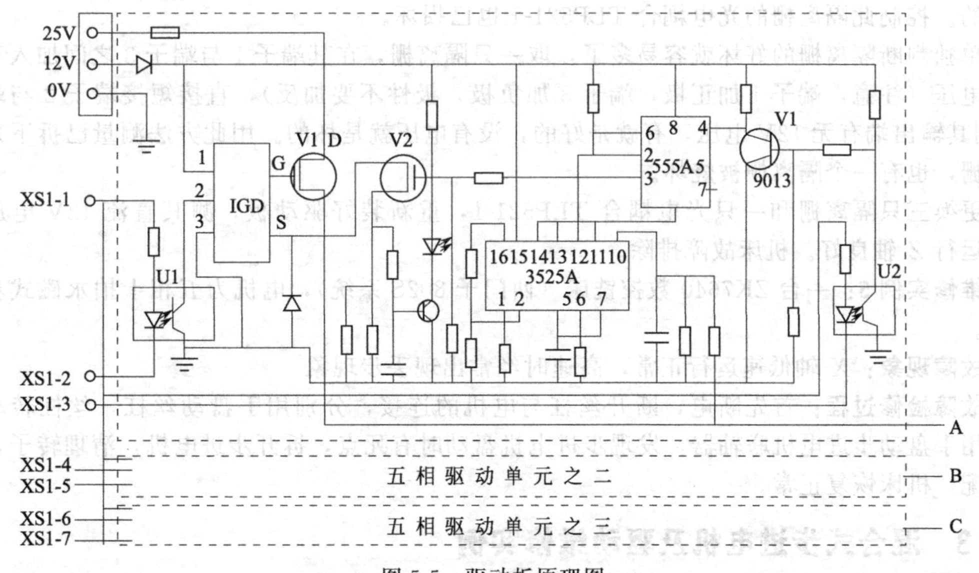

图5-5　驱动板原理图

驱动原理简介：从系统发出的脉冲信号XS1-1、XS1-2加至光电耦合U1输入端，当两端为高电平时，光电耦合U1导通，隔离栅IGD输出端（GS两端）输出12V左右的电压，此时场效应管V1导通。当脉冲信号XS1-1、XS1-2两端为低电平时，光耦U1截止，场效应管V1截止。

从系统发出的另一路脉冲信号XS1-1、XS1-3加至光电耦合U2输入端，当两端为高电平时，光电耦合U2导通，三极管9013的基极变为低电平，集成电路芯片555A的4脚复位端呈现高电平，此时3脚输出端为高电平，场效应管V2开始导通。当脉冲信号XS1-1、XS1-3两端为低电平时，光耦U2截止，三极管9013的基极呈现高电平，集成电路芯片555A的4脚复位端为低电平，3端输出端变为低电平，场效应管V2截止。

通过系统发出的脉冲，经过驱动单元，来实现驱动电机。

拆下 Z 向驱动板，静态测量场效应管 IRF250 无明显短路、断路现象。测量电阻、电容、集成块 3525A 及 555A 无发现异常现象。静态测量隔离栅测不出直接结果。于是输入一个外加电源 12V（为了维修方便，自己可以做一个简单的直流电源，如直流 12V 电源、5V 电源。所用主要原料：隔离变压器 380/18V、2A 熔断器、整流桥、LA7812、LA7805 及电容。制作过程及原理图略）。

加入 12V 电源，在线跟踪检测，驱动板输入端结果被拉为 8V，于是采取逐步断开法，逐渐缩小故障范围。首先逐个断开供给主要元件隔离栅的 12V 电源，当断开到第五个隔离栅时，电源电压恢复正常值 12V。由此断定第五个隔离栅肯定是坏的。至此只是电源电压正常了，那其他的隔离栅（包括前边拆下的 5 个和驱动板上未拆下来的）是否就正常呢？经过多次维修，隔离栅和场效应管 IRF250 坏的次数较多，用万用表单独静态测量隔离栅的好坏比较困难，不过用下面的方法判断隔离栅的好坏就比较容易了。

首先在线跟踪检测，加入 12V 电源（见图 5-5），在信号航空插头 XS1-1 与 XS1-2 两端加入外加直流 5V 电源，测量隔离栅的输出端 G 与 S 是否有 12V 电压，如果有 12V 输出电压，说明此隔离栅是好的，如果没有 12V 输出电压，则需进一步短接光电耦合的输出端，即隔离栅的输入端端子 2 与端子 3，再看此时隔离栅的输出端 G 与 S 是否有 12V 电压，如果有 12V 输出电压，可以断定此隔离栅是好的，且可进一步断定光电耦合是坏的。如果短接后仍无 12V 电压，可以断定此隔离栅是坏的。通过此方法，测得此驱动板第二个隔离栅也是坏的。控制此隔离栅的光电耦合 TLP521-1 也已损坏。

单独判断隔离栅的好坏就容易多了，取一只隔离栅，在其端子 1 与端子 3 之间加入直流 12V 电压（注意，端子 1 加正极，端子 3 加负极，极性不要加反），直接短接端子 2 与端子 3，测其输出端有无 12V 电压，有就是好的，没有电压就是坏的。用此方法测量已拆下来的隔离栅，也有一个隔离栅被烧坏。

更换三只隔离栅和一只光电耦合 TLP521-1，重新装好驱动板，测其直流 12V 电压正常，运行 Z 轴良好。机床故障排除。

维修实例 5：一台 ZK7640 数控铣床（西门子 802S 系统），电机为五相十拍永磁式步进电机。

故障现象：X 轴低速运行正常，高速时经常出现丢步现象。

故障检修过程：首先断电，断开丝杠与电机的连接，分别用手盘动丝杠，丝杠转动自如，用手盘动步进电机联轴器，发现步进电机盘动时有死点，拆开步进电机，清理转子，重新装配，机床恢复正常。

5.2.3 混合式步进电机及驱动维修实例

维修实例 1：一台济南产 JB320B 型号数控机床（广州 GSK928TA 数控系统）。

故障现象：在手动方式下，X 轴不动。

故障检修过程：首先断电在 X 轴驱动器上测步进电机三相电阻不平衡，把步进电机插头拔掉，测步进电机三相电阻平衡，打开电机插头，发现一相电阻开焊，用电烙铁把线焊好，重新插上插头，在驱动器上测步进电机三相电阻平衡，系统上电试，X 轴恢复正常。

维修实例 2：一台自制 CK6163 型号数控机床（广州 GSK928TA 数控系统）。

故障现象：在手动方式下，X 轴电机冒烟。

故障检修过程：首先断电在 X 轴驱动器上测步进电机三相电阻不平衡，把步进电机插头拔掉，测步进电机三相电阻不平衡且步进电机线圈接地，步进电机线圈已烧坏，重新缠线圈，检查电机插头接线松动，紧电机插头，同时检查调整 X 轴丝杠轻沉，试车正常。

第6章

伺服电机及伺服系统故障分析与维修实例

6.1 直流伺服电机及伺服系统故障分析与维修实例

6.1.1 直流伺服电机及伺服系统故障分析

（1）直流伺服系统维修技术和方法

①常规故障的检查方法。由于 SCS-01 伺服系统是和 MNC866B 系统配套使用，故当伺服出现报警时，应首先观察伺服系统故障状态，并详细记录下来，作为维修人员处理故障的原始依据。通常应注意以下几种主要状态。

a. 系统过流报警灯亮否？

b. 熔断器熔断时是出现在 R、S、T、SC90V 的哪一个轴上？

c. 故障异常的再现性是否相同？

d. 机柜内温度是否偏高？

e. 电机正转、反转正常否？

f. 在系统工作过程中，是否出现过掉电现象？

g. 电网进线输入 AC380V 电压变化是否在规定范围之内？通常系统要求电网 AC380V 应在－15%～＋10%范围内变化。

②常规故障的处理方法

a. 替换法。一般在用户订货较多时，通常由机床厂家提供给用户备份板，包括 NC 模板及伺服控制板，所以当系统发生故障时，为提高工作效率，可将备份板换上。若无备份板，可联系厂家维修中心派维修人员处理。

b. 交替法。若某一轴有故障，可采用如下三种交替方法来判断。

ⓐ把 X14（*X* 轴给定）电缆插头与 X17（*Z* 轴给定）电缆插头互换，X13（*X* 轴反馈）电缆插头与 X16（*Z* 轴反馈）电缆插头互换后拧上，加电。若原 *X* 轴为故障轴，交换后变为 *Z* 轴报警，说明故障出在原 *X* 轴的伺服单元上；若仍为 *X* 轴故障报警，则说明故障出在 NC 内 *X* 轴通路上。

ⓑ也可把 X14（*X* 轴给定）与 X17（*Z* 轴给定）的电缆插头交换后拧上，再把电机驱动电缆 SCSDC-X 与 SCSDC-Z 两个航空插头交换后拧上，若原报警轴为 *X* 轴，交换后报警出

现在 Z 轴则说明 X 轴伺服单元有故障。

ⓒ也可把电机两根驱动电缆的航空插头 SCSDC-X 与 SCSDC-Z 交换后拧上，并将 NC 端 X13（X 轴反馈）和 X16（Z 轴反馈）插头交换拧上，加电后观察报警状态，若原报警出现在 X 轴，而交换后出现在 Z 轴，则说明 X 轴电机有故障。

（2）FANUC 直流伺服电机的故障诊断与维修

① 直流伺服电机的故障诊断

a. 伺服电机不转。当机床开机后，CNC 工作正常，“机床锁住”等信号已释放方向键后系统显示动，但实际伺服电机不转，可能有以下原因。

ⓐ 动力线断线或接触不良。这一故障，通常在驱动器上显示 TGLS 报警。

ⓑ“速度控制使能信号”（ENABLE）没有送到速度控制单元。这时，通常驱动器上的 PRDY 指示灯不亮。

ⓒ 速度指令电压（VCMD）为零。

ⓓ 电机永磁体脱落。

ⓔ 对于带制动器的电机来说，可能是制动器不良或制动器未通电造成的制动器未松开。

ⓕ 松开制动器用的直流未加入或整流桥损坏、制动器断线等。

b. 电机过热。伺服电机过热可能的原因如下。

ⓐ 电机负载过大。

ⓑ 由于切削液和电刷会引起换向器绝缘不正常或内部短路。

ⓒ 由于电枢电流大于磁钢去磁最大允许电流，造成磁钢发生去磁。

ⓓ 对于带有制动器的电机，可能是制动线圈断线、制动器未松开、制动摩擦片间隙调速不当而造成制动器不释放。

ⓔ 电机温度检测开关不良。

c. 电机旋转时有大的冲击。若机床一开机，伺服电机即有冲击，通常是由于电枢或测速发电机极性相反引起的。若冲击在运动过程中出现，则可能的原因如下。

ⓐ 测速发电机输出电压突变。

ⓑ 测速发电机输出电压的波动太大。

ⓒ 电枢绕组不良或内部短路、对地短路等。

ⓓ 脉冲编码器不良。

d. 低速加工时工件表面有大的振纹。造成低速加工时工件表面有大的振纹，其原因较多，有刀具、切削参数、机床等方面的原因，应予以综合分析，从电机方面看有以下原因。

ⓐ 速度环增益设定不当。

ⓑ 电机的永磁体被局部去磁。

ⓒ 测速发电机性能下降，输出电压波动过大。

e. 电机噪声大。造成直流伺服电机噪声的原因主要有以下几种。

ⓐ 换向器接触面的粗糙或换向器损坏。

ⓑ 电机轴向间隙太大。

ⓒ 切削液等进入电刷槽中，引起了换向器的局部短路。

f. 在运转、停车或变速时有振动现象。造成直流伺服电机转动不稳、振动的原因主要有以下几种。

ⓐ 脉冲编码器不良。

ⓑ 电枢绕组不良，绕组内部短路或对地短路。

ⓒ 若在工作台快速移动时产生机床振动，甚至有较大的冲击或伺服单元的熔断器熔断时，故障的主要原因是测速发电机电刷接触不良。

② 直流伺服电机的维修

a. 直流伺服电机的基本检查。由于结构决定了直流伺服电机的维修工作量要比交流伺服电机大得多，当直流伺服电机发生故障时，应进行如下检查。

ⓐ 伺服电机是否有机械损伤？

ⓑ 电机旋转部分是否可以手动正常转动？

ⓒ 带制动器的伺服电机，制动器是否可以正常松开？

ⓓ 电机是否有松动的螺钉或轴向间隙？

ⓔ 电机是否安装在潮湿、温度变化剧烈或有灰尘的地方？

ⓕ 电机是否长时间未开机？若如此，应将电刷从DC电机上取出，重新清理换向器表面，因电刷长期停留在换向器的同一个位置，将引起换向器的生锈和腐蚀，从而使电机换向不良和产生噪声。

ⓖ 电刷是否需要更换？若电刷剩下长度短于10mm，则电刷不能再使用，必须进行更换。若电刷接触面有任何深槽或伤痕，或在电刷弹簧上见到电弧痕迹，亦必须更换新电刷。更换时应用压缩空气吹去刷握中电刷粉尘，使用的压缩空气应不含铁粉和潮气。安装电刷时应拧紧刷帽，注意电刷弹簧不能夹在导电金属和刷握之间，并确认所有刷帽都拧到各自刷握同样的位置。电刷装入刷握时，应保证能平滑地移动，并使电刷表面与换向器表面良好吻合。

b. 安装伺服电机的注意点。维修完成后重新安装伺服电机时，要注意以下几点。

ⓐ 伺服电机的安装方向，应保证在结构上易于电刷安装、检查和更换的方向。

ⓑ 带有热管的伺服电机（有风扇电机），安装方向要便于检查和清扫冷却器。

ⓒ 由于伺服电机的防水结构不是很严密，若切削液、润滑油等渗入伺服电机内部，会引起绝缘强度降低、绕组短路、换向不良等故障，从而损坏换向器表面，使电刷的磨损加快。因此，应该注意电机的插头方向，避免切削液的进入。

ⓓ 当伺服电机安装在齿轮箱上时，加注润滑油时，齿轮箱的润滑油油面高度必低于伺服电机的输出轴，防止润滑油渗入电机内部。

ⓔ 固定伺服电机联轴器、齿轮、同步带等连接件时，在任何情况下，作用在电机上的力不能超过电机容许的径向、轴向负载。

ⓕ 必须按照说明书的规定，进行正确连线。错误的连线可能引起电机失控或异常的振荡，也可能引起电机机床的损坏。完成接线后，通电前要测量电源线与电机壳体间的绝缘，测量应该用500V兆欧表或万用表进行，并用万用表检查信号线和电机壳体的绝缘，但绝不能用兆欧表测量脉冲编码器信号线的绝缘。

c. 测速发电机的检查与清扫。一般用于DC伺服电机的测速发电机是扁的，清扫时可以直接从外面吹入压缩空气进行清扫。若机床快速移动时，机械出现振荡（在大多数情况下，振动周期是电机每转时间的1～4倍），当出现这种故障时，一般都是由测速发电机的电刷接触不良引起的。测速发电机由于长期使用，其特性有时由于刷尘的影响将降级。这类故障可能的原因如下。

ⓐ 由于刷尘，造成测速发电机的换向器相邻换向片短路。

ⓑ 由于刷尘，使电刷在刷握中不能平滑地移动。

ⓒ 由于炭膜粘在换向器表面，增加了接触电阻，使测速发电机的输出波纹增大。

ⓓ 由于油、切削液粘在换向器表面，增加了接触电阻，使测速发电机的输出纹波增大。

测速发电机的清扫应按以下步骤进行。

• 从伺服电机上卸下后盖，注意不要让与后盖连在一起的导线受力。

• 用干净的空气吹换向器表面，清洁换向器表面可以解决由于刷尘引起的大多数故障。如故障还不能清除，应按下面的步骤进行。

• 拆除刷握，检查电刷是否能平滑移动，若电刷不能平滑移动，应清除附在导向块、垫圈等上面的刷尘。

• 取出转子并小心清除换向器槽中的粉尘，然后检查相邻换向片间的电阻，当测出的阻值在整个圆周均为20～30Ω时，正常；如果测出的电阻很大（如：数百欧姆），则换向片的绕组可能有断路，这种情况下，应更换新测速发电机；如果测出的阻值低于20Ω，则换向片间可能有短路，应进一步清扫换向器槽。

• 当换向器表面被厚的炭膜覆盖时，可用带有酒精的湿布擦洗。

• 若换向器表面粗糙，则测速发电机不能再使用，应更换新测速发电机。

d. 脉冲编码的更换方法。FANUC直流伺服电机的脉冲编码器安装在电机的后部，它通过十字联轴器与电机轴相连，其安装与拆卸都比较简单、容易，在此不再介绍。

(3) 西门子6RA26××系列直流伺服驱动器的常见故障

6RA26××系列直流伺服驱动器出现故障时，如故障指示灯亮，可以根据上述的指示灯V79、V78、V103状态，判别故障原因。对于指示灯未指示的故障，其产生的原因如下。

① 电机转速过高。产生电机转速过高的原因主要有以下几种。

a. 电机电枢极性接反，使速度环变成了正反馈。

b. 测速发电机极性接反，使速度环变成了正反馈。

c. 他励伺服电机的励磁回路的输入电压过低，如励磁控制回路的电压调节过低或励磁回路断线。

d. 速度给定输入电压过高。

② 电机运转不稳，速度时快时慢

a. 伺服单元参数调整不当，调节器未达到最佳工作状态。

b. 由于干扰、连接不良引起的速度反馈信号不稳定。

c. 测速发电机安装不良，或测速发电机与电机轴的连接不良。

d. 伺服电机的炭刷磨损。

e. 电枢绕组局部短路或对地短路。

f. 速度给定输入电压受到干扰或连接不良。

③ 电机启动时间太长或达不到额定转速

a. 伺服单元的给定滤波器参数调整不当。

b. 伺服单元的励磁回路参数调整不当，励磁电流过低。

c. 电流极限调节过低。

④ 输出转矩达不到额定值

a. 伺服单元的电流极限调节过低。

b. 速度调节器的输出限幅值调整不当。

c. 伺服单元的励磁回路参数调整不当。

d. 伺服电机制动器未完全松开。

e. 电枢线连接不良，接触电阻太大。

⑤ 伺服电机发热

a. 伺服单元的电流极限调节过高。

b. 伺服单元的励磁回路参数调整不当，励磁电流过高。

c. 伺服电机制动器未完全松开。

d. 绕组局部短路或对地短路。

(4) 各种系统直流伺服电机伺服系统故障分析

表6-1～表6-3为各种系统直流伺服电机伺服系统故障分析。

表 6-1　北京航天系统 MNC866B 系统 SCS-01 直流伺服系统故障分析

序号	故障现象	故障原因	解决方法
1	过流报警灯亮（红灯）	属于非故障性过流	调整 RV1 或 RV4 断电后，重新加电再试
		属于故障性过流，电流环出现自激振荡或电流环电路器件损坏	（1）更换相应轴伺服单元 （2）通知厂家维修
		系统行程正反馈	将接在伺服功率板 X1 端子排的 5、6 点与 7、8 点的驱动线对调，加电试
		功率板上的达林顿功放管或前置推动级功率管损坏，一般是因为出现短路现象所致	用数字表的蜂鸣器挡，在断电情况下，测量 CN4 插头各组对应点是否出现短路现象 1 点对 3 点 3 点对 5 点 3 点对 7 点
		伺服板 N30（保护模块）损坏	确认后更换，然后再加电试
		可控硅 V40 损坏	通知厂家维修人员维修
2	系统加电后，电机不跟踪输入信号，NC 系统报 $23^{\#}$ 或 $24^{\#}$ 报警，即指令速度过大，此时电机处于不动状态	伺服功率板上的空气开关处于保护状态（接触不良，也可能是空气开关保护）	检查伺服功率板上的大功率管是否被烧坏
		插头 X4（CN4）接触不良	重新接插 CN4 插头，确保可靠连接
		从伺服变压器来 AC90V 或 AC120V 未接到伺服功率板的 X1 上	检查连线
		N20、N21 调宽模块无输出	（1）N27/14 是否为 +15V，若不是 +15V，则封锁脉冲 （2）检查 EN（使能）加到 N27 组件上否，若有此信号再看 N3/1，13 是否为 −15V，若是，有可能是 N27 组件损坏 （3）若 N27 无封锁脉冲输出，则可能是 N20、N21 调宽模块坏了
		继电器 K1 或 V12 不动作，因为一般由于 AC 电源未接过来，故 MCC 不吸合	检查控制 K1、K2 吸合的电路连线有无问题，排除后加电再试

表 6-2　FANUC 直流可控硅伺服单元常见共性故障分析

序号	故障现象	原因	解决方法
1	过电流报警（OVC 红灯点亮）	输出到伺服电机的电流由一个电流检测器 CD1 检测，转换成电压信号，由控制板判断是否过流，因此，从控制板的触发电路、检测电路，到主回路，再到电机，都有可能是故障点	可通过互换控制板来初步判断是主回路或是控制板故障（与其他轴互换，所有轴的控制板都可互换），一般是控制板故障的可能性大 另外可检查是上电就报警还是速度高了才报警，如果上电就报警，则有可能是主回路可控硅烧了，这可通过万用表测可控硅是否导通来判断，正常的可控硅两端电阻无穷大，如果导通则坏了。如果是高速报警而低速正常则可能是控制板或电机有问题，这也可通过交换伺服单元来判别 如果是控制电路板坏了，则必须将它送到 FANUC 维修点进行修理或购买新品，因为板上易坏的 IC 在市面上可能买不到

续表

序号	故障现象	原因	解决方法
2	伺服电机振动	电机移动时速度不平稳会产生振动和噪声	伺服电机换向器的槽中有炭粉，或炭粉刷需更换 用示波器测控制板上CH11～CH13波形，正常为6个均匀的正弦波，如果少一个就不正常，可能是控制板上驱动回路或主回路可控硅坏，通过互换控制板可判断 调整控制板上的RV7试一试
3	过热报警	伺服电机、伺服变压器或伺服单元过热开关断开	伺服电机过热，或伺服电机热保护开关坏 伺服变压器过热，或伺服变压器热保护开关坏 伺服单元过热，或伺服单元热保护开关坏 查以上各部件的过热连接线是否断线
4	不能准备好，系统报警显示401或403(伺服VRDY OFF)	系统开机自检后，如果没有急停和报警，则发出PRDY信号给伺服单元，伺服单元接到该信号后，接通主接触器，送回VRDY信号，如果系统在规定时间内没有接收到VRDY信号，则发出此报警，同时断开各轴的PRDY信号，因此，上述所有通路都可能是故障点	①检查各个插头是否接触不良，包括控制板与主回路的连接 ②查外部交流电压是否都正常，包括：3相120V输入(端子A、1、2)，单相100V(端子3、4) ③查控制板上各直流电压是否正常，如果有异常，则为带电源板故障，再查该板上的熔断器是否都正常 ④仔细观察接触器是吸合后再断开，还是根本就不吸合。如果是吸合后再断开，则可能是接触器的触点不好，更换接触器。如果有一个没有吸合，则该单元的接触器线圈不好或控制板不好，可通过测接触器的线圈电阻来判断 ⑤查CN2的4、5端子是否导通，这是外部过热信号，通常是短路的，如果没有接线，则短路棒S21必须短路，查主回路的热继电器是否断开 ⑥如果以上都正常，则为CN1指令线或系统板故障
5	TG报警(TG红灯点亮)	失速或暴走，即电机的速度不按指令走，所以，从指令到速度反馈回路，都有可能出现故障	①可通过互换伺服单元来初步判断是控制单元故障还是电机故障，一般是伺服单元故障的可能性大 ②可查看是上电就报警还是速度高了才报警。如果上电就报警，则可能是主回路可控硅坏了。如果是高速报警而低速正常则可能是控制板或电机有问题，这也可以通过交换伺服单元来判别 ③观察是否一直报警还是偶尔出现报警，如果是一直报警则是伺服单元或控制板故障，否则可能是电机故障
6	飞车(一开机电机速度很快上升，因系统超差报警而停止)	系统未给指令到伺服单元，而电机自行行走。是由于正反馈或无速度反馈信号引起，所以应查伺服输出、速度反馈等回路	①检查三相输入电压是否有缺相，或熔断器是否有烧断 ②查外部接线是否都正常，包括：3相120V输入(端子A、1、2)，相序U、V、W是否正确，输出到电机的+、-(端子5、6、7、8)是否接反，CN1插头是否有松动 ③查电机速度反馈是否正常，包括是否接反、是否断线、是否无反馈 ④交换控制板，如果故障随控制板转移，则是控制板故障 ⑤系统的速度检测和转换回路故障

续表

序号	故障现象	原因	解决方法
7	系统出现VRDY ON报警	系统在PRDY信号还未发出就已经检测到VRDY信号，即伺服单元比系统早准备好，系统认为这样为异常	①检查主回路接触器的触点是否接触不好，或是CN1接线错误 ②检查是否有维修人员将系统指令口封上
8	电机不转	系统发出指令后，伺服单元或伺服电机不执行，或由于系统检测到伺服偏差值过大，所以等待此偏差值变小	①观察给指令后系统或伺服出现什么报警，如果是伺服有OVC，则有可能是电机制动器没有开或机械卡死 ②如果伺服无任何报警，则系统会发出超差报警，此时应检查各接线或连接插头是否正常，包括电机动力线、CN1插头以及控制板与单元的连接。如果都正常，则更换控制板检查 ③检查伺服电机是否正常 ④检查系统伺服误差诊断画面，是否有一个较大的数值(10～20)，正常值应小于5，如果是，则调整控制板上的RV2(OFFSET)直到读数为0

表6-3 FANUC直流PWM伺服单元常见共性故障分析

序号	故障现象	原因	解决方法
1	TG报警(TG红灯点亮)	失速或暴走，即电机的速度不按指令走，所以，从指令到速度反馈回路，都有可能出现故障	①单轴可通过互换单元，双轴将各轴指令线和动力线互换，来初步判断是控制单元故障还是电机故障，一般是伺服单元故障的可能性较大 ②如果上电就报警，则有可能是主回路晶体管坏了，可用万用表测量并自行更换晶体管模块，如果是高速报警而低速正常则可能是控制板或电机有问题，这也可以通过交换伺服单元来判别 ③观察是否一直报警还是偶尔出现报警，如果是一直报警则是伺服单元或控制板故障，否则可能是电机故障
2	飞车(一开机电机速度很快上升，因系统超差报警而停止)	系统未给指令到伺服单元，而电机自行行走，是由于正反馈或无速度反馈信号引起，所以应查伺服输出、速度反馈等回路	①检查三相输入电压是否有缺相，或熔断器是否有烧断 ②查外部接线是否都正常，包括：3相120V输入(端子A、1、2)，相序U、V、W是否正确，输出到电机的＋、－(端子5、6、7、8)是否接反，CN1插头是否有松动 ③查电机速度反馈是否正常，包括是否接反、是否断线、是否无反馈 ④交换控制板，如果故障随控制板转移，则是控制板故障
3	断路器跳开(BRK灯点亮)	主回路的两个断路器检测到电流异常、跳开，或检测回路有故障	①查主回路电源输入端的两个断路器是否跳开，正常应为ON(绿色) ②如果合不上，则主回路有短路的地方，应仔细检查主回路的整流桥、大电容、晶体管模块等 ③控制板报警回路故障

续表

序号	故障现象	原因	解决方法
4	电机不转	系统发出指令后，伺服单元或伺服电机不执行，或由于系统检测到伺服偏差值过大，所以等待此偏差值变小	①观察给指令后系统或伺服出现什么报警，如果是伺服有OVC，则有可能是电机制动器没有开或机械卡死 ②如果伺服无任何报警，则系统会发出超差报警，此时应检查各接线或连接插头是否正常，包括电机动力线、CN1插头以及控制板与单元的连接。如果都正常，则更换控制板检查 ③检查伺服电机是否正常 ④检查系统伺服误差诊断画面，是否有一个较大的数值(10～20)，正常值应小于5，如果是，则调整控制板上的RV2(OFFSET)直到读数为0
5	过热(OH灯点亮)	伺服电机、伺服变压器或伺服单元和放电单元过热开关断开	①伺服电机过热，或伺服电机热保护开关坏 ②伺服变压器过热，或伺服变压器热保护开关坏 ③伺服单元过热，或伺服单元热保护开关坏 ④查以上各部件的过热连接线是否断线
6	异常电流报警(HCAL红灯点亮)	伺服单元的185V交流经过整流变为直流300V，直流侧有一检测电阻检测直流电阻，如果后面有短路，立即产生该报警	①如果是一直出现，可用万用表测量主回路晶体管模块是否短路，自行更换晶体管模块，如果未短路，则与其他轴互换控制板，如果随控制板转移，则修理控制板 ②如果是高速报警而低速正常则可能是控制板或电机有问题，这也可以通过交换伺服单元来判别 ③观察是否一直报警还是偶尔出现报警，如果是一直报警则是伺服单元或控制板故障，否则可能是电机故障
7	高电压报警(HVAL红灯点亮)	伺服控制板检测到主回路或控制回路电压过高，一般情况下是检测回路出故障	①检查三相185V输入电压是否正常 ②查CN2的±18V是否都正常 ③交换控制板，如果故障随控制板转移，则是控制板故障
8	伺服电机振动	电机移动时速度不平稳会产生振动和噪声	①伺服电机换向器的槽中有炭粉，或炭刷需更换 ②控制板S1、S2设定与其他好板相比，是否错 ③控制板RV1设定是否正确
9	低电压报警(LVAL红灯点亮)	伺服控制板检测到主回路或控制回路电压过低，或控制回路故障	①检查三相185V输入电压是否正常 ②查CN2的1、2、3交流±18V是否都正常 ③检查主回路的晶体管、二极管、电容等是否有异常 ④交换控制板，如果故障随控制板转移，则是控制板故障

续表

序号	故障现象	原因	解决方法
10	放电异常报警(DCAL红灯点亮)	放电回路(放电三极管、放电电阻、放电驱动回路)异常，经常是因短路引起	①检查主回路的晶体管、放电三极管、二极管、电容等是否有异常 ②如果有外接放电电阻，检查其阻值是否正常 ③检查伺服电机是否正常 ④交换控制板，如果故障随控制板转移，则是控制板故障
11	不能准备好系统报警显示伺服 VRDY OFF	系统开机自检后，如果没有急停和报警，则发出 PRDY 信号给伺服单元，伺服单元接到该信号后，接通主接触器，送回 VRDY 信号，如果系统在规定时间内没有接收到 VRDY 信号，则发出此报警，同时断开各轴的 PRDY 信号，因此，上述所有通路都可能是故障点	①检查各个插头是否接触不良，包括控制板与主回路的连接 ②查外部交流电压是否都正常，包括：3相 120V 输入(端子 A、1、2)，单相 100V(端子 3、4) ③查控制板上各直流电压是否正常，如果有异常，则为该板故障，再查该板上的熔断器是否都正常 ④仔细观察接触器是吸合后再断开，还是根本就不吸合。如果是吸合后再断开，则可能是接触器的触点不好，更换接触器。如果有一个没有吸合，则该单元的接触器线圈不好或控制板不好，可通过测接触器的线圈电阻来判断 ⑤如果以上都正常。则为 CN1 指令线或系统板故障
12	系统出现 VRDY ON 报警	系统在 PRDY 信号还未发出就已经检测到 VRDY 信号，即伺服单元比系统早准备好，系统认为这样为异常	①查主回路接触器的触点是否接触不好，或是 CN1 接线错误 ②查是否有维修人员将系统指令口封上或指令口故障

6.1.2 直流伺服电机及伺服系统故障维修实例

维修实例 1：RAM8 数控铣床。

故障现象：*Z* 轴伺服准备接触器不能吸合 OVC 报警。

故障检修过程：LJ-10AM 系统所用直流伺服单元为 FANUC-BESK 单元（5 系统用）。根据故障现象，查 FANUC-BESK 直流伺服单元维修说明书知 OVC 报警可分为如下内容：①异常负载检测报警（由 RV12 设定）；②电机的负载过重；③电机的运行有振动倾向；④交流输入电压过低。

对上述报警内容进行分析：②、③项因伺服准备好接触器 MCC 未吸合，故不存在电机负载过重和电机的运行有振动倾向的问题。对于④项用万用表检查交流电压正常，也予以排除，因此，检查重点应放在①项上。

根据 FANUC-BESK 直流伺服单元电路原理，首先对 RV12 进行重新调整，不能排除故障。其次，将 *Z* 轴伺服单元的熔断器撤除，通电后 OVC 报警消失，MCC 吸合。

通过上述检查，将故障压缩在晶闸管主回路及其直流电机等部位。用万用表测电机电枢和励磁均正常，且电机转动灵活，不存在堵转现象。这样，就将故障点压缩到了晶闸管主回路上。检查晶闸管模块，发现其 V 相对 D1 点已经击穿。更换一新模块后，OVC 报警消除，直流电机恢复正常工作。

维修实例 2：日本三井精机生产的一台数控铣床（用 FANUC 公司的 6M 系统）。

故障现象：过载报警和机床有爬行现象。

故障检修过程：引起过载的原因：①机床负荷异常，引起电机过载；②速度控制单元上的印制电路板设定错误；③速度控制单元上的印制电路板不良；④电机故障；⑤电机的检测部件故障等。详细判断方法，参见有关章节，最后确认是电机不良引起的。至于机床爬行现象，先从机床着手寻找故障原因，结果认为机床进给传动链没有问题，随后对加工程序进行检查时发现工件曲线的加工，是采用细微分段圆弧逼近来实现的，而在编程时采用了 G61 指令。也即每加工一段就要进行一次到位停止检查，从而使机床出现爬行现象。当将 G61 指令改为 G64 指令（连续切削方式）之后，上述故障现象立即消除。从这一故障的排除过程可以看出，一旦遇到故障，一定要开阔思路，全面分析。一定要将与本故障有关的所有因素，无论是数控系统方面还是机械、气、液等方面的原因都列出来，从中筛选找出故障的最终原因。本例故障，表面上看是机械原因，实际上却是由于编程不当引起的。

维修实例 3：数控铣床（配置 F-6M 系统）。

故障现象：当用手摇脉冲发生器是两个轴同时联动时，出现有时能动、有时却不能动的现象，而且不动时，CRT 的位置显示画面也不变化。

故障检修过程：发生这种故障的原因有手摇脉冲发生器故障或连接故障或主板故障等多种原因。为此，一般可先调用诊断画面，检查诊断号 DGN100 的第 7 位的状态是否为 1，也即是否处于机床锁住状态。但在本例中，由于转动手摇脉冲发生器时 CRT 的位置显示画面不发生变化，不可能是因机床锁住状态致使进给轴不移动，所以可不检查此项。可按下述几个步骤进行检查：①检查系统参数 000～005 的内容是否与机床生产厂提供的参数表一致；②检查互锁信号是否已被输入（诊断号 DGN096～DGN099，及 DGN119 号的第 4 位为 0）；③方式信号是否已被输入（DGN105 号第一位为 1）；④检查主板上的报警指示灯是否点亮；⑤如以上几条都无问题，则集中力量检查手摇脉冲发生器和手摇脉冲发生器接口板。

最后发现是手摇脉冲发生器接口板上 RV05 专用集成块损坏，经调换后报警消除。

维修实例 4：一台太原产 NC40-1 型号数控车床（北京航天 0866B 系统。）

故障现象：*X* 向直流伺服电机运行时声音异常。

故障检修过程：首先拆下 *X* 向直流伺服电机，拆下编码器，拆下编码器与电机的连接铜套，记住套的前线圈与电机炭刷顺序，在 4 个炭刷位置做上编号，分别取下炭刷放到不同位置以备装配，在刷连接部分做一记号，然后摘下电机炭刷连接部分，在电机前端盖与电机钉子连接部分做一记号，把电机转子轻轻打出，在检查电机定子时发现定子内的 4 块磁铁有 2 块松动。要粘磁铁一方面需要合适的粘接剂，另一方面需要专用的工具，磁铁粘接位置如果不对，直接影响直流伺服电机性能参数，经过与厂家联系装配返厂修理。此台车床换备用电机使用，原电机修回后换上使用，电机恢复正常。

维修实例 5：一台太原产 NC40-1 型号数控车床（北京航天 0866B 系统）。

故障现象：*Z* 向直流伺服电机在更换后编程尺寸与程序不一致。

故障检修过程：首先检查程序正常，用百分表在手动方式下每次进给 0.1mm，百分表显示 0.07mm，每次都是一样。没换电机以前走的尺寸是对的，问题在电机上。摘下电机打开发现编码器不对，此台车床 *Z* 向丝杠螺距是 8mm，编码器配的是 2000p 的，换上电机编码器配的是 3000p 的，配丝杠螺距是 6mm。换上电机是从另一分厂借的，把编码器换成 2000p，用百分表测进给尺寸，这次每次进给 0.1mm，百分表显示 0.1mm，恢复正常。

小结：在更换备件时，一定要检查备件是否符合要求。

维修实例 6：一台太原产 NC40-1 型号数控车床（北京航天 0866B 系统。）

故障现象：*X* 向在运行过程中声音异常。

故障检修过程：首先系统断电，用摇把手摇丝杠，正、反向轻沉不一致，为判断是机械故障还是伺服电机故障，拆下伺服电机，再次用摇把手摇丝杠，正、反向轻沉一致，说明不是机械故障。用手盘动伺服电机转子，明显感觉到正转时轻，反转时沉。打开伺服电机检查，伺服电机四块定子磁钢有一块松动脱落，角度也变了，这是电机声音异常的原因。电机定子磁钢是用强力胶粘接的，将松动磁钢用环氧树脂胶或其他强力胶粘牢在原来的位置上，重新试车，故障排除。

维修实例 7：太原机床厂生产的数控机床 NC40B。其系统为直流伺服半闭环系统，系统是由北京机床研究所和无锡市电子技术应用研究所合力开发的 CNS-1（BS91T）。系统功能接近 FAUNC3TA 水平。

故障现象：机床运行时，Z 轴出现振动且 OVC 过流灯亮。

故障检修过程：用万用表测 Z 轴驱动单元的输入电压正常。检查 NC 和伺服单元之间的命令电缆无断线现象。用正常的 X 轴驱动单元与 Z 轴驱动单元互换，Z 轴运行良好。原 Z 轴驱动单元上的 OVC 过流灯仍亮，说明问题出在 Z 轴伺服板上，断掉电源，静态测量 Z 轴伺服板无明显的开路和短路问题。Z 轴伺服板与 X 轴伺服板对照测量，Z 轴 R_{V1} 与 X 轴 R_{V1} 明显有些出入，R_{V1} 设定太大，就会产生振荡，当增益过高时也会产生振荡。用示波器的探头接 CH19，另一端接 CH20 与 X 轴的波形对照测量。调节 R_{V1} 使之与 X 轴波形一致，调试好后试车，Z 轴运行正常，机床故障排除。

维修实例 8：太原机床厂生产的 NC40-1 直流伺服半闭环数控机床，系统是北京七〇六所 MNC866B 数控系统。

故障现象：系统加电伺服电磁接触器 K1 吸合后，机床 X 轴爆走后切断伺服报警。

故障检修过程：手动状态调整进给倍率，不起作用。对照 Z 轴调整增益 R_{V1} 仍抖动，爆走，然后 K1 断开。依次测量给定、反馈电缆均没问题，又测电机两根动力线与炭刷接触良好，拆下电机线对地绝缘没问题。再试故障依旧。采用交替法：把 X14（X 给定）电缆插头与 X17（Z 给定）电缆插头互换后拧上，再把电机驱动电缆 SCS DC-X 与 SCS DC-Z 两个航空插头互换后拧上加电，若原报警为 X 轴，交换后报警出现在 Z 轴，说明 X 轴伺服单元有故障。对照测量伺服板本身控制单元没问题，测量伺服板下边的达林顿管已坏，更换林顿管，试车 X 轴正常，机床故障排除。

维修实例 9：太原机床厂生产的 NC40-1 直流伺服半闭环数控机床，系统是北京七〇六所 MNC866B 数控系统。

故障现象：X 轴进给倍率 75％挡，X＋方向运行正常，X－方向运行出现 23 号报警。

故障检修过程：X 轴出现 23 号报警，为 X 轴跟踪误差过大。查相关资料说明：加电后电机“咬”住，当在运行机床时，特别在执行 G0 指令时系统出现 23 号报警，检查系统 P 参数，观察 P02/P03 参数设置，更改参数试车故障依旧。伺服单元上 R_{V1} 电位器调整太小。检查伺服单元 R_{V1} 电位器用螺丝刀将 R_{V1} 对照 Z 轴顺时针调节，加电再试现象没变化。根据 X 轴 X＋方向运行正常判断，系统给定、反馈电缆及伺服单元均正常，为进一步验证判断的正确性，可采用如下三种交替法来判断。

① 把 X14（X 给定）电缆插头与 X17（Z 给定）电缆插头互换，X13（X 反馈）电缆插头与 X16（Z 反馈）电缆插头互换后拧上，加电。若原 X 轴为故障轴，交换后变为 Z 轴报警，说明故障出在原 X 轴的伺服单元上，若仍为 X 轴故障报警，则说明故障出在 NC 内 X 轴通路上。

② 也可把 X14（X 给定）电缆插头与 X17（Z 给定）电缆插头互换后拧上，再把电机驱动电缆 SCSDC-X 与 SCSDC-Z 两个航空插头互换后拧上，若原报警为 X 轴，交换后报警出现在 Z 轴，则说明 X 轴伺服单元有故障。

③ 也可把电机两根驱动电缆的航空插头 SCSDC-X 与 SCSDC-Z 交换后拧上，并将 NC 端 X13（X 反馈）和 X16（Z 反馈）插头互换后拧上，加电后观察报警状态。若原报警出现在 X 轴，而交换后报警出现在 Z 轴，则说明 X 轴电机有故障。

经以上方法检查发现电机有问题：电机对地绝缘不太好，打开处理炭刷绝缘电阻，用摇表摇正常后，试车还是不行，难道是电机没劲？更换新电机，试车机床故障排除。

维修实例 10： 太原机床厂生产的 NC40-1 直流伺服半闭环数控机床，系统是北京七〇六所 MNC866B 数控系统。

故障现象： Z 轴运行出现 21 号报警且伺服板上的红灯亮。

故障检修过程： 21 号报警为伺服单元未准备好报警。查相关资料说明：①伺服单元的红色报警灯亮，将系统 10 号板的开关 S 的第 8 个短路环短跨后，加电再试，观察 21 号报警是否消除。若报警消除，则问题出在伺服单元上，更换伺服单元。②系统 X 轴或 Z 轴给定电缆有断线或虚焊。检查 X 轴或 Z 轴给定电缆的正确性。修复电缆后再试。③系统相应轴 07、08 板或 10 板故障。更换 07、08 板或 10 板。④电压 24V 未送至相应轴 10 板。加电检查相应轴 10 板的扁平插头上 24V 电源与 24V 地上的电压是否加上，检查机床侧电压，修复后加电再试。

根据有关说明，首先加电，系统屏幕出现 21 号报警。关掉电源，静态测量三相电源正常，熔断丝正常。测量伺服板上的驱动功率达林顿管已被击穿，更换达林顿管，加电再试，屏幕仍显示 21 号报警。不一会，电容 C_4 被击穿，更换电容。上电，电阻 R_7 特别烫，根据现象应该有短路的元件。关掉电源，测量达林顿管 V4、V5、V6、V7 均正常，电阻 R_7 正常，复合管 V3 无短路形象。加电测量复合管 V3 的基极 TB3 电压，为 130V，由于控制极基极不会有如此高的电压，因此断定达林顿管 V3（BU932）已坏，更换达林顿管 V3，加电，电阻不再发烫。低速进给倍率 25%运行正常，进给倍率 75%仍出现 21 号报警且电机抖动，伺服单元的红色报警灯亮。检查机床参数及到伺服单元上的交流 90V、18V 均电压正常。将系统 10 号板的开关 S 的第 8 个短路环短跨后，加电再试仍出现 21 号报警，只好检查 01 号板——CPU 模块，看不出什么问题，重新插好，上电，屏幕显示菜单正常，原来 01 号板插接不好，把系统 10 板的短路环去掉，屏幕又出现 21 号报警，说明问题出现在伺服单元上，更换调宽输出控制电路 ST01 及前置放大控制电路 SP01，加电，21 号报警消除，但电机还是抖动，调节电位器 R_{V2} 使之与 X 轴 V1～V4 的基极波形一致，调节 R_{V1}、R_{V4} 使之与 X 轴的电阻值相同。加电再试，抖动消除，Z 轴运行正常。机床故障排除。

维修实例 11： 太原机床厂生产的 NC40-1 直流伺服半闭环数控机床，系统是北京七〇六所 MNC866B 数控系统。

故障现象： 系统上电，手动运行 Z 轴，屏幕出现 24 号报警。

故障检修过程： 24 号报警为 Z 轴跟踪误差过大引起，一般出现在机床运行过程中。检查系统 P 参数，观察 P02/P03 参数设置没有超出正常的设置范围。检查伺服单元电位器 R_{V1}，用螺丝刀（螺钉旋具）将 R_{V1} 顺时针调节，加电再试，故障依旧。

检查伺服单元，拆下伺服单元进行静态测量无明显短路现象，测量达林顿管正常，检查电容 C_4 已损坏，更换电容 C_4，加电，仍出现 24 号报警。采用交替法的第三种方法，结果屏幕出现 23 号报警，由此断定电机存在问题。测量电机电阻值为 6kΩ，把电机拆下，打开电机，发现电机内炭刷太短，更换炭刷并处理油泥，加电再试，报警消除，机床恢复正常故障排除。

维修实例 12： 太原机床厂生产的 NC40-1 直流伺服半闭环数控机床，系统是北京七〇六所 MNC866B 数控系统。

故障现象： 机床加电后，伺服单元的电磁接触器不吸合，屏幕显示 21 号报警。

故障检修过程： 21号报警为伺服单元未准备好报警。查相关技术资料：系统 X 轴或 Z 轴给定电缆有断线或虚焊，检查 X 轴和 Z 轴给定电缆无断线及虚焊现象。系统相应轴 X 轴位置控制板07板，Z 轴位置控制板08板或10板（伺服接口板）出现故障，检查并更换07、08及10板，故障依旧。强电24V未送至相应轴10板。加电检查相应轴10板的扁平插头上24V电源与24V地上的电压已经加上。

观察伺服单元的红色报警灯亮，将系统10号板的开关S的8个短路环短接后，加电再试，观察21号报警消失，以为是伺服单元有故障，更换伺服单元，去掉短路环，上电，屏幕仍出现21号报警且电磁接触器K1也不吸合。测量电压AC190V正常，测量中间继电器K2线圈两端无直流电压24V，断开电源，用数字表电阻挡测量给定电缆无断线现象，测量CN3的端子1、端子3无信号，测量PRDY1、PRDY2无信号，怀疑系统内部有问题，更换强电输出控制模块、CPU控制板，还是不起作用。

既然系统无问题，故障仍在外围，分别把 X 轴、Z 轴两根动力线去掉，加电，屏幕21号报警消失同时电磁接触器吸合，可以断定故障出在电机上。测量 X 轴、Z 轴电机，发现 X 轴电机对地绝缘电阻有问题，拆下 X 轴电机，打开外壳，发现电机内部炭刷内壁环碳粉太多引起与绝缘胶木短路，清理炭刷粉末使对地绝缘电阻在正常范围以上。重新安装，加电试车报警消除，X 轴、Z 轴运行正常，机床故障排除。

小结： 系统报警，封锁小继电器信号输出。有时候维修机床往往把问题复杂化，应从简单入手，如首先测量熔断器、电源电压、绝缘状况、导线开路等，可能会获得事半功倍的效果。

维修实例13： 太原机床厂生产的NC40-1直流伺服半闭环数控机床，系统是北京七〇六所MNC866B数控系统。

故障现象： CRT屏幕显示正常，伺服单元电磁接触器吸合后，Z 轴伺服电机抖动。

故障检修过程： 系统P8/P9（P8为 X 轴坐标环增益，P9为Z轴坐标环增益）参数设置过大。检查系统P8/P9的参数在正常范围内，将参数适当调小再试，电机还是抖动。

在系统加电的情况下，用小号一字螺丝刀调整伺服单元增益电位器TV1同样不起作用。采用交换法，将正常的 X 轴伺服单元与 Z 轴伺服单元互换，加电观察 Z 轴电机抖动依旧，X 轴电机运行平稳。由此断定 Z 轴伺服单元是好的。

将系统的 X、Z 轴给定电缆调换连接，并将 X、Z 轴的反馈电缆调换连接，观察电机抖动现象，结果原 Z 轴电机不抖了，而 X 轴电机抖动起来，怀疑 Z 轴的位置板（08板）有故障，为验证判断的正确性，将系统恢复原样，将 X 轴位置板（07板）与 Z 轴位置板（08板）互换位置，结果 Z 轴电机还是原样。判断失误，既然08位置板没问题，肯定给定电缆或航空插头有问题，断掉电源，拧下系统至伺服单元的给定电缆，用数字表电阻挡检查给定电缆信号线，电缆中的FBZ-VEF信号线断线，将此线修复正常，加电试车，Z 轴运行平稳，抖动故障排除。

维修实例14： 太原机床厂生产的NC40-1直流伺服半闭环数控机床，系统是北京七〇六所MNC866B数控系统。

故障现象： 加电伺服电磁接触器吸合后机床 Z 轴电机暴走后切断伺服，系统出现21号报警。

故障检修过程： 此故障的一般原因、确认方法及措施有以下几种。

① 系统STD地线与伺服单元地线不通或阻值太大。确认方法：用数字表电阻挡测量一下系统STD地线与主机箱外壳是否通，且与主机柜的接地端子是否通。措施：若系统STD地线与主机柜之间电阻超过0.5Ω时，则应对系统的接地情况进行检查处理。

② 伺服出现正反馈。确认方法及措施：检查伺服单元的报警灯（红灯）是否亮，若亮，

则断定为正反馈现象。调换伺服单元到DC电机的两根驱动线。

③ 系统 X 轴或 Z 轴反馈线出现短接或错接。根据 MNC866B 连接说明书逐个检查反馈电缆的焊接情况及对应关系的正确性，按工艺要求修复。

④ 系统 X 轴或 Z 轴给定电缆中 VCMD 信号出现断线。对 X 轴或 Z 轴给定电缆逐点检查各信号的对应关系是否通，若 VCMD 出现断线将其按要求焊好。

⑤ 系统驱动通道有故障。将相应轴伺服单元上的保险断开，用数字表直流电压“mV”挡测量相应轴上的 VCMD 与 SVGND（伺服地）间的模拟电压，并将系统置于增量方式或手摇方式，向“+”方向以 0.1mm 当量点动，观察 VCMD 电压值的变化情况。若 VCMD 电压值向“+”方向以 0.1mm 当量点动增加，则说明系统驱动通道无问题，否则系统相应轴位置板出现故障需更换。可采取交换法，将 X 轴与 Z 轴的位置控制板交换来判断。

⑥ 系统的反馈通道有故障。在相应轴伺服单元上的保险断开情况下，在手动方式脉冲显示时，用手拧动相应轴的丝杠，观察 CRT 上显示的位置坐标脉冲值有无变化。若 CRT 屏幕显示位置坐标的值随丝杠转动方向变化，则说明反馈通道无问题，否则更换相应轴的位置板（即 X 轴位置控制板 07 板，Z 轴位置控制板 08 板）。

⑦ 出现暴走的伺服单元出现故障。若序号 4、序号 5 检查均无问题，则可断定是相应轴的伺服单元出现故障。更换相应轴的伺服单元。

检查系统对地绝缘状况良好，地线连接正常。检查系统的参数及刀偏符合说明要求。更换两根电机动力线故障依旧。

检查反馈回路：将 Z 轴伺服单元上的保险断开，打开电机后盖，观察编码器与电机弹性联轴器连接正常，无松动滑落之感，排除编码器的连接问题。脱开电机的同步齿轮，然后给机床通电，第一步，用示波器检查反馈编码器的电压值，发现电源为平稳的直线，幅值为+5V，正常。第二步，检查 A 相方波信号 PCA，B 相方波 PCB，用手转动电机发现有正常的方波信号，电机正转时，PCA 比 PCB 超前 90°，反转时，PCA 比 PCB 滞后 90°，结果没问题。第三步，检查方波信号 PCZ，用手转动电机，电机正转时有方波信号 PCZ，电机反转时，有方波信号 PCZ，结果正常。故可断定反馈回路的编码器正常。

检查驱动单元回路：断电的情况下，用数字表测量功放达林顿管没问题，静态测量驱动板没发现异常，为进一步验证 Z 轴驱动单元的正确性，用好的 X 轴驱动板与 Z 轴互换，通电，Z 轴还是暴走。去掉 Z 轴伺服单元上的保险，手动运行 X 轴，X 轴运行平稳正常，说明 Z 轴驱动单元没问题。

更换给定电缆，反馈电缆，电机动力线，均无法排除 Z 轴暴走故障。

取下 X 轴位置控制模板及 Z 轴位置控制模板对照测量，芯片 75115 和芯片 8901 无短路断路现象。将 X 轴位置控制板与 Z 轴位置控制板互换，试车还是不正常。

后来干脆把电机动力线去掉，通电测量去 Z 轴电机线的接线端子，在不启动电机的状态下竟然有电压，显然不正常。外围线路及驱动单元均被排除，因此怀疑系统内部出现故障。更换 01、02 板，加电再试，系统出现 21 号报警，重新输入机床参数，报警消除，启动 Z 轴，Z 轴运行正常，机床故障排除。

通过对太原机床厂生产的 NC40-1 直流伺服半闭环数控机床的维修（系统是北京七〇六所 MNC866B 数控系统），针对常见故障及故障点作一简单说明。

① 系统屏幕出现 21 号报警。一般检查熔断丝、三相电源、给定电缆、驱动单元。

② X 轴暴走，屏幕出现 21 号报警，23 号报警，倍率不起作用。检查 X 轴编码器、电机线接反、反馈线及 07 板。

③ 手动方式，倍率 50%、100%，X 轴 X+方向正常，X－方向 23 号报警。电机没劲。

④ 手动方式，倍率25%、50%正常，75%报警。电机有问题。

⑤ 屏幕有时21号报警，有时31号报警，有时输不进参数，页面出现不规则画面。检查+5V电源插头接触问题。

⑥ 屏幕21号报警、32号报警，*X*轴暴走，画面出现乱纹。检查电源电压15V、12V、5V插头接触是否良好，检查编码器。

⑦ *X*轴每次向床尾方向移动3道，特别有规律。编码器故障。

⑧ K1、K2不吸合。检查系统给定线、检查电机对地情况。

维修实例15：上海第四机床厂产XK715F型数控铣床（FANUC-BESK7CM）。

故障现象：自动或手动方式运行时，发现机床工作台*Z*轴运行振动异常现象，尤其是回零点快速运行时更为明显。故障特点是：有一个明显的劣化过程，即此故障是逐渐恶化的。故障发生时，系统不报警。

故障检修过程：①由于系统不报警，且CRT及现行位置显示器显示出的*Z*轴运行脉冲数字的变化速度还是很均匀的，故可推断系统软件参数及硬件控制电路是正常的。②由于振动异常发生在机床工作台的*Z*轴向（主轴上下运动方向），故可采用交换法进行故障部位的判断。③经交换法检查，可确定故障部位在*Z*轴支流伺服电机与滚珠丝杠传动链一侧。④为区别机电故障部位，可拆除*Z*轴电机与滚珠丝杠传动链一侧；单独通电测*Z*轴电机（只能在手动方式操作状态进行）检查结果表明，振动异常故障部位在*Z*轴直流伺服电机内部（进行此项检查时，必须将主轴部分定位，以防止平衡锤失调造成主轴箱上下滑动）。⑤经拆机检查发现，电机内部的电枢电刷与测速发电机转轴炭刷磨损严重（换向器表面被电刷粉末严重污染），将磨损炭刷更换，并清除炭粉污染影响，通电试机，故障排除。

维修实例16：上海第四机床厂产XK715F型数控铣床（FANUC-BESK7CM）。

故障现象：机床按程序加工切削运行时发现，工作台*Y*轴位移过程中，存在正方向运行正常，而反方向声响异常的故障现象，系统不报警。

故障检修过程：①由于系统不报警，且CRT显示出来的*Y*轴正、反向位移脉冲数字变化速度是均匀的，故可推断系统软件参数及硬件控制电路是正常的。②检测加工件尺寸，基本符合图样要求，只是粗糙度大点，故又可排除伺服速度控制单元电路故障。③在外部检查中，发现*Y*轴直流伺服电机温升较高。测其负载电流又远低于额定设定值参数（反向电流略高于正向运转电流），故可排除电机负载过重的故障。④经分析，电机在正常工作电流状态产生过热故障现象，那只有一种解释，即电机转动时产生了不正常的机械摩擦。⑤为区别机电故障部位，可拆除*Y*轴电机与滚珠丝杠传动链一侧；单独通电测*Y*轴电机。试验结果表明，故障在电机一侧。⑥用手盘动电机转子时，也能明显地感觉到正转时手感轻松，而反转时手感较重，且有一种阻滞的感觉。⑦将电机拆卸解体检查，果然发现定子永久磁钢有一块松动脱落，且转动了一定角度，该磁铁与转子有摩擦痕迹。由此故障的根本原因已很清楚。⑧经查，电机定子的永久磁钢是采用强力胶粘接的（在使用中严禁撞击和振动，尤其在拆装故障检修过程中更应注意，以防发生此类故障），采用环氧树脂胶或其他强力胶，将脱落的磁体粘牢在原位置上，重新装机试车，故障排除。

维修实例17：上海第四机床厂产XK715F型数控铣床（FANUC-BESK7CM）。

故障现象：机床无论出于自动方式或手动方式工作时，一旦连续使用数十分钟，系统极易发生07号报警（经观察，正常连续使用时间与环境温度无关，一般外界温度高，则连续使用时间短，反之亦然），而断电停机使用一段时间后（10～15min），机床又能重新启动使用，然后不定时又出现上述故障，机床无法投入正常使用。

故障检修过程：07号ALARM（故障报警）系伺服速度控制单元异常故障报警，其故障原因很多，参照“FANUC-BESK7CM系统维修手册”有关内容，一般此类故障与以下故障原因有关。

① 伺服电机过载（即工作台轴向传动链路负载过重），其故障原因为：a. 机床工艺加工中因切削用量或进给量等工艺参数选择过大；b. 伺服电机制动线圈、控制电缆、传动支承存在故障以及电机定子永久磁钢脱落等电机故障；c. 机床导轨塞铁调整不当；滚珠丝杠螺母副预加载不当；导轨缺油或异物引起的研伤，导致导轨摩擦阻力过大；滚珠丝杠螺母副调整不当或失效等机械故障。

② 过载检测用热继电器（MOL）脱扣，其故障原因为：a. 伺服控制柜散热通风不良或外界环境温度过高；b. 速度控制单元存在漏电或低过载故障（伺服电机过载）；c. 电源变压器负载过重或质量欠佳。

另外，速度控制单元 PCB 板（集成电路印制电路板）的调整或设定错误；速度控制单元的电源保险、控制保险及输入交流保险因故熔断；线路电缆与插接件存在接触不良；启动接触器（MCC）因故无法吸合等均可发生此类故障。

故障发生后，检修伺服速度控制单元的一般步骤，应该是根据故障显示号内容，本着“先外后内”的检修原则进行，即首先通过外部的观察与检测，确定故障的伺服轴向（可通过外部检查 CRT 故障报警号、位控板（01GN710）报警、速度控制 PCB 板的“OVC”与“TGLS”报警显示机轴向保险电路、过流保护与过热保护等电路判别）。然后采用轴向“交换法”确定故障部位。由于此类故障的特殊性，采用上述方法检修时没有发现明显的轴向故障，例如检查外部连接电缆与插接件无异常，位置控制板无警示，各伺服轴的速度控制单元及其熔断保护、热元件（MOL）保护等均属正常，甚至通电启动后，测量各伺服轴的电压波形，输入输出电压即电机空载电流，负载电流等也属正常，因此一时难以确定故障的伺服轴向，更难判断故障部位了。为此，只能依据上述故障原因，采用逐项检查的方法进行诊断。

按上述所列故障原因进行逐项检查中，发现 X 轴和 Y 轴共用的速度控制单元的电源变压器的温升异常，用手触摸变压器线包表面，温度很高，显然，此故障系电源变压器过热引起内部温度检测热动开关（TOH）脱扣所致。经分析，上述故障报警的原因，是使用中电源变压器的温升因故超限，故而引起热动开关脱扣，而故障停机后冷却一段时间，热动开关复位，故又能启动使用。

由上可知，引起电源变压器的温升超限，致使热动开关脱扣的原因，不外乎是伺服控制柜散热不良或外界环境温度过高，电源变压器负载过重，端子板出现连接错误或内在质量欠佳等。经查，柜内散热条件良好，环境温度不高，单独检查变压器内在质量也无异常，故把检测重点放在变压器输出负载电路上。经详查，由于 X 轴与 Y 轴速度控制单元的各项参数及其动作均很正常，线路电缆也不存在短路或漏电，后经变压器及输出负载的容量计算，才发现电源变压器的容量太小，显然不可能同时带动两个轴向单元连续工作。为判别上述故障推论是否正确，将 X 轴和 Y 轴速度控制单元的电源进线分开，Y 轴控制仍接原处，X 轴与附加轴（B 轴）共用（因 B 轴是圆工作台，平时很少使用）。经线路改接后，此故障彻底消除。因此类故障涉及设备质量制造问题，经与厂家联系，另补发一只伺服控制电源变压器。经安装调试后，投入使用近 10 年，故障彻底排除。

维修实例 18： 北京第一机床厂产 XK5040-1 数控铣床（数控系统为：FANUC-BESK3MA）。

故障现象： Z 轴电机一运转就会发出“哒、哒”的连续声响，不报警。

故障检修过程： 操作人员反应在进行零件加工时，Z 轴一动作就有“哒、哒”的连续声响，将“快速倍率开关”调至 25%，声音的间隔就稍微长一些；X 轴、Y 轴单独运动，两轴联动都没有这种声音，而且 Z 轴的声响也不大，机床仍能进行零件加工，CRT 显示器无任何报警信息显示。经检查，发现声音来自伺服电机部分，用电子手轮（手摇脉冲发生器）使 Z 轴运动时非常明显。将增量进给开关调至 1mm，声音间隔很短；将增量进给开关调至 0.001mm，声音间隔很长。分析可能为电机内部问题或为其机械连接部分问题。因为伺服电机内部检修比较麻烦，故首先检查机械连接部分。经检查，发现 Z 轴丝杠的传动齿轮和过渡齿轮的配合间隙过大，将其调小后，检查各处连接没有问题，开车试验声响依然出现，这时可以判定为 FB25 伺服电机的内部故障了。

借助传声器仔细倾听，发现声音在伺服电机中间部位，电机的中部是电机定子（磁钢）和转子电枢。此电机的励磁方式为永磁式，定子为固定磁极（材料为氧化体），电枢由硅钢片叠成。

分析故障有以下几种可能：①电机永磁体粘接不良，使磁体局部与电机转子相蹭；②某些磁钢因质量问题破裂了一小块；③由于某些不确定因素，而使电机轴产生弯曲变形使电枢蹭着永磁体；④电机轴两端的轴承有问题，因轴承滚道或钢珠有剥落的地方，使电机在运转时发出声响；⑤某一块永磁体因粘接不良而脱落，但因 FB25 伺服电机轴向方向有两块永磁体（因电机磁体很长，故每一磁极有两段磁钢组成），一块磁体脱落，将使电机短时间还能工作，也无电机过载报警。

因 Z 轴电机带有断电制动器，故先用枕木垫起工作台后拆下电机，阅读厂家提供的电机使用维修说明书后按技术要求仔细进行拆卸：首先打开电刷盖，并把电刷全部取出；然后在电刷架和电机壳之间做一记号，以便安装时能正确地装回原位（如果电刷架和电机壳之间的相对位置不正确，将会引起换向不良，对此类拆卸应特别注意做好记号）；拆下电机后罩，将脉冲编码器拆下，拆卸时切忌用力敲打编码器，以免造成损伤；松开固定刷和机壳的螺母后，拆卸刷架，拆卸时，不得用力敲击，而使刷架歪斜，以免碰伤换向器表面，使电机运行时产生噪声或换向失常；拆下机壳，因磁体与电枢之间存在吸引力，要用力才能将其拔出。

仔细检查定子磁极，发现后段磁体有一块脱落，这就是“异常杂音”的故障根源。按电机使用说明，磁体脱落，必须送原厂维修，但因生产上的需要，决定自己进行粘接。要进行粘接首先必须确定用何种粘接剂，确定粘接剂后，进行待粘表面的处理清洗、除油、机械处理、化学处理。粘接时必须控制涂胶量，保证粘接层为 0.07～0.10mm，粘接后必须加温固化，以增加粘接效果，固化时应施加一恒定压力。

第一次使用 XH 甲乙双组分粘接剂进行粘接实验，粘好后将电机装好试车，试了几分钟，电机就不正常了，将电机再次拆开，发现相邻两块磁体端部破损，粘接的磁钢脱落，后来采用了一种三组分的有机粘接剂将磁体和机壳粘好，装好后试车电机振动很大。将电机换到另一台铣床试验，振动很小。将两机床 Z 轴速度控制单元交换，也没有振动发生，判断为外部连接问题。将连接器重新紧固一遍，再开机故障消除。电机运行 2 个月没有问题，证明电机粘接修复成功。一个多月后，电机的磁极又掉了一块，再次粘接后，电机工作又正常了。分析认为粘接磁钢应使用有机类粘接剂—— 环氧类三组分成品粘接剂，牌号为ET，固化条件：压力 50～100kPa，179℃，2h。磁钢粘接时应注意相接两块的等高及两块之间的接缝，还应注意磁钢在圆周等高，以免造成电枢铁芯对定子的气隙不同，甚至造成电枢和磁钢局部相蹭，影响电机的使用。

最后，需要强调的是，对直流永磁伺服电机，拆卸时要避免对电机重力敲打，以防力量传向磁钢使其受冲击产生振动而产生“褪磁”（磁力衰减）；将转子抽出时，应用铁磁材料使永久磁极短路，以防永磁体褪磁，而使电机传动力矩降低。

维修实例 19：上海第四机床厂产 XK715F 型数控铣床（FANUC-BESK7CM）。

故障现象：启动机床数控系统后，CRT 上显示 05、07 号报警。

故障检修过程：①首先查 X、Y、Z 三个坐标速度控制单元板上的熔断器，发现 X 坐标回路熔断器断，换新后，重新启动数控系统，CRT 上仍然显示 05、07 号报警。②查系统内部 PGN710 位置控制板上 *X*、*Y*、*Z* 三个坐标测试点 TP 上的伺服准备信号 DC24V 正常。③查系统内部 *X*、*Y*、*Z* 三个坐标速度控制单元 MCC 接触器不吸合，显示速度控制单元正常的绿色发光二极管指示灯不亮，系统不能完成初始化过程。④无应答信号。⑤查接口诊断信号 005T，RD2 为“1”表示数控机床伺服准备好；而 RD1 为“0”，正常情况下它应改为“1”表示数控机床控制电器准备好。这说明机床控制电路里的继电器、开关、连线等有接触不良、脱焊或断线等情况。⑥思路转向查可能引起 05 号故障报警的原因，主要是查急停控制线路，粗略看继电器的动作关系是对的，用万用表仔细测量 KA39 继电器两组常开触点，在 KA39 吸合时测其中一组触点应将＋24V 电源通过电缆插头 XC19 送入系统 GN705 输入输出板，作为该板的逻辑电路的工作电压之一，检查结果发现该组触点无电压输出。因此，将触点修整后，＋24V 电源能正常送入 GN705 板。再一次启动数控系统，CRT 显示器上 05、07 号故障报警消失，机床恢复正常。

维修实例 20：一台数控铣床（系统为 FANUC-BESK7CM）。

故障现象：机床工作台工作时发现 *X* 轴电机发热严重，无法正常使用。经测试：电机电枢电流工作时约为额定电流的 60%，但不工作时其电流也有 40%左右。

故障检修过程：该机床的数控系统是北京机床研究所引进日本 FANUC 公司技术制造的 FANUC-BESK7CM 系统。由于采用了各种先进技术，故具有很高的可靠性。电机虽然发热严重，但由于电机温升指标高，电流也没有超过额定电流，因此数控系统并不发出任何报警信号。

对于这样一种现象算不算故障，各个机电维修人员意见分歧较大。经过讨论，大家有了一个初步的意见：*X* 轴电机的负载比 *Y* 轴电机（驱动横向托板的直流伺服电机）的负载要小得多，但 *Y* 轴电机并不发热，因此可以认为 *X* 轴电机发热应该算是一种故障现象，至少是不正常的。

电器常识告诉我们：直流电机电流过大，很可能是机械方面的阻力较大，造成电机负载转矩过大引起的。问题是：为什么工作台不运动时，电机里也会流过那么大的电流呢？根据这一现象判定故障源在电气部分。

为了解开这个谜，我们在逻辑上提出了一系列问题。首先是，在电机中有较大电流的时候，机床工作台真的没有运动吗？经用百分表检测，证明确实没有任何位移。其次是，在电机有较大电流的时候，电机真的也没有转动吗？经拆卸电机罩盖后立即可以看到工作台不运动时，电机轴上的旋转变压器传动齿轮在来回转动（更确切地说是在来回晃动一个肉眼能明显观察到的角度），而其他电机却不能观察到这一明显的晃动。接下来就要查明：究竟是 NC 系统有指令要 X 轴电机转动呢，还是电机自己在晃动？

FANUC7M 系统数控装置可以在 CRT 显示装置上显示系统的各个参数，当查验表征伺服电机状态的 23 号参数时，发现各轴 23 号参数值其个位数字都在迅速闪动变化，即使机床不运动时也如此。由于 23 号参数是速度指令值，所以就容易得出两个结论：第一，我们认为“机床不运动，电机也不运动”的时候，电机其实始终没停止过运动；第二，电机是在做微量的来回晃动。

直流电机伺服系统是一个闭环系统，电机没有绝对的平衡状态（除非切断电源），电机总是朝着消除偏差的方向运动，运动过头了，它又得返回，直至位置误差等于零或近似为零位置（7M 系统用软件规定运动定位位置与指令位置之差值必须小于 0.01mm）。直流伺服电机在不断运动中达到跟踪误差为零的相对平衡状态，这种特性在参数检查时就表现为机床无位移指令时，速度命令值仍不会为零，末位有闪动。但始终在某一个很小的范围内变化。

到此，问题就清楚了：纵向工作台即使不处于运动状态时，电机仍在做微量转动，但电流如此大，很可能是负载转矩太大的缘故，这应该仍服从一般直流电机的规律。问题是，纵向工作台既然未做切削加工，又无位移量，X 轴电机的负载转矩从何而来？仔细查阅机床的机械传动机构，并分析了 NC 系统中设定的各个跟 X 轴运动有关的参数。6 号参数引起了我们注意。在 7M 系统中，这个反向间隙补偿量。设定值 X 轴为 0.28mm，Y 轴为 0.22mm，Z 轴为 0.03mm；回转台为 0.008mm。从机械传动机构来分析，X 轴是直线轴中最简单的，电机通过柔性联轴器跟滚珠丝杠直连，然后通过滚珠丝杠螺母副使纵向工作台移动，它不像别的直线轴那样要经过齿轮副等传动机构。然而，X 轴的反向间隙补偿量却比传动机构更复杂的 Z 轴大 9 倍，比负载转矩更大的 Y 轴还大。

显而易见，这个反向间隙设定值是在极不正常的条件下测定后设置的。另外，7M 系统中的 6 号参数，即反向间隙补偿量，应理解为齿轮间隙传动链中其他间隙、丝杠与螺母间隙、工作台负荷、工作台所处的位置等各种因素的综合结果。有些从事数控机床工作的人员没有把工作台负荷、工作台所处的位置这两个重要因素与反向间隙的设定联系起来，设想你在工作台上压上一个极重的工件时，你要让工作台移动 0.01mm，电机将转过比相对于 0.01mm 更大的角度，滚珠丝杠也相应地要做更大的扭转去推动螺母带动工作台运动。在这个重负载条件下测定的反向间隙，所测的数值必定会比轻负载时大。这是因为滚珠丝杠在重负载条件下产生了弹性扭转形变的缘故。假使丝杠螺距是 6mm，那么，每发生 1°的扭转形变，就少了相当于 0.017mm 的直线位移量。这种现象叫失动，而少走的距离就叫失动量。电机选型正确，机械调整良好的机床，失动量会小到可以忽略的程度；机械调整不好的机床，即使刚性良好的传动机构也会发生一定的形变而造成失动。

根据这一原理，从机械传动图上立即分析出，X 轴电机的较大负载转矩只能来自纵向工作台导轨上的压板或者是导轨侧面的塞铁（假设轴承是好的）。

为了避免判断错误使机械上做太大的调整，同时也为了证实上面的设想，做了两个试验。一个是在上班后，机床只通电源，但不做回零操作，因此由于没有建立起绝对坐标，6 号参数就不起作用。在这种情况下，通电 2～3h，机床不做任何运动，观察 X 轴电机是否发热。第二个试验是上班后，机床通电，机床做回零操作让 6 号参数起作用，但只留下 Y、Z 和第四轴的反向间隙补偿值，而人为地把 X 轴的值设为零，仍让机床通电 2～3h，机床不运动，观察 X 轴电机是否发热。

试验的结果是一样的：X 轴电机与其他电机一样，温度始终正常。

经过这两个试验，证明调整机械的工作是相当重要了。在调整了纵向工作台的压板螺钉和塞铁的松紧之后，X 轴电机的电流立即降低了，解决的办法竟如此简单！

现在可以进一步解释 X 轴电机发热的原因。数控机床制造厂家在出厂之前进行调试时，机械调整人员为了确保机械运动精度不超差，特别是纵向工作台在运动到行程极限位置时仍能保持工作台面与主轴中心线的垂直度，所以他们倾向于将工作台压板螺栓旋得紧一点，将塞铁也旋得紧一点。这样，纵向工作台在极限位置不至于下垂太多而超差。但是，这么一来就给下一步的反向间隙测量和设定留下了反常的测量条件，即由于压板和塞铁的正压力乘上摩擦因数所得摩擦力太大，人为地制造了一个多余的转矩，所以测得的反向间隙比正常情况下的数值要大。由于这种电机的发热现象并不报警，所以极易被忽视而让机床出厂，到了用户手里就成了难题。机床一旦通电，做过回零操作后，绝对坐标就建立了，6 号参数也就开始有效。这意味着电机只要开始反转，它就必定要多转一个相当于 6 号参数值的角度作为反向间隙补偿。在 X 轴的传动环节中，由于压板和塞铁太紧，又由于 X 轴滚珠丝杠特别长，弹性扭曲变形更易产生，所以错误条件下设定的 6 号参数间隙值要比 X 轴的丝杠螺母之间的实际间隙大得多。一般滚珠丝杠螺母副的间隙在经过预加载荷处理后最多只有 0.01～0.02mm，而 X 轴的 6 号参数竟有 0.28mm，这就意味着，伺服电机虽未得到运动指令，但在原位左右做来回晃动时，每一次产生反转动作都必定会使滚珠丝杠螺纹面与螺母的螺纹面强烈地贴合摩擦，由于压板、塞铁太紧，电机的电流必定很大。这种情况只需持续2～3h，即使工作台不运动，大电流产生的热量也足以使电机发烫。

故障处理步骤如下。

① 正确设置6号参数。FANUC7CM系统中的6号参数，反向间隙补偿值既然是传动链间隙工作台负荷、工作台位置等诸因素的综合结果，所以在设定6号参数时，不应该机械地测量正反运动之间的间隙，然后将间隙补偿到"零对零"，即将间隙补偿到极限值。我们的做法是，除非有加工圆弧变换象限时要保证型面光滑的要求或者是其他精度上的高要求，一般情况下，都设置到欠补偿的状态。各轴的6号参数值全部按该原则重新调整。

② 正确调整各轴压板、塞铁等部位的松紧。各个轴，除了回转轴外，均有由于压板和塞铁等机械零件产生的摩擦力而加到电机的负载转矩。压板、塞铁松紧调整的依据是什么？我们认为既不能太紧，太紧了造成电机负荷太大；太松了机床运动精度不能保证，产品质量也受影响。经过长期摸索，我们让钳工调整压板、塞铁的松紧，同时由电气人员在伺服板的检测端子上测量电机电流的方法进行机电参数匹配的调整。每个轴在以101号参数（手动快速进给率参数）为标准速度运动时，伺服电机流过的电流都应根据电机的负载转矩大小定出一个数据，然后根据这一数据调整压板和塞铁的松紧。这种调整应该成为数控铣床二级保养中的重要项目之一。

在做了上述工作后，这台数控铣床各个轴的电机再也没有发生过异常的发热现象。对运动最频繁的X、Y轴电机进行过多次抽查检验，在切削叶轮零件最大负荷时刻或在快速行程时，电枢电流也不过是额定电流的1/3左右，因此，以上的工作对机床维护保养是极为有益的。

维修实例21：一台SH1600B数控铣床（机床改造后采用西门子820M系统）。

故障现象：据操作工反映在加工零件时，切削量稍大时，机床向$+Y_1$方向间歇窜动，并显示1041号报警（内容为：Y_1DAC Limit），但可用"RESET"键消除。后来只要系统开机就报警，各坐标不能移动。

故障检修过程：SH1600B型数控铣床是法国FORSET公司于1972年生产的大型机床，具有立卧两主轴，机床有效行程为：12.5mm×1.6mm×0.5m，该机床原配数控系统为AB公司的BR3300系统，坐标进给由液压驱动，经过全面技术改造后，数控系统采用德国西门子公司的820M系统，坐标进给采用西门子611A交流伺服系统。

① 因为机床新近改造，并且是在自动运行状态，故首先排除编程或操作失误的可能性。

② 因Y_1方向窜动，应先查看Y_1坐标的伺服驱动系统。

③ 打开伺服柜，发现伺服坐标Y_1的A灯报警，初步判断是伺服故障。

④ 究竟是伺服系统内部故障还是伺服系统外部故障，用以下方法判断：将Y_1的伺服驱动与Z_1的伺服驱动按以下步骤进行调换。

a. 将伺服电机MY1的测速反馈电缆插在伺服电机MZ1的测速反馈X311插座上。

b. 将伺服电机MZ1的测速反馈电缆插在伺服电机MY1的测速反馈X311插座上。

c. 将伺服电机MY1的位置反馈电缆插在伺服电机MZ1的位置反馈MC1 X121插座上。

d. 将伺服电机MZ1的位置反馈电缆插在伺服电机MY1的位置反馈MC1 X111插座上。

然后送电，重新启动机床，这时观察伺服驱动系统，发现伺服坐标Y_1的A灯报警消失了，而伺服坐标Z_1的A灯报警。由此可以判断，此伺服故障属于外部故障。

打开伺服电机MY1防护罩检查，发现与伺服电机相连的位置反馈电缆插头松动。将松动插头扭紧，并将伺服驱动系统恢复原接线，然后重新送电启动机床，伺服坐标Y_1的A灯报警消失，机床恢复正常运转。

维修实例22：一台配套FANUC6ME的数控冲床。

维修实例：开机时CRT显示ALM401报警，且Y轴速度控制单元上HCAL报警灯亮。

故障检修过程：FANUC6M系统CRT上显示ALM401报警的含义是X、Y、Z等进给轴伺服驱动系统的速度控制单元的准备信号（VRDY信号）为OFF状态，即伺服驱动系统没有准备好：速度控制单元状态指示灯HCAL亮的含义是速度控制单元存在过电流。由于该机床使用的是PWM直流速度控制单元，根据报警分析，直流速度控制单元存在过电流是引起数控系统401报警的根本原因，因为当速度控制单元出现过电流时，必然使得速度控制单元的“准备好”信号（VRDY信号）断开。速度控制单元出现过电流可能的原因有以下几个。

① 主回路逆变晶体管TM1～TM4模块不良。

② 伺服电机电枢线短路、绕组短路或对地短路。

③ 驱动器内部逆变晶体管输出短路或对地短路。

根据以上原因，通过测量电机绕组，表明电机正常，因此故障产生的最大可能原因是驱动器上的晶体管模块损坏。通过实际测量发现，驱动器主回路的逆变晶体管模块TM1、TM2损坏。在测量确认主回路无短路的前提下，通过更换同规格模块后，故障排除，机床恢复正常工作。

维修实例23：一台采用FANUC6M系统，配套FANUCDC10型PWM直流伺服驱动系统的数控铣床。

故障现象：在自动运行过程中突然停机，CNC出现ALM401、ALM431报警。

故障检修过程：FANUC6M出现ALM401报警的含义同维修实例22；ALM431是Z轴跟随误差报警。检查伺服驱动系统，发现Z轴速度控制单元的BRK报警灯亮，表明主回路断路器跳闸，分析故障原因，可以初步确定为主回路存在短路或过电流。重新合上主回路断路器NBF1/NBF2后，测量Z轴速度控制单元电源进线，发现U、W间存在短路，对照速度控制单元主回路原理图逐一检查主回路各元器件，测量发现，该速度控制单元的主回路浪涌吸收器ZNR存在短路。更换同规格的浪涌吸收器后，在测量确认主回路无短路的情况下，再次开机，机床故障排除。

维修实例24：一台配套FANUC6M系统的立式加工中心。

故障现象：在开机后，系统显示ALM401报警。

故障检修过程：FANUC6M系统出现ALM401的原因同前述。经检查X轴速度控制单元的报警指示灯LVAL亮，表明速度控制单元存在电源电压过低报警。根据LVAL报警可能的原因，首先检查驱动器的AC18V输入，测量表明，输入电压正确。进一步检查辅助电源熔断器F8/F9正常，表明辅助电源回路无短路。对FANUC直流伺服单元原理图，开机后测量驱动器辅助电源控制电压，发现驱动器DC15V为0，表示+15V辅助电源故障。逐级测量+15V辅助电源回路各元器件，最终发现驱动器的DC15V集成稳压器件Q11（7815）损坏。更换同规格集成电路后，测量+15V正常，LVAL灭，机床报警消失，故障排除。

维修实例25：一台配套FANUC7M系统的加工中心。

故障现象：机床启动后，CRT显示38号报警。

故障检修过程：FANUC7M出现38号报警的含义是Z轴停止时的位置跟随误差超过允许的范围。对于直流伺服驱动系统，为了加快动态响应速度，当坐标轴处于停止状态，电机应处于“零位抖动”状态。在正常情况下，这一状态的速度控制单元的测量端CH8对地电压应在±0.5V以下，若此值过大，就会导致工作台停止时的位置跟随误差超过参数设定的允许范围。在该机床上，检查速度控制单元的增益调整R_{V1}电位器在60%左右，应属于正常的设定，调整 R_{V1} 故障无法排除。进一步利用示波器观察测量端 CH2 的测速发电机输入波形，并与其他轴的信号相比较，发现 Z 轴测速发电机的输入信号脉动过大，初步判定故障是由测速发电机不良引起的。进一步检查发现，测速发电机的刷架机械位置发生了偏移，刷架已经断裂，造成反馈信号的脉动过大，引起停止时的位置跟随误差的超差。更换测速发电机的刷架后，故障排除，机床恢复正常。

维修实例 26： 一台配套 FANUC7M 系统的立式加工中心。

故障现象： 开机时，系统出现 05 号、07 号和 37 号报警。

故障检修过程： FANUC7M 系统 05 号报警的含义是系统处于急停状态；07 号报警的含义是伺服驱动系统未准备好。在 FANUC7M 系统中，引起 05、07 号报警的原因有数控系统的机床参数丢失或伺服驱动系统存在故障。37 号是 Y 轴位置误差过大报警。分析以上报警，05 号报警是由于系统"急停"信号引起的，通过检查可以排除；07 号报警是系统中的速度控制单元未准备好，可能的原因如下。

① 电机过载。

② 伺服变压器过热。

③ 伺服变压器保护熔断器熔断。

④ 输入单元的 EMG（IN1）和 EMG（IN2）之间的触点开路。

⑤ 输入单元的交流 100V 熔断器熔断（F5）。

⑥ 伺服驱动器与 CNC 间的信号电缆连接不良。

⑦ 伺服驱动器的主接触器（MCC）断开。37 号报警的含义是"位置跟随误差超差"。综合分析以上故障，当速度控制单元出现报警时，一般均会出现 ALM37 报警，因此故障维修应针对 07 号报警进行。在确认速度控制单元与 CNC、伺服电机的连接无误后，考虑到机床中使用的 X、Y、Z 伺服驱动系统的结构和参数完全一致，为了迅速判断故障部位，加快维修进度，维修时首先将 X、Z 两个轴的 CNC 位置控制器输出连线 XC（Z 轴）和 XF（Y）轴以及测速反馈线 XE（Z 轴）、XH（Y 轴）进行了对调。这样，相当于用 CNC 的 Y 轴信号控制 Z 轴，用 CNC 的 Z 轴信号控制 Y 轴，以判断故障部位是在 CNC 侧还是在驱动侧。经过以上调换后开机，发现故障现象不变，说明本故障与 CNC 无关。在此基础上，为了进一步判别故障部位，区分故障是由伺服电机或驱动器引起的，维修时再次将 Y、Z 轴速度控制单元进行了整体对调。经试验，故障仍然不变，从而进一步排除了速度控制单元的原因，将故障范围缩小到 Y 轴直流伺服电机上。为此，拆开了直流伺服电机，经检查发现，该电机的内装测速发电机与伺服电机间的连接齿轮存在松动，其余部分均正常。将其连接紧固后，故障排除。

维修实例 27： 一台日本 AMADA 数控冲床（配置 F-6ME 系统）。

故障现象： CRT 上出现 ALM401 报警，而且 Y 轴伺服单元上 HCAL 报警灯亮。

故障检修过程： CRT 上出现 ALM401 报警，说明 X、Y、Z 等进给轴的速度控制准备信号（VRDY）变成切断状态，即说明伺服系统没有准备好。这表示伺服系统有故障。再根据 Y 轴伺服单元上 HCAL 报警灯亮，可以判断 Y 轴伺服单元上的晶体管模块损坏。实测结果说明上述判断正确，有两个晶体管模块烧毁。更换烧坏模块，试车正常。

维修实例 28： 一台配套 FANUC 6M 的加工中心。

故障现象： 在机床搬迁后，首次开机时，机床出现剧烈振动，CRT 显示 ALM401、ALM430 报警。

故障检修过程： FANUC 6M 系统 CRT 上显示 ALM401 报警的含义是 X、Y、Z 等进给轴驱动器的速度控制准备信号（VRDY 信号）为 OFF 状态，即速度控制单元没有准备好；ALM430 报警的含义是停止时 Z 轴的位置跟随误差超过。

根据以上故障现象，考虑到机床搬迁前工作正常，可以认为机床的剧烈振动，是引起 X、Y、Z 等进给轴驱动器的速度控制准备信号（VRDY 信号）为“OFF”状态，且 Z 轴的跟随误差超过的根本原因。

分析机床搬迁前后的最大变化是输入电源发生了改变，因此，电源相序接反的可能性较大。检查电源进线，确认了相序连接错误；更改后，机床恢复正常。

维修实例 29：一台配套 FANUC 6ME 系统的加工中心。

故障现象：由于伺服电机损伤，在更换了 X 轴伺服电机后，机床一接通电源，X 轴电机即高速转动，CNC 发生 ALM410 报警并停机。

故障检修过程：机床一接通电源，X 轴电机即高速转动，CNC 发生 ALM410 报警并停机的故障，在机床厂第一次开机调试时经常遇到，根据维修经验，故障原因通常是由于伺服电机的电枢或测速反馈极性接反引起的。

考虑到本机床 X 轴电机已经进行过维修，实际存在测速发电机极性接反的可能性，维修时将电机与机械传动系统的连接脱开后（防止电机冲击对传动系统带来的损伤），直接调换了测速发电机极性，通电后试验，机床恢复正常。

维修实例 30：一台日本牧野公司制造 MC1210 卧式加工中心（FANUC-6ME 系统）。

故障现象：X 轴在静止时不振动，在运动中出现较强振动，伴有振动噪声。另一特点是振动频率与运动速度有关，运动速度快、振动频率高，运动速度慢、振动频率低。

故障检修过程：由于振动和位移速度直接相关，所以故障与反馈环节或执行环节有关，可能来自以下 3 个方面：测速发电机；脉冲编码器；直流伺服电机。

首先，检查 X 轴伺服电机，发现换向器表面有较多的炭粉，使用干燥的压缩空气进行清理，故障并未消除。其次，检查了同轴安装的测速发电机，其换向器表面也有很多炭粉，清理后故障依旧。第三步，用数字万用表欧姆挡测量测速发电机相对换向片之间的阻值，发现有一对极片间的电阻比其他各对极片间的电阻值大很多，说明测速发电机绕组内部有缺陷。从 FANUC 购买了一个新的测速发电机转子，换上后恢复正常。

维修实例 31：一台配套 SIEMENS 8MC 的卧式加工中心。

故障现象：在电网突然断电后开机，系统无法启动。

故障检修过程：经检查，该机床 X 轴伺服驱动器的进线快速熔断器已经熔断。该机床的进给系统采用的是 SIEMENS 6RA 系列直流伺服驱动，对照驱动器检查伺服电机和驱动装置，未发现任何元器件损坏和短路现象。检查机床机械部分工作亦正常，直接更换熔断器后，启动机床，恢复正常工作。分析原因是由于电网突然断电引起的偶发性故障。

维修实例 32：一台配套 SIEMENS 8MC 的卧式加工中心。

故障现象：当 X 轴运动到某一位置时，液压电机自动断开，且出现报警提示：Y 轴测量系统故障。断电再通电，机床可以恢复正常工作，但 X 轴运行到某一位置附近，均可能出现同一故障。

故障检修过程：该机床为进口卧式加工中心，配套 SIEMENS 8MC 数控系统，SIEMENS 6RA 系列直流伺服驱动。由于 X 轴移动时出现 Y 轴报警，为了验证系统的正确性，拔下了 X 轴测量反馈电缆试验，系统出现 X 轴测量系统故障报警，因此，可以排除系统误报警的原因。检查 X 轴在出现报警的位置及附近，发现它对 Y 轴测量系统（光栅）并无干涉与影响，且仅移动 Y 轴亦无报警，Y 轴工作正常。再检查 Y 轴电机电缆插头、光栅读数头和光栅尺状况，均未发现异常现象。考虑到该设备属大型加工中心，电缆较多，电柜与机床之间的电缆长度较长，且所有电缆均固定在电缆架上，随机床来回移动。根据上述分析，初步判断由于电缆的弯曲，导致局部断线的可能性较大。维修时有意将 X 轴运动到出现故障点位置，并移动电缆线，仔细测量 Y 轴上每一根反馈信号线的连接情况，最终发现其中一根信号线在电缆不断移动的过程中，偶尔出现开路现象；利用电缆内的备用线替代断线后，机床恢复正常。

维修实例33：一台配套SIEMENS 850系统、6RA26××系列直流伺服驱动系统的进口卧式加工中心。

故障现象：在开机后，手动移动X轴，机床X轴工作台不运动，CNC出现X轴跟随误差超差报警。

故障检修过程：由于机床其他坐标轴工作正常，X轴驱动器无报警，全部状态指示灯指示无故障，为了确定故障部位，考虑到6RA26××系列直流伺服驱动器的速度/电流调节板A2相同，维修时将X轴驱动器的A2板与Y轴驱动器的A2板进行了对调试验。经试验发现，X轴可以正常工作，但Y轴出现跟随超差报警。根据这一现象，可以得出X轴驱动器的速度/电流调节器板不良的结论。

根据6RA26××系列直流伺服驱动器原理图，测量检查发现，当少量移动X轴时驱动器的速度给定输入端57与端子69间有模拟量输入，测量驱动器检测端B1，速度模拟量电压正确，但速度比例调节器N4（LM301）的端子6输出始终为0。

对照原理图逐一检查速度调节器LM301的反馈电阻R_{25}、R_{27}、R_{21}，偏移调节电阻R_{10}、R_{12}、R_{13}、R_{15}、R_{14}、R_{12}，以及LM301的输入保护二极管V1、V2，给定滤波环节R_1、C_1、R_{20}、V14，速度反馈滤波环节的R_{27}、R_{28}、R_8、R_3、C_5、R_4等外围元器件，确认全部元器件均无故障。因此，确认故障原因是由于LM301集成运放不良引起的；更换LM301后，机床恢复正常工作，故障排除。

维修实例34：某配套SIEMENS PRIMOS系统、6RA26××系列直流伺服驱动系统的数控滚齿机。

故障现象：开机后移动机床的Z轴，系统发生ERR22跟随误差超差报警。

故障检修过程：故障分析过程同前例，但在本例中，当利用手轮少量移动Z轴时，测量Z轴直流驱动器的速度给定电压始终为0，因此可以初步判定故障在数控装置或数控与驱动器的连接电缆上。检查数控装置与驱动器的电缆连接正常，确认故障引起的原因在数控装置。打开数控装置检查，发现Z轴的速度给定输出D/A转换器的数字输入正确，但无模拟量输出，从而确认故障是由于D/A转换器不良引起的。更换Z轴的速度给定输出的12位D/A转换器DAC0800后，机床恢复正常。

维修实例35：某配套SIEMENS PRIMOS系统、6RA26××系列直流伺服驱动系统的数控滚齿机。

故障现象：开机后发生ERR21，Y轴测量系统错误报警。

故障检修过程：数控系统发生测量系统报警的原因一般有如下几种。

① 数控装置的位置反馈信号接口电路不良。

② 数控装置与位置检测元器件的连接电缆不良。

③ 位置测量系统本身不良。

由于该机床伺服驱动系统采用的是全闭环结构，检测系统使用的是HEIDENHAIN公司的光栅。为了判定故障部位，维修时首先将数控装置输出的X、Y轴速度给定，将驱动使能以及X、Y轴的位置反馈进行了对调，使数控的X轴输出控制Y轴，Y轴输出控制X轴。经对调后，操作数控系统，手动移动Y轴，机床X轴产生运动，且工作正常，证明数控装置的位置反馈信号接口电路无故障。但操作数控系统，手动移动X轴，机床Y轴不运动，同时数控显示“ERR21，X轴测量系统错误”报警。由此确认，报警是由位置测量系统不良引起的。与数控装置的接口电路无关。检查测量系统电缆连接正确、可靠，排除了电缆连接的问题。利用示波器检查位置测量系统的前置放大器EXE601/5-F的、U_{a1}和U_{a2}、

U_{a1}^*和U_{a2}^*输出波形，发现U_{a1}相无输出。进一步检查光栅输出（前置放大器 EXE601/5-F 的输入）信号波形，发现I_{e1}无信号输入。检查本机床光栅安装正确，确认故障是由于光栅不良引起的。更换光栅 LS903 后，机床恢复正常工作。

维修实例 36：某配套 SIEMENS PRIMOS 系统、6RA26××系列直流伺服驱动系统的数控滚齿机。

故障现象：开机后发生“ERR21，X 轴测量系统错误”报警。

故障检修过程：故障分析过程同前例，但在本例中，利用示波器检查位置测量系统的前置放大器 EXE601/5-F 的U_{a1}和U_{a2}、U_{a1}^*和U_{a2}^*输出波形，发现同样U_{a1}无输出。进一步检查光栅输出（前置放大器 EXE601/5-F 的输入）信号波形，发现I_{e1}，信号输入正确，确认故障是由于前置放大器 EXE601/5-F 不良引起的。根据 EXE601/5-F 的原理（详见后述）逐级测量前置放大器 EXE601/5-F 的信号，发现其中的一只 LM339 集成电压比较器不良。更换后，机床恢复正常工作。

维修实例 37：一台配套 SIEMENS 850 系统、6RA26××系列直流伺服驱动系统的卧式加工中心。

故障现象：在加工过程中突然停机，开机后面板上的“驱动故障”指示灯亮，机床无法正常启动。

故障检修过程：根据面板上的“驱动故障”指示灯亮的现象，结合机床电气原理图与系统 PLC 程序分析，确认机床的故障原因为Y轴驱动器未准备好。检查电柜内驱动器，测量 6RA26××驱动器主回路电源输入，只有V相有电压，进一步按机床电气原理图对照检查，发现 6RA26××驱动器进线快速熔断器的U、W相熔断。用万用表测量驱动器主回路进线端U_1、W_1，确认驱动器主回路内部存在短路。由于 6RA26××交流驱动器主回路进线直接与晶闸管相连，因此可以确认故障原因是由于晶闸管损坏引起的。逐一测量主回路晶闸管 V_1～V_6，确认 V_1、V_2 不良（已短路）。更换同规格备件后，机床恢复正常。由于驱动器其他部分均无故障，换上晶闸管模块后，机床恢复正常工作，分析原因可能是瞬间电压波动或负载波动引起的偶然故障。

维修实例 38：一台配套 SIEMENS 6M 系统的进口立式加工中心。

故障现象：在换刀过程中发现刀库不能正常旋转。

故障检修过程：通过机床电气原理图分析，该机床的刀库回转控制采用的是 6RA××系列直流伺服驱动，刀库转速是由机床生产厂家制造的刀库给定值转换/定位控制板进行控制的。现场分析、观察刀库回转动作，发现刀库回转时，PLC 的转动信号已输入，刀库机械插销已经拔出，但 6RA26××驱动器的转换给定模拟量未输入。由于该模拟量的输出来自刀库给定值转换/定位控制板，由机床生产厂家提供的刀库给定值转换/定位控制板原理图逐级测量，最终发现该板上的模拟开关（型号 DG201）已损坏，更换同型号备件后，机床恢复正常工作。

维修实例 39：一台配套 SIEMENS 6M 系统的进口立式加工中心。

故障现象：在开机调试时，出现手动按下刀库回转按钮后，刀库即高速旋转，导致机床报警。

故障检修过程：根据故障现象，可以初步确定故障是由于刀库直流驱动器测速反馈极性不正确或测速反馈线脱落引起的速度环正反馈或开环。测量确认该伺服电机测速反馈线已连接，但极性不正确；交换测速反馈极性后，刀库动作恢复正常。

维修实例 40：某配套 SIEMENS PRIMOS 系统、6RA26××系列直流伺服驱动系统的数控滚齿机。

故障现象：开机后移动机床的Z轴，系统发生 ERR22 跟随误差超差报警。

故障检修过程： 数控机床发生跟随误差超过报警，其实质是实际机床不能到达指令的位置。引起这一故障的原因通常是伺服系统故障或机床机械传动系统的故障。由于机床伺服进给系统为全闭环结构，无法通过脱开电机与机械部分的连接进行试验。为了确认故障部位，维修时首先在机床断电、松开夹紧机构的情况下，手动转动 Z 轴丝杠，未发现机械传动系统的异常，初步判定故障是由伺服系统或数控装置不良引起的。为了进一步确定故障部位，维修时在系统接通的情况下，利用手轮少量移动 Z 轴（移动距离应控制在系统设定的最大允许跟随误差以内，防止出现跟随误差报警），测量 Z 轴直流驱动器的速度给定电压，经检查发现速度给定有电压输入，其值大小与手轮移动的距离、方向有关。由此可以确认数控装置工作正常，故障是由于伺服驱动器的不良引起的。检查驱动器发现，驱动器本身状态指示灯无报警，基本上可以排除驱动器主回路的故障。考虑到该机床 X、Z 轴驱动器型号相同，通过逐一交换驱动器的控制板确认故障部位在 6RA26××直流驱动器的 A2 板。根据 SIEMENS 6RA26××系列直流伺服驱动器的原理图，逐一检查、测量各级信号，最后确认故障原因是由于 A2 板上的集成电压比较器 N7（型号：LM348）不良引起的。更换后，机床恢复正常。

6.2 交流伺服电机及伺服系统故障分析与维修实例

6.2.1 交流伺服电机及伺服系统故障分析

6.2.1.1 FANUC 模拟式交流速度控制单元的故障检测与维修

在正常的情况下，一旦电源接通，首先 PRDY 灯亮，然后是 VRDY 灯亮，如果不是这种情况，则说明速度控制单元存在故障。出现故障时，根据指示灯的提示，可按以下方法进行故障诊断。

（1）VRDY 灯不亮

速度控制单元的 VRDY 灯不亮，表明速度控制单元未准备好，速度控制单元的主回路断路器 NFB1、NFB2 跳闸，故障原因主要有以下几种。

① 主回路受到瞬时电压冲击或干扰。这时，可以重新合上断路器 NFB1、NFB2，再进行开机试验，若故障不再出现，则可以继续工作。否则，根据下面的步骤，进行检查。

② 速度控制单元主回路的三相整流桥 DS 的整流二极管有损坏。

③ 速度控制单元交流主回路的浪涌吸收器 ZNR 有短路现象

④ 速度控制单元直流母线上的滤波电容器，C_1～C_4 有短路现象。

⑤ 速度控制单元逆变晶体管模块 TM1～TM3 有短路现象。

⑥ 速度控制单元不良。

⑦ 断路器 NBF1、NBF2 不良。

（2）HV 报警

HV 为速度控制单元过电压报警，当指示灯亮时代表输入交流电压过高或直流母线过电压。故障可能的原因如下。

① 输入交流电压过高。应检查伺服变压器的输入、输出电压，必要时调节变压器变比。

② 直流母线的直流电压过高。应检查直流母线上的斩波管 Q1、制动电阻 R_{M2}、二极管 D2 以及外部制动电阻是否损坏。

③ 加减速时间设定不合理。故障在加减速时发生，应检查系统机床参数中的加减速时

间设定是否合理。

④机械传动系统负载过重。检查机械传动系统的负载、惯量是否太高，机械摩擦阻力是否正常。

(3) HC 报警

HC 为速度控制单元过电流报警，指示灯亮表示速度控制单元过电流。可能的原因如下。

① 主回路逆变晶体管 TM1～TM3 模块不良。

②电机不良，电枢线间短路或电枢对地短路。

③ 逆变晶体管的直流输出端短路或对地短路。

④ 速度控制单元不良。为了判别过电流原因，维修时可以先取下伺服电机电源线，将速度控制单元的设定端子 S23 短接，取消 TG 报警，然后开机试验。若故障消失，则说明过电流是由于外部原因（电机或电机电源线的连接）引起的，应重点检查电机与电机电源线；若故障保持，则说明过电流故障在速度控制单元内部，应重点检查逆变晶体管 TM1～TM3 模块。

(4) OVC 报警

OVC 为速度控制单元过载报警，指示灯亮表示速度控制单元发生过载，其可能的原因是电机过流或编码器连接不良。

(5) LV 报警

LV 为速度控制单元电压过低报警，指示灯亮表示速度控制单元的种控制电压过低，其可能的原因如下。

① 速度控制单元的辅助控制电压输入 AC18V 过低或无输入。

② 速度控制单元的辅助电源控制回路故障。

③ 速度控制单元的+5V 熔断器熔断。

④ 瞬间电压下降或电路干扰引起的偶然故障。

⑤ 速度控制单元不良。

(6) TG 报警

TG 为速度控制单元断线报警，指示灯亮表示伺服电机或脉冲编码器断线、连接不良：或速度控制单元设定错误。

(7) DC 报警

DC 为直流母线过电压报警，与其相关的原因主要是直流母线的斩波管 Q1、制动电阻 RM2、二极管以及外部制动电阻不良。维修时应注意：如果在电源接通的瞬间就发生 DC 报警，这时不可以频繁进行电源的通、断，否则易引起制动电阻的损坏。

系统 CRT 上有报警的故障 FANU 模拟式交流伺服通常 FANUC 0A/B、FANUC 10/11/12 等系统配套使用，当伺服发生报警时，在 CNC 上一般亦有相应的报警显示。在不同的系统中，报警号及意义如下。

① FANUC 0 系统的报警

a. 4N0 报警：报警号中的 n 代表轴号（如 1 代表 X 轴：2 代表 Y 轴等，下同)，报警的含义是表示 n 轴在停止时的位置误差超过了设定值。

b. 4N1 报警：表示 n 轴在运动时，位置跟随误差超过了允许的范围。

c. 4N3 报警：表示 n 轴误差寄存器超过了最大允许值（±32767)；或 D/A 转换器达到了输出极限。

d. 4N4 报警：表示 n 轴速度给定太大。

e. 4N6 报警：表示 n 轴位置测量系统不良。

f. 940 报警：表示系统主板或速度控制单元线路板故障。

② FANUC 10/11/12 系统的报警

a. SV00 报警：测速发电机断线报警。

b. SV01 报警：表示伺服内部发生过电流（过负载）报警，原因同 OVC 报警。

c. SV02 报警：速度控制单元主回路断路器跳闸。

d. SV03 报警：表示伺服内部发生异常电流报警，原因同 HC 报警。

e. SV04 报警：表示驱动器发生过电压报警，原因同 HV 报警。

f. SV05 报警：表示来自电机释放的能量过高，发生再生放电回路报警，原因同 DC 报警。

g. SV06 报警：电源电压过低报警，原因同 LV 报警。

h. SV08 报警：停止时位置偏差过大。

i. SV09 报警：移动过程中，位置跟随误差过大。

j. SV10 报警：漂移量补偿值（PRM1834）过大。

k. SV11 报警：位置偏差寄存器超过了最大允许值（±32767），或 D/A 转换器达到了输出极限。

l. SV12 报警：指令速度超过了 512kP/s。

m. SV13 报警：驱动器未准备好报警，原因同“VRDY 灯不亮”故障。

n. SV14 报警：在 PRDY 断开时，VRDY 信号已接通。

o. SV15 报警：表示发生脉冲编码器断线报警，原因同 TG 报警。

p. SV23 报警：表示发生伺服过载报警，原因同 OH 报警。

其余 SV 报警，详见附录中的 FANUC 11 报警一览表。此外，通过 CNC 的诊断参数，还可以进一步确认故障的原因与伺服驱动器的各种状态信息。

6.2.1.2 FANUC 数字式交流伺服驱动单元的故障检测与维修

(1) 驱动器上的状态指示灯报警

① OH 报警。OH 为速度控制单元过热报警，发生这个报警的可能原因有以下几个。

a. 印制电路板上 S1 设定不正确。

b. 伺服单元过热。散热片上热动开关动作，在驱动器无硬件损坏或不良时，可通过改变切削条件或负载，排除报警。

c. 再生放电单元过热。可能是 Q1 不良，当驱动器无硬件不良时，可通过变加减速频率，减轻负荷，排除报警。

d. 电源变压器过热。当变压器及温度检测开关正常时，可通过改变切削件，减轻负荷，排除报警，或更换变压器。

e. 电柜散热器的过热开关动作，原因是电柜过热。若在室温下开关仍动作，则需要更换温度检测开关。

② OFAL 报警。数字伺服参数设定错误，这时需改变数字伺服的有关参数的设定。对于 FANUC 0 系统，相关参数是 8100，8101，8121，8122，8123 以及 8153～8157 等；对于 10/11/12/15 系统，相关参数为 1804，1806，1875，1876，1879，1891 以及 1865～1869 等。

③ FBAL 报警。FBAL 是脉冲编码器连接出错报警，出现报警的原因通常有以下几种。

a. 编码器电缆连接不良或脉冲编码器本身不良。

b. 外部位置检测器信号出错。

c. 速度控制单元的检测回路不良。

d. 电机与机械间的间隙太大。

（2）伺服驱动器上的7段数码管报警

FANUC C系列、α/αi系列数字式交流伺服驱动器通常无状态指示灯显示，驱动器的报警是通过驱动器上的7段数码管进行显示的。根据7段数码管的不同状态显示，可以指示驱动器报警的原因。

（3）系统CRT上有报警的故障

① FANUC 0系统的报警。FANUC数字伺服出现故障时，通常情况下系统CRT上可以显示相应的报警号，对于大部分报警，其含义与模拟伺服相同。少数报警有所区别，具体如下。

a. 4N4报警：报警号中的n代表轴号（如1代表X轴，2代表Y轴等，下同），报警的含义是表示数字伺服系统出现异常，详细内容可以通过检查诊断参数。

b. 4N6报警：表示位置检测连接故障，可以通过诊断参数做进一步检查、诊断。

c. 4N7报警：表示伺服参数设定不正确，可能的原因如下。

ⓐ 电机型号参数（FANUC 0为8N20、FANUC 11/15为1874）设定错误。

ⓑ 电机的转向参数（FANUC 0为8N22、FANUC 11/15为1879）设定错误。

ⓒ 速度反馈脉冲参数（FANUC 0为8N23、FANUC 11/15为1876）设定错误。

ⓓ 位置反馈脉冲参数（FANUC 0为8N24、FANUC 11/15为1891）设定错误。

ⓔ 位置反馈脉冲分辨率（FANUC 0为037bit7、FANUC 11/15为1804）设定错误。

d. 940报警：表示系统主板或驱动器控制板故障。

② FANUC 10/11/12/15系统的报警。当使用数字伺服时，在FANUC 10/11/12及FANUC 15上可以显示相应的报警。这些报警中，SV000～SV100报警的含义与前述的模拟伺服基本相同，不再赘述。对于数字伺服的特殊报警主要有以下几个。

a. SV101报警：绝对编码器数据出错报警。可能的原因是绝对编码器不良或机床位置不正确。

b. SV110报警：串行编码器报警（串行A）。可能的原因是串行编码器不良或连接电缆不良，具体内容可以参见α/β系列伺服驱动器报警说明。

c. SV111报警：串行编码器报警（串行C），原因同上。

d. SV114报警：串行编码器数据出错。

e. SV115报警：串行编码器通信出错。

f. SV116报警：驱动器主接触器（MCC）不良。

g. SV117报警：数字伺服电流转换错误。

h. SV118报警：数字伺服检测到异常负载。

③ FANUC 16/18系统的报警。在FANUC 16/18系统中，当伺服驱动器出现报警时CNC亦可显示相应的报警信息。

a. ALM400报警：伺服驱动器过载，可以通过诊断参数DGN201进一步分析，有关DGN201的说明见后述。

b. ALM401报警：伺服驱动器未准备好，DRDY信号为“0”。

c. ALM404报警：伺服驱动器准备好信号DRDY出错，原因是驱动器主接触器通（MCON）未发出，但驱动器DRDY信号已为“1”。

d. ALM405报警：回参考点报警。

e. ALM407报警：位置误差超过设定值。

f. ALM409报警：驱动器检测到异常负载。

g. ALM410报警：坐标轴停止时，位置跟随误差超过设定值。

h. ALM411报警：坐标轴运动时，位置跟随误差超过设定值。

i. ALM413 报警：数字伺服计数器溢出。

j. ALM414 报警：数字伺服报警，详细内容可以参见诊断参数 DGN200～DGN204 的说明。

k. ALM415 报警：数字伺服的速度指令超过了极限值，可能的原因是机床参数 CMR 设定错误。

l. ALM416 报警：编码器连接出错报警，详细内容可参见诊断参数 DGN201 的说明。

m. ALM417 报警：数字伺服参数设定错误报警，相关的参数有 PRM2020/2022/2023/2024/2084/2085/1023 等。

n. ALM420 报警：同步控制出错。

o. ALM421 报警：采用双位置环控制时，位置误差超过。

在系统使用绝对编码器时，报警还包括以下内容。

a. ALM300 报警：坐标轴需要手动回参考点操作。

b. ALM301 报警：绝对编码器通信出错。

c. ALM302 报警：绝对编码器数据转换出现超时报警。

d. ALM303 报警：绝对编码器数据格式出错。

e. ALM304 报警：绝对编码器数据奇偶校验出错。

f. ALM305 报警：绝对编码器输入脉冲错误。

g. ALM306 报警：绝对编码器电池电压不足，引起数据丢失。

h. ALM307 报警：绝对编码器电池电压到达更换值。

i. ALM308 报警：绝对编码器电池报警。

j. ALM308 报警：绝对编码器回参考点不能进行。

在系统使用串行编码器时，串行编码器报警内容如下。

a. ALM350 报警：串行编码器故障，具体内容可以通过诊断参数 DGN202、DGN204 检查。

b. ALM351 报警：串行编码器通信出错，具体内容可以通过诊断参数 DGN203 检查。

6.2.1.3 FANUC 交流伺服电机的维修

(1) 交流伺服电机的基本检查

原则上说，交流伺服电机可以不需要维修，因为它没有易损件。但由于交流伺服电机内含有精密检测仪器，因此，当发生碰撞、冲击时可能会引起故障，维修时应对电机做如下检查。

① 是否受到任何机械损伤?

② 旋转部分是否可用手正常转动?

③ 带制动器的电机，制动器是否正常?

④ 是否有任何松动螺钉或间隙?

⑤ 是否安装在潮湿、温度变化剧烈和有灰尘的地方?

(2) 交流伺服电机的安装注意点

维修完成后，安装伺服电机要注意以下几点。

① 由于伺服电机防水结构不是很严密，如果切削液、润滑油等渗入内部，会引起绝缘性能降低或绕组短路，因此，应尽可能避免切削液的飞溅。

② 当伺服电机安装在齿轮箱上时，加注润滑油时应注意齿轮箱的润滑油油面高度必须低于伺服电机的输出轴，防止润滑油渗入电机内部。

③ 固定伺服电机联轴器、齿轮、同步带等连接件时，在任何情况下，作用在电机上的力不能超过电机容许的径向、轴向负载。

④ 按说明书规定，对伺服电机和控制电路之间进行正确的连接（见机床连接图）。连接中的错误，可能引起电机的失控或振荡，也可能使电机或机械件损坏。完成接线后，在通电之前，必须进行电源线和电机壳体之间的绝缘测量，测量用兆欧表进行：然后，再用万用表检查信号线和电机壳体之间的绝缘。注意：不能用兆欧表测量脉冲编码器输入信号的绝缘。

（3）脉冲编码器的更换

如交流伺服电机的脉冲编码器不良，就应更换脉冲编码器。更换脉冲编码器应按规定步骤进行，现以FANUCS系列伺服电机为例，脉冲编码器在交流伺服电机中的安装、更换步骤如下。

① 松开后盖连接螺钉，取下后盖。

② 取出橡胶盖。

③ 取出脉冲编码器连接螺钉，脱开脉冲编码器和电机轴之间的连接。

④ 松开脉冲编码器固定螺钉，取下脉冲编码器。

注意：由于实际脉冲编码器和电机轴之间是锥度啮合，连接较紧，取脉冲编码器时应使用专门的工具，小心取下。

⑤ 松开安装座的连接螺钉，取下安装座。脉冲编码器维修完成后，再根据要求安装上安装座，并固定脉冲编码器连接螺钉10，使脉冲编码器和电机轴啮合。

为了保证脉冲编码器的安装位置的正确，在编码器安装完成后，应对转子的位置进行调整，方法如下。

① 将电机电枢线的V、W相（电枢插头的端子B、C）相连。

② 将U相（电枢插头的端子A）和直流调压器的“+”端相连，V、W和直流调压器的“−”端相连，编码器加X+5V电源（编码器插头的端子J、N间）。

③ 通过调压器对电机电枢加入励磁电流。这时，因为$I_u=I_v+I_w$且$I_v=I_w$，事实上相当于使电机工作在所示的90°位置，因此伺服电机（永磁式）将自动转到U相的位置进行定位。

注意：加入的励磁电流不可以太大，只要保证电机能进行定位即可（实际维修时调整在3～5A）。

④ 在电机完成U相定位后，旋转编码器，使编码器的转子位置检测信号C1、C2、C4、C8（编码器插头的端子C、P、L、M）同时为“1”，使转子位置检测信号和电机实际位置一致。

⑤ 安装编码器固定螺钉，装上后盖，完成电机维修。

6.2.1.4　西门子6SC610系列常见故障及处理

6SC610伺服驱动器最常见的故障是电源模块与调节器模块的故障。电源模块（G0）上设有4个故障指示灯，由下到上依次为V1、V2、V3、V4，各指示灯代表的含义如下。

V1：驱动器发生报警。

V2：驱动器±15V辅助电源故障。

V3：直流母线过电压。

V4：驱动器端子63/64未加使能信号调节器模块中对于每一轴都设有4个故障指示灯，由上到下依次为V1（V5、V9），V2（V6、V10），V3（V7、V11），V4（V8、V12）。其中，V1、V2、V3、V4为第一轴；V5、V6、V7、V8为第二轴；V9、V10、V11、V12为第三轴。各指示灯代表的含义如下：V1（V5、V9）：测速反馈报警。V2（V6、V10）：速度调节器达到输出极限。V3（V7、V11）：驱动器过载报警（I^2t监控）。V4（V8、V12）：伺服电机过热。

表6-4～表6-18是各种伺服系统常见故障报警及处理方法。

表 6-4　广州数控系统驱动单元 DA98 报警一览表及处理方法

报警代码	报警名称	运行状态	原因	处理方法
1	超速	接通控制电源时出现	①控制板故障 ②编码器故障	①换伺服驱动器 ②换伺服电机
		电机运行过程中出现	输入指令脉冲频率过高	正确设定输入指令脉冲
			加/减速时间常数太小，使速度超调量过大	增大加/减速时间常数
			输入电子齿轮比太大	正确设置
			编码器故障	换伺服电机
			编码器电缆不良	换编码器电缆
			伺服系统不稳定，引起超调	①重新设定有关增益 ②如果增益不能设置到合适值，则减小负载转动惯量比率
			负载惯量过大	①减小负载惯量 ②换更大功率的驱动器和电机
		电机刚启动时出现	编码器零点错误	①换伺服电机 ②请厂家重调编码器零点
			①电机 U、V、W 引线接错 ②编码器电缆引线接错	正确接线
2	主电路过压	接通控制电源时出现	电路板故障	换伺服驱动器
		接通主电源时出现	①电源电压过高 ②电源电压波形不正常	检查供电电源
		电机运行过程中出现	制动电阻接线断开	重新接线
			①制动晶体管损坏 ②内部制动电阻损坏	换伺服驱动器
			制动回路容量不够	①降低启停频率 ②增加加/减速时间常数 ③减小转矩限制值 ④减小负载惯量 ⑤换更大功率的驱动器和电机
3	主电路欠压	接通主电源时出现	①电路板故障 ②电源保险损坏 ③软启动电路故障 ④整流器损坏	换伺服驱动器
			①电源电压低 ②临时停电 20ms 以上	检查电源
		电机运行过程中出现	①电源容量不够 ②瞬时掉电	检查电源
			散热器过热	检查负载情况

续表

报警代码	报警名称	运行状态	原因	处理方法
4	位置超差	接通控制电源时出现	电路板故障	换伺服驱动器
		接通主电源及控制线，输入指令脉冲，电机不转动	①电机 U、V、W 引线接错 ②编码器电缆引线接错	正确接线
		电机运行过程中出现	编码器故障	换伺服电机
			设定位置超差检测范围太小	增加位置超差检测范围
			位置比例增益太小	增加增益
			转矩不足	①检查转矩限制值 ②减小负载容量 ③换更大功率的驱动器和电机
			指令脉冲频率太高	降低指令脉冲频率
5	电机过热	接通控制电源时出现	电路板故障	换伺服驱动器
			①电缆断线 ②电机内部温度继电器损坏	①检查电缆 ②检查电机
		电机运行过程中出现	电机过负载	①减小负载 ②降低启停频率 ③减小转矩限制值 ④减小有关增益 ⑤换更大功率的驱动器和电机
			电机内部故障	换伺服电机
6	速度放大器饱和故障	电机运行过程中出现	电机被机械卡死	检查负载机械部分
			负载过大	①减小负载 ②换更大功率的驱动器和电机
7	驱动禁止异常		CCW、CW 驱动禁止输入端子都断开	检查接线、输入端子用电源
8	位置偏差计数器溢出		①电机被机械卡死 ②输入指令脉冲异常	①检查负载机械部分 ②检查指令脉冲；检查电机是否按指令脉冲转动
9	编码器故障		编码器接线错误	检查接线
			编码器损坏	更换电机
			编码器电缆不良	换电缆
			编码器电缆过长，造成编码器供电电压偏低	①缩短电缆 ②采用多芯并联供电
10	控制电源欠压		输入控制电源偏低	检查控制电源
			①驱动器内部接插件不良 ②开关电源异常 ③芯片损坏	①更换驱动器 ②检查接插件 ③检查开关电源

续表

报警代码	报警名称	运行状态	原因	处理方法
11	IPM模块故障	接通控制电源时出现	电路板故障	更换伺服驱动器
		电机运行过程中出现	①供电电压偏低 ②过热	①检查驱动器，重新上电 ②更换驱动器
			驱动U、V、W之间短路	检查接线
			接地不良	正确接地
			电机绝缘损坏	更换电机
			受到干扰	①增加线路滤波器 ②远离干扰源
12	过电流		驱动器U、V、W之间短路	检查接线
			接地不良	正确接地
			电机绝缘损坏	更换电机
			驱动器损坏	更换驱动器
13	过负载	接通控制电源时出现	电路板故障	换伺服驱动器
			超过额定转矩运行	检查负载
			保持制动器没有打开	检查保持制动器
			电机不稳定振荡	①高速增益 ②增加加/减速时间 ③减小负载惯量
			①U、V、W有一相断线 ②编码器接线错误	检查接线
14	制动故障	接通控制电源时出现	电路板故障	更换伺服驱动器
		电机运行过程中出现	制动电阻接线断开	重新接线
			①制动晶体管损坏 ②内部制动电阻损坏	换伺服驱动器
			制动回路容量不够	①降低启停频率 ②增加加/减速时间常数 ③减小转矩限制值 ④减小负载惯量 ⑤换更大功率的驱动器和电机
			主电路电源过高	检查主电源
15	编码器计数错误		编码器损坏	更换电机
			编码器接线错误	检查接线
			接地不良	正确接地
16	电机热过载	接通控制电源时出现	电路板故障	换伺服驱动器
		电机运行过程中出现	参数设置错误	正确设置有关参数
			长期超过额定转矩运行	①检查负载 ②降低启停频率 ③减小转矩限制值 ④换更大功率的驱动器和电机
			机械传动不良	检查机械部分

续表

报警代码	报警名称	运行状态	原因	处理方法
19	热复位		受到干扰	①增加线路滤波器 ②远离干扰源
20	IC4(EEPROM)错误		芯片或电路板损坏	①更换伺服驱动器 ②经修复后,必须重新设置驱动器型号(参数No.1),然后再恢复缺省参数
21	IC3(PWM芯片)错误		芯片或电路板损坏	更换伺服驱动器
22	IC2(CODER芯片)错误		芯片或电路板损坏	更换伺服驱动器
23	IC7(A/D芯片)错误		①芯片或电路板损坏 ②电流传感器损坏	更换伺服驱动器
30	编码器*Z*脉冲丢失		①*Z*脉冲不存在,编码器损坏 ②电缆不良;电缆屏蔽不良;屏蔽地线未连好;编码器接口电路故障	①更换编码器 ②检查编码器接口电路
31	编码器*UVW*信号错误		①编码器*UVW*信号损坏;编码器*Z*信号损坏 ②电缆不良;电缆屏蔽不良;屏蔽地线未连好;编码器接口电路故障	①更换编码器 ②检查编码器接口电路
32	编码器*UVW*信号非法编码		*UVW*信号存在全高电平或全低电平	①更换编码器 ②检查编码器接口电路

表6-5　HSV-20D系列全数字交流伺服驱动单元报警信息一览表

编号	信息	说明
1A-1	主电源欠压	主电源电压低于300V
2A-2	主电源过压	主电源电压高于640V
3A-3	逆变器故障	逆变器功率器件产生故障
4A-4	驱动器过热	伺服驱动器散热器温度超过允许温度
5A-5	保留	
6A-6	伺服电机过热	伺服电机温度超过允许温度
7A-7	编码器ABZ故障	编码器ABZ信号错误
8A-8	编码器UVW故障	编码器UVW信号错误
9A-9	控制电源欠压	控制电源电压过低
10A-10	逆变器过流故障	伺服电机的绕组电流过大
11A-11	电机超速	伺服电机的转速超过最大转速设定值
12A-12	跟踪偏差过大	位置偏差计数器的数值超过设定值
13A-13	系统过载	伺服电机的负载超过了允许的过载电流
14A-14	系统参数错误	EEPROM存放的参数出现错误
15A-15	控制板电路故障	控制板元器件或焊接出现问题
16A-16	DSP故障	控制程序执行出现问题

表 6-6 安川伺服驱动器故障排除

报警号	原因	处理措施
A. 02	控制电源有 AC30～60V 的时候	将电源恢复正常并执行用户参数初始化处理
	正在设定参数时电源断开	进行用户参数初始化处理后重新输入参数
	正在写入警报时电源断开	
	超出参数的写入次数	更换伺服单元
	伺服单元 EEPROM 以及外围电路故障	更换伺服单元
A. 30	伺服单元电路板故障	更换伺服单元
	6.0kW 以上时未外接再生电阻	连接再生电阻
	400W 以下时将 Pn600 设定为 0 以外的值，并且未外接再生电阻	连接再生电阻或者不需要再生电阻时将 Pn600 设定为 0
	检查再生电阻是否配线不良、脱落	修正外接再生电阻配线
	伺服单元故障	更换伺服单元
	500kW 以上，5.0kW 以下时，B2、B3 之间的跨接线脱落	正确配线
	再生电阻断线	更换再生电阻或者更换伺服单元
A. 32	伺服单元电路板故障	更换伺服单元
	电源电压超过 270V	校正电压
	再生能量过大，处于再生状态	重新选择再生电阻或者重新研讨负载、运行条件
	伺服单元故障	更换伺服单元
	用户参数 Pn600 设定的容量小于外接再生电阻的容量	校正用户参数 Pn600 设定的设定值
A. 33	伺服单元电路板故障	更换伺服单元
	在 DC 电源输入模式下，通过 L1 与 L2	AC 电源输入时设定为 Pn001.2＝0 DC 电源输入时设定为 Pn001.2＝1
	在 AC 电源输入模式下，通过＋1与－1 端子供给 DC 电源	
	由于未外接再生电阻，因此 Pn600 不是 0	设定 Pn600＝0
A. 41	伺服单元电路板故障	更换伺服单元
	AC 电源电压低	将 AC 电源电压调节到正常范围
	伺服单元的熔断器熔断	更换伺服单元
	冲击电流限制电阻断线	更换伺服单元
	伺服单元故障	更换伺服单元
	发生瞬间停电	通过警报复位重新开始运行
	电机主电路用电缆短路	修正或更换主电机用电缆
	伺服电机短路	维修伺服电机
A. 71	伺服单元电路板故障	更换伺服单元
	电机配线异常	修正电机配线
	编码器配线异常	修正编码器配线

续表

报警号	原因	处理措施
A. 72	启动转矩超过最大转矩	重新研讨负载、运行条件或者重新研讨电机容量
	伺服单元存放盘内温度过高	将盘内温度降到55℃以下
	伺服单元故障	更换伺服单元
A. C9	编码器配线错误	修正编码器配线
	编码器规格不同，受到干扰	将电缆规格改为多股绞合线或者多股绞合屏蔽线，线芯为0.12mm²以上镀锡软铜多股线
	编码器线缆过长，受到干扰	配线距离最长为20m
	编码器线缆产生啃入，包皮损坏，信号线受到干扰	修正编码器电缆铺设
	编码器电缆与大电流捆在一起或者相距过近	将编码器铺设在不会施加浪涌电流的位置
	FG的电位因电机侧设备的影响而产生变动	连接设备地线以免向PG侧FG分流
	编码器的信号线受到干扰	实施编码器配线抗干扰对策
	编码器承受过大的振动冲击	减小机器振动或者正确地安装伺服电机
	编码器故障	更换编码器
	伺服单元电路板故障	更换伺服单元
A. F1	伺服单元故障	更换伺服单元
	三相电源线配线不良	修正电源配线
	三相电源不平衡	修正电源的不平衡(调整相位)
	三相电源配线接触不良	修正电源配线
F5 A. F6	伺服单元电路板故障	更换伺服单元
	电机动力线断线	电机重新配线

表6-7 西门子6SC610伺服系统常见故障现象、报警号、含义及可能原因

故障现象	报警显示	含义	可能原因
给定信号已加，但伺服电机不转	G0-V4亮其他灯不亮	端子63、64无使能信号	①没加使能 ② R_{20}、R_{21} 未接通
	所有指示灯都不亮		①外接电源熔断器烧断或不输入 ②输入电压有故障
	G0-V1亮 G0-V2亮 G0-V3亮	±15V故障，或直流母线电压过高	①供电电压过高 ②负载惯性过大 ③电流极限设定不当
	G0-V1亮 N×-V2/V6/V10亮	速度调节器速度达到极限	①伺服电机电枢线断 ②机械负载过大 ③伺服电机与驱动装置之间的电缆连接有问题 ④功率模块故障 ⑤调节器与功率模块之间的带状电缆有故障 ⑥伺服电机相序连接不正确
	G0-V1亮 N×-V1/V5/V9亮	相应轴转速监控电路报警	①测速发电机故障 ②测速反馈电缆故障

续表

故障现象	报警显示	含义	可能原因
电机运行中断	G0-V1 亮 G0-V3	直流母线在制动过程产生过电压	①负载惯性过大 ②电流极限与电机不匹配 ③电机转速超过额定转速 ④电压限制器电阻过载 ⑤垂直轴重力平衡系统有问题
	G0-V1 亮 N＊-V2/V6/V10 亮	加速或反转时间超过极限值(200ms)	①电流极限设定值太低 ②负载惯性过大
	G0-V1 亮 N＊-V3/V7/V11 亮 N＊-V4/V8/V12 亮	I^2t 监控或电机过热	①力矩太大，加、减速太频繁 ②伺服电机有问题 ③切削力太大
电机运行不稳，定位不准			①伺服电机问题 ②转速调节器增益太低(调整相应电位器 $R125/R225/R325$) ③屏蔽线或“地线”有问题，引起干扰
熔断器烧断	F10/F110/F310 烧断		功率模块有问题
	F247 烧断		电源和监控系统或直流电压限制器 0.3/30kW(G10)有问题

表 6-8 西门子 611A 进给驱动模块报警及故障原因

序号	指示灯代号	功能	故障内容	故障原因
1	H1(M)	轴故障	①速度调节器到达输出极限 ②驱动模块超过了允许的温升 ③伺服电机超过了允许的温升 ④电机与伺服驱动电缆连接不良	①电机电源连接不正确，有“相序”错误 ②伺服系统通风等问题引起模块超温 ③伺服电机负载过重，电机内部绕组存在局部短路、电机制动器及控制电路的问题引起电机“过热” ④电机与伺服驱动的反馈电缆、电枢电缆连接错误或接触不良 ⑤电气柜制冷有问题 ⑥电机温度传感器有问题或接触不良 ⑦伺服驱动模块设定有误 ⑧驱动模块本身有问题 ⑨机械问题或者加工负载过重
2	H2(A)	电机/电缆连接故障	监控回路检测到来自伺服电机的故障	①测速反馈电缆连接不良 ②伺服电机内置式测速发电机故障 ③伺服电机内置式转子位置故障

表 6-9 西门子 611A 系列伺服系统常见故障

序号	故障现象	故障原因	故障处理
1	电源模块无任何显示	①伺服系统电源未接入 ②伺服系统电源模块内部熔断器熔断 ③电源模块连接端子 X181 的 1U1/2U2、1V1/2V2、1W1/2W2 未短接 ④电源模块有问题	①检查机床强电电路，接入主电源 ②更换电源模块内部熔断器 ③短接 X181 的 1U1/2U2、1V1/2V2、1W1/2W2 ④更换电源模块

续表

序号	故障现象	故障原因	故障处理
2	接入电源后，电源模块只有EXT指示灯亮	①电源模块端子9/48未接通；电源模块端子9/63未接通；电源模块端子9/64未接通 ②电源模块有问题	①检查机床强电回路、PLC程序，接入相应的使能信号 ②更换电源模块内部熔断器；更换电源模块
3	接入电源后，电源模块EXT、Unit指示灯一直亮	①电源模块端子9/48未接通；电源模块端子9/63未接通；电源模块端子9/64未接通 ②电源模块有问题	①检查机床强电回路、PLC程序，接入相应的使能信号 ②更换电源模块内部熔断器；更换电源模块
4	电源模块"使能"信号正常，但只有EXT指示灯亮	①电源模块端子AS1/AS2未接通 ②直流母线未连接或者连接错误 ③电源模块有问题	①检查机床强电回路、PLC程序，接通AS1/AS2信号 ②重新连接直流母线 ③更换电源模块
5	电源模块电源输入报警指示灯亮	①输入电源缺相 ②电源电压过低 ③电源模块有问题	①检查机床强电回路 ②测量输入电源，提高输入电压 ③更换电源模块
6	电源模块±15V、+5V报警指示灯亮	①设备总线未连接或者连接错误 ②电源模块内部辅助电源回路故障	①重新连接设备总线 ②检修电源模块或者更换电源模块
7	电源模块Uzk报警指示灯亮	①直流母线电压过高 ②外部输入电压过高 ③电源模块有问题	①检查直流母线电压 ②检查外部输入电压，降低电压 ③更换电源模块
8	电源模块Unit指示灯亮，但无准备好信号输出	①电源模块设定不正确 ②+24V电源故障 ③电源模块有问题	①更改电源模块设定 ②检修电源模块 ③更换电源模块

表6-10 西门子611D进给伺服驱动模块报警故障内容及应用

序号	指示灯代号	功能	故障内容	故障原因
1	X35	轴故障	①启动数据丢失或没有装入 ②速度调节器到达输出极限 ③驱动模块超过了允许的温升 ④伺服电机超过了允许的温升 ⑤电机与伺服驱动电缆连接不良	①电机电源连接不正确，有"相序"错误 ②伺服系统通风等问题引起模块超温 ③伺服电机负载过重，电机内部绕组存在局部短路、电机制动器及控制电路的问题引起电机"过热" ④电机与伺服驱动的反馈电缆、电枢电缆连接错误或接触不良 ⑤电气柜制冷有问题 ⑥电机温度传感器有问题或接触不良 ⑦伺服驱动模块设定有误 ⑧驱动模块本身有问题 ⑨机械问题或者加工负载过重
2	X34	电机/电缆连接故障	监控回路检测到来自伺服电机的故障	①测速反馈电缆连接不良 ②伺服电机内置式测速发电机故障 ③伺服电机内置式转子位置故障

表6-11 西门子611D驱动系统常见故障与检修

序号	故障现象	故障原因	故障检查及处理
1	电源模块没准备，绿色LED灯亮	电压模块没有使能信号	①检查端子48与9之间是否有控制信号 ②检查端子63与9之间是否有脉冲使能信号 ③检查端子64与9之间是否有控制使能信号
2	驱动模块没准备好	驱动模块缺少使能信号	检查驱动模块上663与9端子之间是否有使能信号，若没有，根据PLC程序检查

表 6-12 FANUC 交流模拟伺服单元常见共性故障分析

序号	故障现象	原因	解决方法
1	TG 报警(TG 红灯点亮)	失速或暴走,即电机的速度不按指令走,所以,从指令到速度反馈回路,都有可能出现故障	①单轴可通过互换单元,双轴将各轴指令线和动力线互换,来初步判断是控制单元故障还是电机故障,一般是伺服单元故障的可能性较大 ②如果上电就报警,则有可能是主回路晶体管坏了,可以万用表测量并自行更换晶体管模块,如果是高速报警而低速正常则可能是控制板或电机有问题,这也可以通过交换伺服单元来判别 ③观察是否一直报警还是偶尔出现报警,如果是一直报警则是伺服单元或控制板故障,否则可能是电机故障 ④更换隔离放大器 A76L-0300-0077
2	飞车(一开机电机速度很快上升,因系统超差报警而停止)	系统未给指令到伺服单元,而电机自行行走,是由于正反馈或无速度反馈信号引起,所以应查伺服输出、速度反馈等回路	①检查三相输入电压是否有缺相,或熔断器是否有烧断 ②查外部连接是否都正常,包括:3 相 120V 输入(端子 A、1、2),相序 U、V、W 是否正确,输出到电机的+、-(端子 5～8)是否接反,CN1 插头是否有松动 ③查电机速度反馈是否正常,包括:是否接反、是否断线、是否无反馈 ④交换控制电路板,如果故障随控制板转移,则是电路板故障
3	断路器跳开(BRK 灯点亮)	主回路的两个无保险断路器检测到电流异常、跳开,或检测回路有故障	查主回路电源输入端的两个无保险断路器是否跳开,正常应为 ON(绿色) 如果合不上,则主回路有短路的地方,应仔细检查主回路的整流桥、大电容、晶体管模块等控制板报警回路故障
4	电机不转	系统发出指令后,伺服单元或伺服电机不执行,或由于系统检测到伺服偏差值过大,所以等待此偏差值变小	①观察给指令后系统或伺服出现什么报警,如果是伺服有 OVC,则有可能是电机制动器没有开或机械卡死 ②如果伺服无任何报警,则系统会发出超差报警,此时应检查各接线或连接插头是否正常,包括电机动力线、CN1 插头以及控制板与单元的连接。如果都正常,则更换控制板检查 ③检查伺服电机是否正常 ④检查系统伺服误差诊断画面,是否有一个较大的数值(10～20),正常值应小于 5,如果是,则调整控制板上的 RV2(OFFSET)直到读数为 0 左右
5	过热(OH 灯点亮)	伺服电机、伺服变压器或伺服单元和放电单元过热开关断开	①伺服电机过热,或伺服电机热保护开关坏 ②伺服变压器过热,或伺服变压器热保护开关坏 ③伺服单元过热,或伺服单元热保护开关坏 查以上各部件的过热连接线是否断线
6	异常电流报警(HCAL 红灯点亮)	伺服单元的 185V 交流经过整流变为直流 300V 直流侧有一检测电阻检测直流电阻,如果后面有短路,立即产生该报警	①如果是一直出现,可用万用表测量主回路晶体管模块是否短路,自行更换晶体管模块,如果未短路,则与其他轴互换控制板,如果随控制板转移,则修理控制板 ②如果是高速报警而低速正常则可能是控制板或电机有问题,这也可以通过交换伺服单元来判别 ③观察是否一直报警还是偶尔出现报警,如果是一直报警则是伺服单元或控制板故障,否则可能是电机故障
7	高电压报警(HVAL 红灯点亮)	伺服控制板检测到主回路或控制回路电压过高,一般情况下是检测回路出故障	检查三相 185V 输入电压是否正常查 CN2 的±18V 是否都正常交换控制电路板,如果故障随控制板转移,则是电路板故障

续表

序号	故障现象	原因	解决方法
8	低电压报警(LVAL 红灯点亮)	伺服控制板检测到主回路或控制回路电压过低,或控制回路故障	① 检查三相 185V 输入电压是否正常 ② 查 CN2 的 1、2、3 交流±18V 是否都正常 ③ 检查主回路的晶体管、二极管、电容等是否有异常 ④ 交换控制板,如果故障随控制板转移,则是控制板故障
9	放电异常报警(DCAL 红灯点亮)	放电异常报警(DCAL 红灯点亮)	①检查主回路的晶体管、放电三极管、二极管、电容等是否有异常 ②如果有外接放电电阻,检查其阻值是否正常 ③检查伺服电机是否正常 ④交换控制板,如果故障随控制板转移,则是控制板故障
10	不能准备好系统报警显示伺服 VRDY OFF	系统开机自检后,如果没有急停和报警,则发出 PRDY 信号给伺服单元,伺服单元接到该信号后,接通主接触器,送回 VRDY 信号,如果系统在规定时间内没有接收到 VRDY 信号,则发出此报警,同时断开各轴的 PRDY 信号,因此,上述所有通路都可能是故障点	①检查各个插头是否接触不良,包括控制板与主回路的连接 ②查外部交流电压是否都正常,包括:3 相 120V 输入(端子 A、1、2),单相 100V(端子 3、4), ③查控制板上各直流电压是否正常,如果有异常,则为带电源板故障,再查该板上的保险是否都正常 ④仔细观察接触器的吸合后再断开,还是根本就不吸合。如果是吸合后再断开,则可能是接触器的触点不好,更换接触器。如果有一个没有吸合,则该单元的接触器线圈不好或控制板不好,可通过测接触器的线圈电阻来判断 ⑤如果以上都正常,则为 CN1 指令线或系统板故障
11	系统出现 VRDY ON 报警	系统在 PRDY 信号还未发出就已经检测到 VRDY 信号,即伺服单元比系统早准备好,系统认为这样为异常	①查主回路接触器的触点是否接触不好,或是 CN1 接线错误 ②查是否有维修人员将系统指令口封上或指令口故障

表 6-13　FANUC 交流 S 系列(含 1,2)伺服单元

序号	故障现象	原因	解决方法
1	异常电流报警(HC 红灯点亮)	伺服单元的 185V 交流经过整流变为直流 300V 直流侧有一检测电阻检测直流电阻,如果后面有短路,立即产生该报警	①如果是一直出现,可用万用表测量晶体管模块是否短路,如果是晶体管有短路,则一般情况下,驱动板的控制回路也会有故障,此时如果更换新模块,还会烧坏,所以最好是将整个单元送到 FANUC 维修 ②如果晶体管是好的,则可能是控制板或主回路的能耗制动回路(继电器或二极管)故障,可互换控制板来判别 ③如果是高速报警而低速正常,则可能是控制板或电机或动力线有问题,这也可通过交换伺服单元来判别 ④观察是否一直报警还是偶尔出现报警,如果是一直报警则是伺服单元或控制板故障,否则可能是电机故障 ⑤如果通过检测和互换判断伺服单元和电机或动力线都无故障,则是指令线或系统的轴控制板故障

续表

序号	故障现象	原因	解决方法
2	电机不转	系统发出指令后，伺服单元或伺服电机不执行，或由于系统检测到伺服偏差值过大，所以等待此偏差值变小	①观察给指令后系统或伺服出现什么报警，如果是伺服有OVC，则有可能是电机制动器没有开或机械卡死 ②如果伺服无任何报警，则系统会发出超差报警，此时应检查各接线或连接插头是否正常，包括电机动力线、CN1插头以及控制板与单元的连接。如果都正常，则更换控制板检查 ③检查伺服电机是否正常 ④检查系统伺服误差诊断画面，是否有一个较大的数值(10～20)，正常值应小于5，如果是，则调整控制板上的RV2(OFFSET)直到读数为0
3	过热(OH灯点亮)	伺服电机、伺服变压器或伺服单元和放电单元过热开关断开	①伺服变压器或放电单元过热，或者伺服变压器或放电单元热保护开关坏，如果未接变压器或放电单元过热线，则印刷版上S1(OH)应短路 ②伺服单元过热，或伺服单元热保护开关坏 ③查以上各部件的过热连接线是否断线
4	低电压报警(LV红灯点亮)	伺服控制板检测到主回路或控制回路电压过低，或控制回路故障	①检查三相185V或200V输入电压是否太低 ②检查主回路输入端的断路器是否断开，如果合不上，则后面有短路 ③查CN2的1、2、3交流±18V是否都正常(S系列2无CN2) ④检查主回路的晶体管、二极管、电容等是否有异常 ⑤交换控制板，如果故障随控制板转移，则是控制板故障
5	高电压报警(HV红灯点亮)	伺服控制板检测到主回路或控制回路电压过高，一般情况下是检测回路出故障	①查CN2的1、2、3交流±18V是否都正常(S系列2无CN2) ②检查主回路的晶体管、二极管、电容等是否有异常 ③交换控制板，如果故障随控制板转移，则是控制板故障
6	放电异常报警(DC红灯点亮)	放电回路(放电三极管、放电电阻、放电驱动电路)异常，经常是由短路引起	①检查主回路的晶体管、放电三极管、二极管、电容等是否有异常 ②如果有外接放电电阻，检查其阻值是否正常 ③检查伺服电机是否正常 ④交换控制板，如果故障随控制板转移，则是控制板故障
7	不能准备好系统报警显示伺服VRDY OFF	系统开机自检后，如果没有急停和报警，则发出PRDY信号给伺服单元，伺服单元接到该信号后，接通主接触器，送回VRDY信号，如果系统在规定时间内没有接收到VRDY信号，则发出此报警，同时断开各轴的PRDY信号，因此，上述所有通路都可能是故障点	①检查各个插头是否接触不良，包括控制板与主回路的连接 ②查外部交流电压是否都正常，包括：3相185V输入(端子A、1、2)，单相100V(端子3、4)， ③查控制板上各直流电压是否正常，如果有异常，则为带电源板故障，再查该板上的熔断器是否都正常 ④仔细观察接触器的吸合后再断开(主回路有多个接触器，只要有一个不吸合就会产生该报警)，还是根本就不吸合。如果是吸合后再断开，则可能是接触器的触点不好，更换接触器。如果有一个没有吸合，则该单元的接触器线圈不好或控制板不好，可通过测接触器的线圈电阻来判断 ⑤如果以上都正常，则为CN1指令线或系统板故障
8	系统出现VRDY ON报警	系统在MCON信号还未发出就已经检测到DRDY信号，即伺服单元比系统早准备好，系统认为这样为异常	①查主回路接触器的触点是否接触不好，或是CN1接线错误 ②查是否有维修人员将系统指令口封上或指令口故障

续表

序号	故障现象	原因	解决方法
9	系统出现OVC报警	因为伺服电机的U、V相电流由伺服单元检测，送到系统的轴控制板处理，因此伺服单元上无报警显示，主要是检查电机和伺服单元	①电机线圈是否烧坏，用500V摇表测绝缘，为无穷大，如果电阻很小则电机坏 ②电机动力线是否绝缘不好 ③主回路的晶体管模块是否不良 ④控制板的驱动回路或检测回路有故障 ⑤伺服电机与伺服单元不匹配，或电机代码设定错误 ⑥系统轴控制板故障，可通过交换相同型号的轴通路来判断，即指令线和电机动力线同时互换

表6-14 FANUC交流C系列、α系列SVU、SVUC伺服单元

序号	故障现象	原因	解决方法
1	高电压报警(显示1)	控制板检测到主回路直流侧高电压，可能输入电压太高，或检测回路故障	①检测三相交流200V是否太高 ②检查整流桥是否正常 ③更换报警检测模板(插在大板上) ④将整个伺服单元送FANUC检测
2	低电压报警(显示2)	控制板上＋5V、＋24V、＋15V、－15V至少有一个电压低	①检查控制板上的熔断器是否烧坏 ②用万用表测量电压是否正常，如果有异常，更换电源板(C系列)或将伺服单元送FANUC修理
3	直流低电压报警(显示3)	直流300V太低，一般发生在伺服单元吸合的瞬间，用万用表查不到	①检查伺服单元左上角的开关是否在“ON”位置 ②检查主回路的整流桥、晶体管模块、大电容、白色检测电阻、接触器是否正常 ③检查外部放电电阻及其热开关是否正常 ④检查各个接线是否松动 ⑤更换报警检测模板
4	放电回路异常(显示4)	放电回路(放电三极管、放电电阻、放电驱动回路)异常，经常是由短路引起	①检查主回路的IPM模块、放电三极管、放电电阻、二极管、电容等是否有异常 ②如果有外接放电电阻，检查其阻值是否正常 ③检查伺服电机是否正常
5	放电回路过热(显示5)	内部放电电阻、外部放电电阻或变压器的热保护开关	①查内部放电电阻的热保护开关是否断开(与放电电阻捆在一起) ②查外部放电电阻的热保护开关是否断开 ③查变压器的热保护开关是否断开 ④如果无外接放电电阻或变压器热开关，检查R_C-R_1和TH1-TH2是否短路(应短接)
6	动态制动回路故障(显示7)	由于动态制动需要接触器动作执行，当触点不好时会发生此故障	①更换接触器(输出用接触器，一般与其他的不在一起) ②检查系统与伺服单元的连线是否正确
7	过电流(8、9、B)	直流侧过电流(8—L、9—M轴、B—两轴)，一般情况下B出现很少，因为两轴同时坏的可能性很小	①检查IPM模块是否烧坏，此类报警多数是由于模块短路引起的，用万用表二极管挡测U、V、W对＋、－的导通压降，如果为0则模块烧坏，可先拆开外壳，然后将固定模块的螺钉拆下，更换模块 ②C系列有驱动小板(DRV)的也要更换且多数是小板故障 ③如果是一上电就出现报警号，与其他单元互换接口板，如果故障转移，则接口板坏 ④与其他单元互换控制板，如果故障随控制板转移，则更换控制板或将控制板送FANUC维修 ⑤拆下电机动力线再试(如果是重力轴，必须首先在机床侧做好保护措施，防止该轴下滑)，如果报警消失，则可能是电机或动力线故障 ⑥将单元的指令线或电机的动力线与其他轴互换，如果电机反馈线是接到单元的(伺服B型接法)也要对换，如果报警号不变，则是单元外的故障，可用绝缘表查电机、动力线，用万用表查反馈线、指令线、轴控制板 ⑦检查系统的伺服参数设定是否有误

续表

序号	故障现象	原因	解决方法
8	IPM报警(8、9、B)	注意8或9的右下角有一小点，表示为IPM模块(智能模块，可自行判断是否有异常电流)送到伺服单元的报警	①SVU1-20(H102)型号伺服单元可能是内部风扇坏了，更换风扇，但其他型号无内部风扇 ②如果是一直出现，更换IPM模块或小接口板，此故障一般用万用表不能测出 ③如果与时间有关，当停机一段时间再开，报警消失，则可能是IPM太热，检查是否负载太大 ④将单元的指令线或电机的动力线与其他轴互换，如果电机反馈线是接到单元的(伺服B型接法)也要互换，如果报警号不变，则是单元外的故障，可用绝缘表查电机、动力线，用万用表查反馈线、指令线、轴控制板 ⑤检查ESP接线是否有误，如果拔掉该插头，报警消失，则此接线不正确(出现在机床安装或搬迁时) ⑥当出现该报警时，以上方法都不能查出，且没有与该单元或轴相同的轴(如车床的X、Z轴一般都不一样大)，不能完全互换，则在互换时，先不接电机动力线，如果还没有结果，可接上动力线将系统的两轴伺服参数对调后再判断
9	系统出现过电流(OVC)报警	因为伺服电机的U、V相电流由伺服单元检测，送到系统的轴控制板处理，因此伺服单元上无报警显示，主要检查电机和伺服单元	①电机线圈是否烧坏，用500V摇表测绝缘，为无穷大，如果电阻很小则电机坏 ②电机动力线是否绝缘不好，主回路的晶体管模块是否不良 ③控制板的驱动回路或检测回路有故障 ④伺服电机与伺服单元不匹配，或电机代码设定错误 ⑤系统轴控制板故障，可通过交换相同型号的轴通路来判断，即指令线和电机动力线同时互换
10	不能准备	系统开机自检后，如果没有急停和报警，则发出MCON信号给所有轴伺服单元，伺服单元接到该信号后，接通主接触器，送回DRDY信号，如果系统在规定时间内没有接收到VRDY信号，则发出此报警，同时断开各轴的MCON信号，因此，上述所有通路都可能是故障点	①检查各个插头是否接触不良，包括控制板与主回路的连接 ②查LED是否有显示，如果没有显示，则是板上无电或电源回路坏 ③查外部交流电压是否都正常，包括：3相200V输入(端子R、S、T)，单相100V(C系列有，端子100A、100B) ④查控制板上各直流电压是否正常，如果有异常，检查板上的熔断器及板上的电源回路有无烧坏的地方，如果不能自己修好，可送FANUC修理 ⑤仔细观察LED是变0后(吸合)再断开(变为以横杠)，还是根本就不吸合(一直是一横杠不变)。如果是吸合后再断开，则可能是继电器的触点不好，更换继电器，如果是木工机械或粉尘较大的工作环境，基本可判断是继电器的触点不好。如果是根本就不吸合，则该单元的继电器线圈不好或控制板不好或有断线，可通过测继电器的线圈电阻来判断。如果是双轴，则只要有一轴不好就不吸合 ⑥观察所有伺服单元的LED上是否有其他报警号，如果有，则先排除这些报警 ⑦如果是双轴伺服单元，则检查另一轴是否未接或接触不好或伺服参数封上了(0系统为8*09#0，16/18/0I为2009#0) ⑧检查ESP是否异常，将ESP插头拔下，用万用表测量两端应短路。如果为开路，则为急停回路有故障 ⑨检查R_1、R_C及TOH1、TOH2回路是否断开，正常都应该短接或短路 ⑩检查端子设定是否正确，S1-ON：TYPE B；OFF：TYPE A(TYPE A为电机的编码器反馈接到系统的轴控制板上，TYPE B为电机的编码器反馈接到伺服单元上)。S2-ON：SVUC；OFF：SVU。S3，S4-ON，ON为内藏式放电单元，其他为不同类型的放电单元 ⑪如果以上都正常，则为CN1指令线或系统轴控制板故障

表 6-15　FANUC 交流 α 系列 SVM 伺服单元

序号	故障现象	原因	解决方法
1	风扇报警（LED 显示 1ALM）	风扇过热，或风扇太脏，或坏	①观察风扇是否有风（在伺服单元的上方），如果没风或不转，拆下观察风扇扇叶是否有较多油污，用汽油或酒精清洗后再装上，如果还不行，更换风扇 ②更换小接口板 ③拆下控制板，用万用表测量由风扇插座处到 CN1（连接小接口板）的线是否有断线
2	DC LINK 低电压（LED 显示 2ALM）	伺服单元检测到直流 300V 电压太低，是整流电压或外部交流输入电压太低，或报警检测回路故障	①测量三相交流电压是否正常（因为直流侧由于有报警，MCC 已经断开，只能从 MCC 前测量） ②测量 MCC 触点是否有接触不良 ③主控制板上的检测电阻是否烧断 ④更换伺服单元
3	电源单元低电压（LED 显示 5ALM）	伺服单元检测到电源单元电压太低，是控制电源单元电压太低或检测回路故障	①测量三相交流电压是否正常（因为直流侧由于有报警，MCC 已经断开，只能从 MCC 前测量） ②测量 MCC 触点是否有接触不良 ③主控制板上的检测电阻是否烧断 ④更换电源单元或伺服单元
4	异常电流报警（LED 显示 8、9、A、B、C、D、E）	伺服单元检测到有异常电流，可能是主回路有短路，或驱动控制回路异常，或检测回路故障，8-L 轴，9-M，A-N 轴，B-LM 两轴 C-LN 两轴，D-MN 两轴，E-LMN 三轴	①检查 IPM 模块是否烧坏，此类报警多数是由于模块短路引起的，用万用表二极管挡测 U、V、W 对＋、－的导通压降，如果为 0 则模块烧坏，可先拆开外壳，然后将固定模块的螺钉拆下，更换模块 ②如果是一上电就有报警号，与其他单元互换接口板，如果故障转移，则接口板坏 ③与其他单元互换控制板，如果故障转移，则更换控制板或将控制板送 FANUC 维修 ④拆下电机动力线再试（如果是重力轴，必须首先在机床侧做好保护措施，防止该轴下滑），如果报警消失，则可能是电机或动力线故障 ⑤将单元的指令线或电机的动力线与其他轴互换，如果电机反馈线是接到单元的（伺服 B 型接法）也要对换，如果报警号不变，则是单元外的故障，可用绝缘表查电机、动力线、用万用表查反馈线、指令线、轴控制板是否有断线 ⑥检查系统的伺服参数设定是否有误 ⑦如果与时间有关，当停机一段时间再开，报警消失，则可能是 IPM 太热，检查是否负载太大 ⑧当出现该报警时，以上方法都不能查出，且没有与该单元或轴相同的轴（如车床的 X、Z 轴一般都不一样大，）不能完全互换，则在互换时，先不接电机动力线，如果还没有结果，可接上动力线将系统的两轴伺服参数对调后再判断
5	IPM 报警（8、9、A、B、C、D、E）	注意 8 或 9 的右下角有一小点，8-L 轴，9-M，A-N 轴，B-LM 两轴，C-LN 两轴，D-MN 两轴，E-LMN 三轴，表示为 IPM 模块（智能模块，可自行判断是否有异常电流）送到伺服单元的报警	①如果是一直出现，更换 IPM 模块或小接口板，此故障用万用表一般不能测出 ②如果与时间有关，停机一段时间再开，报警消失，则可能是 IPM 太热，检查是否负载太大 ③将单元的指令线或电机的动力线与其他轴互换，如果电机反馈线是接到单元的（伺服 B 型接法）也要互换，如果报警号不变，则是单元外的故障，可用绝缘表查电机、动力线，用万用表查反馈线、指令线、轴控制板是否有断线 ④当出现该报警时，以上方法都不能查出，且没有与该单元或轴相同的轴（如车床的 X、Z 轴一般都不一样大），不能完全互换，则在互换时，先将电机动力线不接，如果还没有结果，可接上动力线将系统的两轴伺服参数对调后再判断

续表

序号	故障现象	原因	解决方法
6	不能准备好系统报警显示伺服 VRDY OFF(0、16/18/0I为 401)	系统开机自检后，如果没有急停和报警，则发出 MCON 信号给所有轴伺服单元，伺服单元接到该信号后，接通主接触器，电源单元吸合，LED 由两横杠变为 00，将准备好信号送给伺服单元，伺服单元再接通继电器，继电器吸合后，DRDY 信号送回系统，如果系统在规定时间内没有接收到 DRDY 信号，则发出此报警，同时断开各轴的 MCON 信号，因此，上述所有通路都可能是故障点	①检查各个插头是否接触不良，包括控制板与主回路的连接以及电源电压与伺服单元、主轴单元的连接 ②查 LED 是否有显示，如果没有显示，则是板上不能通电或电源回路坏。检查电源电压输出到该单元的 24V 是否正常，检查控制板上的电源回路是否烧坏。如果自己不能维修，将该单元送到 FANUC 修理 ③查外部交流电压是否都正常，包括：3 相 200V 输入(端子 R、S、T)，单相 200V 输入 ④查控制板上各直流电压是否正常，如果有异常，检查板上的熔断器及板上的电源回路有无烧坏的地方，如果不能自己修好，可送 FANUC 修理 ⑤仔细观察 LED 是变 0 后(吸合)再断开(变为以横杠)，还是根本就不吸合(一直是一横杠不变)。如果是吸合后再断开，则可能是继电器的触点不好，更换继电器，如果是木工机械或粉尘较大的工作环境，基本可判断是继电器的触点不好。如果是根本就不吸合，则该单元的继电器线圈不好或控制板不好或有断线，可通过测继电器的线圈电阻来判断。如果是双轴，则只要有一轴不好就不吸合 ⑥观察所有伺服单元的 LED 上是否有其他报警号，如果有，则先排除这些报警 ⑦如果是双轴伺服单元，则检查另一轴是否未接或接触不好或伺服参数封上了(0 系统为 8＊09＃0，16/18/0I 为 2009＃0) ⑧检查 ESP 是否异常，将 ESP 插头拔下，用万用表测量两端，应短路。如果为开路，则为急停回路有故障 ⑨检查端子设定是否正确，S1-ON：TYPE B；OFF：TYPE A(TYPE A 为电机的编码器反馈接到系统的轴控制板上，TYPE B 为电机的编码器反馈接到伺服单元上)。S2-ON：SVUC；OFF：SVU。S3，S4-ON，ON 为内藏式放电单元，其他为不同类型的放电单元 ⑩如果以上都正常，则为 CN1 指令线或系统轴控制板故障

表 6-16　FANUC 交流 β 系列伺服单元（普通型）

序号	故障现象	原因	解决方法
1	过电压报警(HV，由系统的诊断发出)	伺服单元检测到输入电压过高	① 检查三相交流 200V 输入电压是否正常 ② 如果连接有外部放电单元，检查该单元连接是否正确(DCP、DCN、DCOH) ③ 用万用表测量外部放电电阻的阻值是否和上面标明一致，如果相差较多(超过 20%)。更换新的放电单元 ④ 更换伺服放大器
2	直流电压过低报警(LVCD)	伺服单元检测到直流侧(三相 200V 整流成直流 300V)电压过低或无电压	① 输入侧的断路器是否动作，可测量断路器的输出端是否有电压 ② 用万用表测量输入电压，是否确实太低，如果低于 170V，检查变压器或输入电缆线 ③ 检查外部电磁接触器连线是否正确 ④ 更换伺服放大器

续表

序号	故障现象	原因	解决方法
3	放电过热(DCOH)	伺服放大器检测到放电电路的热保护开关断开	① 检查是否连接有外部放电单元，如果没有，连接器CX11-6必须短接 ② 观察如果不是一开机就有此报警，而是加工到一定时间后才报警，关机等一段时间后再开机无报警，则检查是否为机械侧故障，或有频繁加减速，修改加工程序或机械检修 ③ 用万用表检查连接器的CX11-6两端是否短路，如果开路，更换放电单元或连接线 ④ 伺服放大器的内部过热检测电路故障，更换伺服放大器
4	过热报警(OH)	伺服放大器检测到主回路过热	① 关机一段时间后，再开机，如果没有报警产生，则可能是机械负载太大，或伺服电机故障，检修机械或更换伺服电机 ② 如果还有报警，检查IPM模块的散热器上的热保护开关是否断开，更换 ③ 更换伺服放大器
5	风扇报警(FAL)	伺服放大器检测到内部冷却风扇故障	① 观察内部风扇是否没有转，如果不转，拆下观察是否很脏，用汽油或酒精清洗干净后再装上 ② 如果更换风扇后还有报警，更换伺服放大器
6	过电流报警(HC)	检测到直流侧异常电流	① 检查伺服参数设定是否正确，如果在正常加工过程中突然出现，而没有人动过参数，则不用检查 ② 拆下电机动力线，再上电检查，如果还有报警产生，则更换伺服放大器。如果没有报警产生，将电机和动力线和其他轴互换，可判断是电机故障还是动力线故障 ③ 如果互换电机后，还有同样的报警产生，将伺服放大器互换，如果故障随放大器转移，更换放大器，如果不转移，则是指令线或轴控制板故障
7	系统401(或403-0系统的第3、4轴)故障报警	系统开机自检后，如果没有急停和报警，则发出MCON信号给所有轴伺服单元，伺服单元接到该信号后，接通主接触器，DRDY信号送回系统，如果系统在规定时间内没有接收到VRDY信号，则发出此报警，同时断开各轴的MCON信号，因此，上述所有通路都可能是故障点	① 检查各个插头是否接触不良，包括指令线和反馈线 ② 查LED是否有显示，如果没有显示，则是板上不能通电或电源回路坏。检查外部24V是否正常 ③ 查外部交流电压是否都正常，包括：3相200V输入(连接器CX11-1)，24V直流(连接器CX11-4) ④ 查控制板上各直流电压是否正常，如果有异常，检查板上的熔断器及板上的电源回路有无烧坏的地方，如果不能自己修好，可送FANUC修理 ⑤ 仔细观察REAY绿灯是否变亮后(吸合)再断开(变为横杠)，还是根本就不吸合(一直是一横杠不变)。如果是吸合后再断开，则可能是继电器的触点不好，更换继电器，如果是木工机械或粉尘较大的工作环境，基本可判断是继电器的触点不好。如果是根本就不吸合，则该单元的继电器线圈不好或控制板不好或有断线，可通过测继电器的线圈电阻来判断 ⑥ 观察所有伺服单元的ALM上是否点亮，如果有，则先排除此报警 ⑦ 检查J5X(ESP)是否异常，将ESP插头拔下，用万用表测量17和20之间应短路。如果为开路，则为急停回路有故障 ⑧ 检查CX11-6热控回路是否断开，正常都应该短接或短路 ⑨ 如果以上都正常，则为CN1指令线或系统轴控制板故障 ⑩ 检查系统是否有其他报警，如电机反馈报警，如果有，先排除此报警

表 6-17 FANUC 交流β系列伺服单元(I/O LINK 型)常见共性故障分析

序号	故障现象	原因	解决方法
1	串行编码器通信错误报警(LED 显示 5,系统的 PMM 画面显示 300/301/302 报警)	单元检测到电机编码器断线或通信不良	① 检查电机的编码器反馈线与放大器的连接是否正确,是否牢固 ② 如果反馈线正常,更换伺服电机(因为电机的编码器与电机是一体,不能拆开),如果是α电机更换编码器 ③ 如果是偶尔出现,可能是干扰引起,检查电机反馈线的屏蔽线是否完好
2	编码器脉冲计数错误报警(LED 显示 6,系统的 PMM 画面显示 303/304/305/308 报警)	伺服电机的串行编码器在运行中脉冲丢失,或不计数	① 关机再开,如果还有相同报警,更换电机(如果是α电机更换编码器)或反馈电缆线 ② 如果重新开机后报警消失,则必须重新返回参考点后再运行其他指令 ③ 如果系统的 PMM 是 308 报警,可能是干扰引起的,关机再开
3	伺服放大器过热(LED 显示 3,系统的 PMM 显示 306 报警)	伺服放大器的热保护断开	① 关机一段时间后,再开机,如果没有报警产生,则可能机械负载太大,或伺服电机故障,检修机械或更换伺服电机 ② 如果还有报警,检查 IPM 模块的散热器上的热保护开关是否断开 ③ 更换伺服放大器
4	LED 显示 11,系统的 PMM 显示 319 报警	当伺服电机是绝对编码器,电机在第一次通电时没有旋转超过一转以上。一般发生在更换过伺服放大器、电机、编码器或动过反馈线	① 在开机的情况下想办法使电机旋转超过一转,由于机床设计时,基本都有解决此问题的操作方法 ② 如果不能排除,按以下方法处理:如果传动部分没有制动装置,将急停按下,用手盘动刀盘或该轴,使此电机旋转超过一转,关机再开,报警消失。如果有制动装置,应先使制动装置松开,制动装置不在电机上可将电机拆下,操作完后再安装上即可
5	电池低电压报警(LED 显示 1 或 2,系统 PMM 画面显示 350 或 351 报警)	绝对编码器电池电压太低,需更换	① 检查伺服放大器上的电池是否电压不够,更换电池 ② 执行回参考点操作,可参照机床厂家的说明书,如果没有说明书,可按以下方法操作:首先将 319 报警消除,使机械走到参考点的位置,设定系统的 PMM 参数 11 的 7 位为 1,关机再开,此报警消失
6	伺服电机过热(LED 显示 4,系统的 PMM 显示画面 400 报警)	伺服放大器的热保护断开	① 关机一段时间后,再开机,如果没有报警产生,则可能是机械负载太大,或伺服电机故障,检修机械或更换伺服电机 ② 如果还有报警,检查伺服电机上的热保护开关是否断开或反馈线断线 ③ 更换伺服放大器
7	冷却风扇过热(LED 显示数字 0,系统 PMM403 报警)	伺服放大器检测到电机负载太大(硬件检测)	① 检查电机的机械负载是否太高 ② 检查电机是否转动不灵活(有机械摩擦)
8	放电单元过热(LED 显示 J,系统显示 404 报警)	伺服放大器检测到放电电路热保护断开	① 检查是否连接有外部放电单元,如果没有,连接器 CX11-6 必须短接 ② 观察如果不是一开机就有此报警,而是加工到一定时间后才报警,关机一段时间后,再开机,如果没有报警产生,则检查机械侧故障,或有频繁加减速,修改加工程序或机械检修 ③ 用万用表检查连接器的 CX11-6 两端是否短路,如果是开路,更换放电单元或连接线 ④ 伺服放大器的内部过热检测电路故障,更换伺服放大器

续表

序号	故障现象	原因	解决方法
9	LED显示小写字母n(405)	参考点返回异常报警	按正确的方法重新进行参考点返回操作
10	LED显示小写字母r(PMM显示410、411)	静止或移动过程中伺服位置误差值太大，超出了允许的范围	① 检查PMM参数110(静止误差允许值)以及182(移动时的误差允许值)是否与出厂时的一致 ② 如果是一开机就有报警，或给指令电机根本就没旋转，则可能是伺服放大器或电机故障，检查电机或电力线的绝缘，以及各个连接器是否有松动
11	过电流报警(LED显示小写字母c，系统的PMM显示412报警)	检测到主回路有异常电流	① 检查伺服参数设定是否正确：30(为电机代码)，70～72，78，79，84～90，如果在正常加工过程中突然出现，而没有人动过参数，则不用检查 ② 拆下电机动力线，再上电检查，如果还有报警产生，则更换伺服放大器。如果没有报警产生，将用兆欧表检查电机的三相电阻或动力线与地线之间的绝缘电阻，如果绝缘异常，更换电机或动力线 ③ 如果电机绝缘和三相电阻正常，更换编码器或伺服放大器
12	系统的PMM显示401报警，放大器显示数字1	系统开机自检后，如果没有急停和报警，则发出MCON信号给所有轴伺服单元，伺服单元接到该信号后，接通主接触器，DRDY信号送回系统，如果系统在规定时间内没有接收到VRDY信号，则发出此报警，同时断开各轴的MCON信号，因此，上述所有通路都可能是故障点	① 检查各个插头是否接触不良，包括指令线和反馈线 ② 查LED是否有显示，如果没有显示，则是板上不能通电或电源回路坏。检查外部24V是否正常 ③ 查外部交流电压是否都正常，包括：3相200V输入(连接器CX11-1)，24V直流(连接器CX11-4) ④ 查控制板上各直流电压是否正常，如果有异常，检查板上的熔断器及板上的电源回路有无烧坏的地方，如果不能自己修好，可送FANUC修理 ⑤ 仔细观察REAY绿灯是否变亮后(吸合)再灭，还是根本就不吸合(一直不亮)。如果是吸合后再断开，则可能是继电器的触点不好，更换继电器，如果是木工机械或粉尘较大的工作环境，基本可判断是继电器的触点不好。如果是根本就不吸合，则该单元的继电器线圈不好或控制板不好或有断线，可通过测继电器的线圈电阻来判断 ⑥ 检查系统是否有其他报警，如果有，先排除此报警 ⑦ 检查J5X(ESP)是否异常，将ESP插头拔下，用万用表测量17和20之间应短路。如果为开路，则为急停回路有故障 ⑧ 检查CX11-6热控回路是否断开，正常都应该短接或短路 ⑨ 如果以上都正常，则为CN1指令线或系统轴控制板故障 ⑩ 检查系统是否有其他报警，如电机反馈报警，如果有，先排除此报警
13	直流侧高电压(LED显示Y，PMM显示413报警)	伺服单元检测到输入电压过高	① 检查三相交流200V输入电压是否正常 ② 如果连接有外部放电单元，检查该单元连接是否正确(DCP、DCN、DCOH) ③ 用万用表测量外部放电电阻的阻值是否和上面标明一致，如果相差较多(超过20%)，更换新的放电单元 ④ 更换伺服放大器

续表

序号	故障现象	原因	解决方法
14	直流侧低电压(LED显示P,PMM显示414报警)	伺服单元检测到直流侧300V电压过低或无电压	①输入侧的断路器是否动作,可测量断路器的输出端是否有电压 ②用万用表测量输入电压,如果低于170V,检查变压器或输入电缆线 ③检查外部电磁接触器连线是否正确 ④更换伺服放大器
15	参数设定错误(LED显示A,PMM显示417报警)	PMM参数设定错误,一般发生在更换伺服放大器或电池后,重新设定参数时没有正确设定	检查以下参数的设定是否正确:30(电机代码),31(电机正方向),106(电机每转脉冲数),180(参考计数器容量)。按原始参数表正确设定,或与机床厂家联系
16	LED显示三个横线,PMM显示418	系统和伺服放大器检测到输出点(DO)故障	更换伺服放大器
17	风扇报警(LED显示?号),PMM显示425报警	伺服放大器检测到内部冷却风扇故障	①观察内部风扇是否没有转,如果不转,拆下观察是否很脏,用汽油或酒精清洗干净后再装上 ②检查风扇电源线是否正确连接 ③更换风扇,如果更换风扇后还有报警,更换伺服放大器

表 6-18 FANUC 关于伺服报警

序号	信息	内容
400	SERVO ALARM: *n*-TH AXIS OVERLOAD 伺服报警:*n* 轴过载	*n* 轴(1～4)过载信号出现。详见诊断显示 No. 200、No. 201
401	SERVO ALARM:*n*-TH AXIS OVER OFF 伺服报警:*n* 轴 VRDY 关	*n* 轴(1～4)伺服就绪信号(VRDY)断开
404	SERVO ALARM:*n*-TH AXIS OVER ON 伺服报警:*n* 轴 VRDY 开	伺服就绪信号 VRDY 为 ON,轴卡的准备信号 MCON 断开(OFF),或当电源接通时 MCON 为 OFF。检查伺服接口模块或伺服放大器的连接
405	SERVO ALARM:(ZERO POINT RETURN FAVLT) 伺服报警:(零点返回错误)	位置控制系统错误,在参考点返回中由于NC或伺服系统错误,返回参考点可能不被正确执行。用手动参考点返回再试
407	SERVO ALARM: EXCESS ERROR 伺服报警:超差	同步轴中位置偏差超过了设定值
409	TORQUEALM: EXCESS ERROR 转矩报警:超差	伺服电机负载异常。或者在Cs方式中,主轴电机负载异常
410	SERVO ALARM: *n*-TH AXIS EXCESS ERROR 伺服报警:*n* 轴超差	第 *n* 轴(1～4)停止时位置误差超过设定值。注:每一轴的设定极限值设在参数 No. 1829 中
411	SERVO ALARM: *n*-TH AXIS EXCESS ERROR 伺服报警:*n* 轴超差	第 *n* 轴(1～4)移动时位置误差超过设定值。注:每一轴的设定极限值设在参数 No. 1828 中
413	SERVO ALARM: *n*-TH AXIS LSIOVER FLOW 伺服报警:*n* 轴 LSI 溢出	第 *n* 轴(轴1～4)的误差寄存器的内容超出±2范围,这个错误通常由各种设定错误造成

续表

序号	信息	内容
414	SERVO ALARM：*n*-TH AXIS DETECTION RELATED ERROR 伺服报警：*n* 轴伺服错误第 *n* 轴(轴 1～4)数字伺服系统故障参见诊断显示 No. 0200，No. 0201 和 No. 0204	
415	SERVO ALARM：*n*-TH AXIS EXCESS SHIFT 伺服报警：*n* 轴移动太快	第 *n* 轴(轴 1～4)的速度高于 511875 检测单位/秒。这个错误是由于 CMR 的设定错误造成的
416	SERVO ALARM：*n*-TH AXIS DISCONNECTTON 伺服报警：*n* 轴检测断线	第 *n* 轴(轴 1～4)脉冲编码器(断线报警)位置检测系统故障。见诊断显示 No. 0200，No. 0201
417	SERVO ALARM：*n*-TH AXIS PARAMETER INCORRECT 伺服报警：*n* 轴参数不正确	第 *n* 轴(轴 1～4)在下面任意条件下产生本报警(数字伺服系统报警) ①参数 No. 2020(电机型号)设置的值超出指定范围 ②没有给参数 No. 2022(电机旋转方向)设置正确的值(111 或 −111) ③参数 No. 2033(电机每转速度反馈脉冲数)设置了非法数据(小于 0 的值等) ④参数 No. 2023(电机每转位置反馈脉冲数)设置了非法数据(小于 0 的值等) ⑤没有设置参数 No. 2084 和 No. 2085(柔性变速比) ⑥参数 1023(伺服轴号)设定错误 ⑦pmc 轴控制的转矩控制中，参数设定错误
420	SYNC TCRQUE：EXCESS ERROR 同步转矩：转矩超差	简单同步控制中主导轴和从动轴之间的转矩超过了参数 No. 2031 的设定值。此报警只发生在主动轴上
421	EXCESS ER(D)：EXCESS ERROR 伺服报警：超差	双位置反馈时，全闭环误差和半闭环误差的差值超差 检查差数 No. 2078 和 No. 2079 中的设定值
422	EXCESS ER(D)：SPEED ERROR 伺服报警：速度超差	PMC 轴控制的转矩控制时，超过指定的允许速度
423	EXCESS ER(D)：EXCESS ERROR 伺服报警：累计行程误差	PMC 轴控制的转矩控制时，累计的行程距离超过参数的设定值

6.2.2 交流伺服电机及伺服系统故障维修实例

6.2.2.1 西门子三相交流进给驱动装置功率板的修理

6SC610 型晶体管脉宽调制变频器与 1FT5 系列的无刷三相伺服电机配合，用于驱动机床的进给轴。该驱动装置的功率模块有好几种型号：①每个轴一个组件：6SC6 120-0FE80 (20/40A)；6SC6 130-0FE80 (30/60A)；6SC6 140-0FE80 (40/80A)；②每个轴两个组件：6SC6 170-0FC80 (70/140A)；③每个轴三个组件：6SC6 190-0FB80 (90/180A) 等。

它们的原理基本相同，只是由于驱动电流不同，而在功率部分采取不同的组合，下面以 6SC6 140-0FE80 为例，介绍一下此板的维修。此类功率板的大部分故障为功率部分的三极管击穿，此时应仔细检查是哪一路三极管击穿，由于每一路的三极管都是并联的，所以要查出是哪一只三极管被击穿，只有把该路的三极管逐一拆下检查。

更换损坏的三极管后，可以自己对功率部分进行测试，首先在前置放大厚膜电路的端子 8、14、4 分别加上＋8V、0V、－8V，在对应的三极管群加上直流 30V 电压（代替＋200V、－200V 电压），然后在厚膜电路对应的光电耦合器的输入端加上 4.5V、200mA 的信号，如果对应的三极管群导通，则说明这一路是正常的，用此方法对功率板的每一路进行测试，如全部能由截止变导通，则说明该板的功率部分已全部正常，如不能，尚需检查前置放大厚膜电路是否已损坏，如损坏则需更换后再测试。

该板上还有6组全波整流电路，用于产生分别供给6路厚膜电路的+8V、-8V电源，可用万用表检查各只二极管是否正常，电解电容容量是否正常，偶尔有功率部分正常了，但电机转动不平稳（在慢速时较明显）就是由电源部分故障引起的。功率板部分修复后，需在模拟台上带负载运行考核，能正常运行4h以上，才算是彻底修复了。

6.2.2.2 维修实例

维修实例1：一台半闭环数控车床（广州GSK928TC系统）。

故障现象：按Z向系统显示数值变化，拖板不动，但是系统不显示报警。

故障检修过程：按Z向观察交流伺服驱动器面板数值作相应变化，说明Z向电机和交流伺服驱动器都是正常的，问题应该出在电机和丝杠连接部分，打开发现电机和丝杠连接同步带已断，更换同型号同步带试车正常，更换同步带时要注意电机和丝杠连接松紧要合适，太松容易造成Z向不准，太紧容易造成电机负荷过重，容易引起交流伺服电机损坏，同时还要注意Z向交流伺服电机同步带轮和丝杠同步带轮位置要上下平行左右一致，否则安装位置不一致容易造成Z向同步带的损坏。

维修实例2：一台半闭环数控车床（广州GSK928TE系统）。

故障现象：系统显示正向超程报警。

故障检修过程：询问操作工说刚手摇Z向丝杠，复位手动方式走Z-方向，一走就报警，打开Z向限位开关，测开关正常。更改Z向系统尺寸，还是报警。会不会是X向限位呢？打开X向护罩，发现X向正限位被压下，X向向X-走，报警解除。

小结：这种系统限位报警不显示X向或Z向，在维修时两个方向都试一下就能确定是哪个方向限位。

维修实例3：一台半闭环数控车床（广州GSK928TE系统）。

故障现象：Z向忽大忽小。

故障检修过程：首先检查驱动器和伺服电机，驱动器参数设置正确，伺服电机线圈阻值和绝缘正常。用百分表测丝杠间隙正常，车工在此试活，加工第三件时尺寸又小了。这种机床Z向电机和丝杠采用胀套连接，试着紧胀套，再次加工多件，正常。

维修实例4：一台半闭环数控车床（广州GSK928TE系统）。

故障现象：X向驱动器（DA98A）显示4号报警（位置超差报警）。

故障检修过程：首先检查伺服电机阻值正常，查编码器插座接地，更换插座。试车正常。

维修实例5：一台半闭环数控机床（广州GSK928TC系统）。

故障现象：车活时Z向不准，时大时小。

故障检修过程：用百分表测Z向间隙与参数输入值相同，断电用摇把手摇Z向丝杠无死点，轻沉适中，说明丝杠没有问题，用万用表测交流伺服电机三相阻值平衡且不接地，接着检查Z向伺服电机连接同步带和同布带轮，发现Z向伺服电机同步带轮固定螺母已掉，造成电机同步带轮松动引起Z向不准，把Z向伺服电机同步带轮固定螺母拧紧，试车正常。

维修实例6：一台半闭环数控车床（广州GSK928TC系统）。

故障现象：机床在更换X向伺服电机后运行时电机反向，更改系统参数后试车，电机还是反向。

故障检修过程：查看系统说明书，可以在不改变其他外部条件的情况下，改变电机的旋转方向，使刀架实际移动方向和系统定义方向相同。在改变电机位参数后，按复位键或重新上电方能有效。

维修实例7：一台半闭环数控车床（广州GSK928TC系统）。

故障现象：系统显示 X 轴驱动报警，DA98 驱动器显示 4 号报警。

故障检修过程：DA98 驱动器显示 4 号报警意义为：位置超差报警。产生原因有机械和电气两个因素。首先用万用表测交流伺服电机线圈电阻和对地都正常，接着检查了交流伺服驱动器参数与设置一致，然后断电用摇把摇丝杠感觉特沉，摘开护罩检查发现 X 向丝杠后端轴承有锈，换轴承后正常。这台车床是精车加工过程中经常加冷却液，而车工日常保养不到位导致轴承缺油有锈转动不灵活，车工日常保养一定要按要求做，这能减少很多故障。

维修实例 8：一台半闭环数控车床（广州 GSK928TC 系统）。

故障现象：机床在一次撞车故障发生后换 Z 向伺服电机，之后出现加工圆弧或斜面光洁度很差，又很明显的波纹。

故障检修过程：首先检查伺服电机线圈阻值和绝缘正常，检查伺服电机与丝杠连接同步带都正常，优化伺服电机驱动器参数再次试车，加工圆弧和斜面还是和以前的情况一样。接着拆下 Z 向丝杠，清洗珠粒，装配试车加工圆弧还是光洁度很差，又很明显的波纹，接着检查了托板的压板没有松动，用百分表测导轨走 Z 向在正常值内。接着检查刀架锁紧也正常。接着用百分表在单步状态下测 Z 向伺服电机，发现走得不均匀，断电拆下伺服电机检查，发现伺服电机用手盘动时半圈轻半圈沉，显然伺服电机存在问题，这台电机刚维修过，说明维修还存在问题，换一台备用同型号伺服电机试车，加工圆弧和斜面都正常了，拆下电机返厂维修。

维修实例 9：一台半闭环数控车床（广州 GSK928TC 系统）。

故障现象：车工在加工一件盲孔时突然第一刀往 Z－走了 0.20mm。

故障检修过程：在加工过程中尺寸突然变化，有很多可能：刀偏变化（这种变化如果处理不及时有可能引起撞车）、丝杠掩住铁屑过沉引起等。首先检查程序和刀偏都正确，车工编写的程序有 20 个，让车工把当前加工程序留着，其余程序都删掉，接着断电用摇把摇丝杠，第一下沉接着摇就没事了，为了确定是丝杠故障还是交流伺服电机故障，打开同步带护罩，用摇把摇丝杠发现同步带有一处中间有一个大铁屑露出来了，摘下同步带检查，估计是铁屑飞到同步带护罩同步带内，铁屑把同步带扎破造成加工尺寸变化。换同步带再摇丝杠正常，车工试车加工尺寸稳定。

维修实例 10：一台半闭环数控车床（广州 GSK928TE 系统）。

故障现象：Z 轴交流伺服电机冒烟。

故障检修过程：首先断电测 Z 轴交流伺服电机阻值，测三相已无阻值，电机线圈已坏。拆下电机检查 Z 轴丝杠，发现丝杠很沉，丝杠上没有润滑油，这种机床刚改装成自动加油，使用才一个星期，车工按操作面板上加油按钮点动加油，观察丝杠上没有油，观察加油电机不动作，测电机已无阻值，说明电机已坏，润滑电机车工没发现导致丝杠在没有润滑的情况下工作负载加重导致伺服电机过载发热烧化线圈。更换润滑电机，更换备用 Z 轴伺服电机，试车正常。原伺服电机返厂维修。

维修实例 11：一台半闭环数控车床（广州 GSK928TE 系统）。

故障现象：系统显示 X 轴驱动报警，DA98 驱动器显示 9 号报警。

故障检修过程：参照 DA98 交流伺服驱动器说明书，9 号报警是编码器故障报警。首先检查伺服电机反馈电缆线，按照接线图逐一对照量通断，果然有一个根线不通，拆开电机侧和驱动器侧分别检查，发现电机侧有一根线断，重新焊接，装配试车恢复正常。

维修实例 12：一台半闭环数控车床（广州 GSK928TC 系统）。

故障现象：系统显示 X 轴驱动报警，DA98 驱动器显示 4 号报警。

故障检修过程：断电用摇把摇丝杠轻沉适中，可以排除丝杠的因素；用万用表测交流伺服电机线圈电阻正常，但是对地值只有 0.4MΩ，低于 0.5MΩ 的正常值。于是打开 X 向电机插头再测电机线圈电阻正常和对地值正常，说明电机线圈正常，问题在电机插头上，测插头果然接地，拆开插头发现在接线柱之间有冷却液的痕迹，用改锥把冷却液痕迹刮干净，再用酒精擦干净，等干燥后再测对地值，如果大于 0.5MΩ 就可以使用，如果低于 0.5MΩ 或者在打开电机插头时发现插头烧坏就更换电机插头，此台电机插头干燥后正常使用了，在电机护罩上再加一层防水胶皮防止冷却液渗入电机。

小结： 车工在加工工件过程中，根据工件大小和工序选择是否加冷却液，这样可在加工中延长刀具使用时间，冷却液品种不同起的作用也不同。而许多故障正是由于冷却液的渗入引起的，冷却液渗入电气线路和配件可引起短路，冷却液渗入轴承和其他机械件可引起性能不良引起机械故障。加不加冷却液是个矛盾，首先要做好防护工作，另外要适量加。

维修实例 13： 一台太原产 NC40B 型号数控车床（广州 GSK980TA 系统，此系统是机床大修后更换的）。

故障现象： 在加工过程中经常出现 X 向驱动器报警（驱动器显示 9 号报警）。

故障检修过程： 参照 DA98 交流伺服驱动器说明书，9 号报警是编码器故障报警，报警产生原因和处理方法见表 6-19。

表 6-19 编码器故障产生原因和处理方法

产生原因	处理方法
编码器接线错误	检查接线
编码器损坏	更换电机
编码器电缆不良	换电缆
编码器电缆过长，造成编码器供电电压过低	缩短电缆或采用多芯并联电缆

按照说明书逐项检查，发现 X 向驱动器编码器线有的电阻大，打开检查编码器插头焊接良好，用万用表测插头与所焊线都很好，说明问题在电缆上。检查电缆发现屏蔽电缆屏蔽层很硬，机床在运动过程中电缆跟着运动，由于电缆缺少韧性，电缆内的线很容易扯断。更换电缆后试车，X 向恢复正常。

维修实例 14： 一台太原产 NC40B 型号数控车床（广州 GSK980TA 系统，此种系统是机床大修后更换的）。

故障现象： 在加工过程中出现 Z 向驱动器报警（驱动器显示 4 号报警）。

故障检修过程： 参照 DA98 交流伺服驱动器说明书，4 号报警是位置超差报警，报警产生原因和处理方法见表 6-20。

表 6-20 位置超差报警产生原因和处理方法

运行状态	报警原因	处理方法
接通控制电源时出现	电路板故障	换伺服驱动器
接通主电源及控制线，输入指令脉冲，电机不转动	电机 U、V、W 引线接错；编码器引线接错	正确接线
	编码器故障	换伺服电机
	设置位置超差检测范围太小	增加位置超差检测范围
	位置比例增益太小	增加增益
	转矩不足	检查转矩限制值 减小负载容量 换更大功率的驱动器和电机
	指令脉冲频率太高	降低频率

因为报警是在车工加工过程中出现的，基本可以排除接线错误和设定参数错误。主要检查负载是否过载，断电用摇把摇丝杆感觉沉，检查丝杠和电机连接部分，发现伺服电机同步带轮上缠有一块水洗布，转动丝杠把水洗布拿出，再转动丝杠感觉轻多了，给电走 Z 向丝杠正常。询问操作工，原来操作工把水洗布放到车床上，来回拉门时可能水洗布掉到电机同步带轮上造成了故障，另外主要是电机与丝杠连接部分没有加护罩，做一护罩加到电机与丝杠连接部分上。

维修实例 15：一台半闭环数控车床（广州 GSK928TC 系统）。

故障现象：系统显示 X 轴驱动报警，DA98 驱动器显示 9 号报警。

故障检修过程：断电后重新启动系统，走 X 向正常。车工又加工了几件活又出现交流伺服驱动器 9 号报警。根据说明书逐项检查，当打开伺服电机编码器插头时发现有一根线断，找到断线，因这根断线比其他线短了，所以在断线处加一小段同规格同颜色的线焊上，穿上蜡管，用万用表测编码器电缆线都通。摘下伺服电机编码器护盖，检查编码器线接线良好，插上编码器插头给电试车，X 向恢复正常。

维修实例 16：一台半闭环数控车床（广州 GSK928TC 系统）。

故障现象：机床在自动加工过程中退刀时先退 Z 向后，接着转刀，在退 X 向（X 向往 $X-$ 方向退，也就是向操作工站立方向退），系统显示往 $X-$ 方向退，可是托板向 $X+$ 方向走。

故障检修过程：系统转到手动方式，走 X 向正常。为了验证是软件故障还是线路故障，首先断电侧 X 向伺服电机和插接线路都正常，检查系统参数也正常。把 X 向和 Z 向驱动器对调，试车 X 向在走加工程序时都正常退刀时还是产生和上述相同的故障，这样就基本排除了线路故障。接着检查程序，让操作工把程序仔细检查一遍，没有发现故障，于是找来一名经验丰富的车工检查程序，也没有发现问题。我们开始让操作工记下程序，把所有程序删除，重新输入原程序，试车还是出现相同的故障。仔细检查程序，是不是程序编制有问题呢？我让操作工把退刀程序首先改成 X 向往 $X+$ 方向退，试车屏幕显示与实际运行方向一致。重新改回 X 向往 $X-$ 方向退，也就是向操作工站立方向退，系统显示往 $X-$ 方向退，可是托板还是向 $X+$ 方向走。接着试着先退 Z 向，先不转刀，先退 X 向后再转刀，试车系统恢复正常。系统对编程有一定的内在要求，遇到问题时可以试着修改直到解决问题为止。

维修实例 17：一台德州机床厂产广泰数控系统机床。

故障现象：X 轴伺服驱动器显示 5 号报警。

故障检修过程：首先对照驱动器说明书找到报警号检查电机及接线和反馈接线都正常，然后采用对照法把 X 轴驱动器和 Z 轴驱动器对换，Z 轴报警，说明是驱动器自身故障，对照说明书，驱动器模块损坏，主要原因是当时连日下雨天气潮湿造成模块损坏，把驱动器发到厂家维修后装配，机床恢复正常。

维修实例 18：一台汉川 XK715D 数控铣床（系统为 FANUC 0i）。

故障现象：机床在自动加工过程中出现 436 号报警（Z 轴）。

故障检修过程：首先查看系统说明书，436 号报警意义为：软件保护 VOL。首先检查了 Z 轴交流伺服电机报闸线路，断电后用万用表测 Z 轴电机报闸线圈阻值正常，切不可接地，系统给电观察报闸继电器吸合正常，但是手动一走 Z 轴报闸继电器就断开了，报警产生。接着检查经询问操作工，决定把主轴上铣刀先卸下，卸下后发现铣刀已坏，然后重新启动系统，手动走 Z 向正常。后经检查发现，加工工件存在缺陷导致铣刀加工中别劲导致系统保护报警。再次试车正常。

维修实例 19：某采用西门子系统的数控机床。

故障现象：机床在自动运行过程中多次发现 70016 号报警。

故障检修过程：首先查阅系统报警说明书，70016号报警为使能未加上，也就是伺服保护报警。首先打开配电柜检查发现驱动器功率板显示607号报警，经咨询厂家607号报警为伺服功率模块故障。查外围线路伺服电机和插接均正常，判定伺服功率板故障。后拆开检查未找到故障点，与厂家联系把驱动器功率板返厂维修，修回后安装故障排除。

维修实例20：一台半闭环数控机床，交流伺服驱动单元，交流伺服电机，主轴变频器控制无级变速，系统为广州数控设备有限公司生产的GSK928TC数控系统。

故障现象：手动状态下，运行X轴不动作。

故障检修过程：系统加电，屏幕显示正常，进入手动状态，运行X轴不动作，打开配电箱X轴驱动单元显示Err3报警。测量X轴交流伺服电机的绝缘良好，三相平衡，测量刹车线圈未发现异常现象，怀疑X轴驱动单元出现故障。测量X轴准备好信号（即电缆插头CN1的端子1与端子16）不通，由于此信号控制X轴刹车线圈，系统上电，X轴CN1的端子1与端子16接通，中间继电器吸合，刹车线圈得电释放，上电后CN1的端子1与端子16却不通，X轴刹车线圈未得电仍处于刹车状态，系统运行出现驱动单元报警。拆下驱动单元，打开外壳，顺着线路测量发现有一电阻虚焊，重新焊好，检查其他元器件无发现异常现象。安装好驱动单元重现上电，测量刹车线圈两端电压正常，运行X轴良好，报警消除，机床恢复正常。

维修实例21：一台半闭环数控机床，交流伺服驱动单元，交流伺服电机，主轴变频器控制无级变速，系统为广州数控设备有限公司生产的GSK928TC数控系统。

故障现象：手动状态下，运行Z轴不动作。

故障检修过程：系统加电，屏幕显示正常，进入手动状态，运行X轴不动作，打开配电箱观察Z轴驱动单元发现其屏幕黑屏无显示，测量其三相电压正常，断定Z轴驱动单元出现故障。

拆下驱动单元，打开外壳，首先从外观观察，看不出什么问题，由于屏幕不显示，怀疑其电源出现故障，加电测量电源板无5V、15V，断电，静态测量其电源部分，发现FD3二极管已击穿，更换二极管显示正常，进一步测量驱动部分，场效应管IRFP460亦损坏，更换后再测量其他元件无发现异常，安装好驱动单元以为找到问题。到机床试车，Z轴运行一会又出现故障，Z轴驱运单元屏幕显示Err11报警。

查DA98A全数字式交流伺服系统有关技术资料：Err11报警为IPM模块故障。故障原因如下。

①电路板故障。更换伺服驱动单元。

②供电电压偏低。检查驱动单元，重新上电，测量电源电压。

③驱动单元U、V、W之间短路，检查接线。

④接地不良，正确接地。

⑤过热。更换驱动单元。

⑥受到干扰。增加线路滤波器。

针对以上内容逐步检查，其中将正常的X轴驱动单元、给定电缆、反馈电缆分别与Z轴驱动单元互换，X轴正常，Z轴仍Err11报警，由此断定，Z轴驱动单元已修好。仍未解决问题。我们又从头至尾仔细想了想，觉得负载存在问题，检查机械方面正常，只能怀疑电机，测量电机三相平衡，用万用表测量电机的绝缘情况，亦测不出什么问题，尽管如此，还是怀疑电机有问题，于是用百万欧姆、500V摇表测量电机绝缘，结果绝缘对地不良（0.2MΩ），进一步检查发现电机的四芯航空插头绝缘不太好，更换航空插头试车，Z轴运行良好，报警消除，机床恢复正常。

维修实例22：某采用FANUC 0T数控系统的数控车床。

故障现象：开机时全部动作正常，伺服进给系统高速运动平稳、低速无爬行，加工的零件精度全部达到要求。当机床正常工作5～7h后（时间不定），Z轴出现剧烈振荡，CNC报警，机床无法正常工作。这时，即使关机再启动，只要手动或自动移动Z轴，在所有速度范围内，都发生剧烈振荡。但是，如果关机时间足够长（如第二天开机），机床又可以正常工作5～7h，并再次出现以上故障，如此周期性重复。

故障检修过程：该机床X、Z分别采用FANUC5、10型AC伺服电机驱动，主轴采用FANUC8SAC主轴驱动，机床带液压夹具、液压尾架和15把刀的自动换刀装置，全封闭防护，自动排屑。因此，控制线路设计比较复杂，机床功能较强。根据以上故障现象，首先从大的方面考虑，分析可能的原因不外乎机械、电气两个方面。在机械方面，可能是由于贴塑导轨的热变形、脱胶，滚珠丝杠、丝杠轴承的局部损坏或调整不当等原因引起的非均匀性负载变化，导致进给系统的不稳定。在电气方面，可能是由于某个元器件的参数变化，引起系统的动态特性改变，导致系统的不稳定等。鉴于本机床采用的是半闭环伺服系统，为了分清原因，维修的第一步是松开Z轴伺服电机和滚珠丝杠之间的机械连接，在Z轴无负载的情况下，运行加工程序，以区分机械、电气故障。经试验发现：故障仍然存在，但发生故障的时间有所延长。因此，可以确认故障为电气原因，并且和负载大小或温升有关。由于数控机床伺服进给系统包含了CNC、伺服驱动器、伺服电机三大部分，为了进一步分清原因，维修的第二步是将CNC的X轴和Z轴的速度给定和位置反馈互换（CNC的M6与M8、M7与M9互换），即利用CNC的X轴指令控制机床的Z轴伺服和电机运动，CNC的Z轴指令控制机床的X轴伺服和电机运动，以判别故障发生在CNC或伺服。经更换发现，此时CNC的Z轴（带X轴伺服和电机）运动正常，但X轴（带Z轴伺服和电机）运动时出现振荡。据此，可以确认故障在Z轴伺服驱动或伺服电机上。考虑到该机床X、Z轴采用的是同系列的AC伺服驱动，其伺服PCB板型号和规格相同，为了进一步缩小检查范围，维修的第三步是在恢复第二步CNC和X、Z伺服间的正常连接后，将X、Z的PCB板经过调整设定后互换。经互换发现，这时X轴工作仍然正常，Z轴故障现象不变。

根据以上试验和检查，可以确认故障是由于Z轴伺服主电路或伺服电机的不良而引起的。但由于X、Z电机的规格相差较大，现场无相同型号的伺服驱动和电机可供交换，因此不可以再利用“互换法”进行进一步判别。考虑到伺服主电路和伺服电机的结构相对比较简单，故采用了原理分析法再进行以下检查，具体步骤如下。

(1) 伺服主回路分析

经过前面的检查，故障范围已缩小到伺服主回路与伺服电机上，当时编者主观认为伺服主回路，特别是逆变功率管由于长时间在高压、大电流情况下工作，参数随着温度变化而变值的可能性较大。为此测绘了实际AC驱动主回路原理图（说明：后来的事实证明这一步的判断是不正确的，但为了如实反映当时的维修过程，并便于读者系统参考，现仍将本部分内容列出）。根据实物测绘的FANUCAC伺服主回路原理图（板号：A06B-6050-H103）。根据原理图可以分析、判断图中各元器件的作用如下。

NFB1为进线断路器，MCC为伺服主接触器，ZNR为进线过电压抑制器，VA～VF为直流整流电路，TA～TF为PWM逆变主回路。C_1、C_2、C_3、R_1为滤波电路，V1、V2、R_2、T1为直流母线电压控制回路。R_3为直流母线电流检测电阻，R_4、R_5为伺服电机相电流检测电阻，R_6～R_8为伺服电机能耗制动电阻。经静态测量，以上元器件在开机时及发生故障停机后其参数均无明显变化，且在正常范围。为进一步分析判断，在发生故障时，对主回路的实际工作情况进行了以下分析测量。

对于直流整流电路，若VA～VF正常，则当输入线电压U_1为200V时，A、B间的直流平均电压应为：$U_{AB}=1.35\times U_1=270$V考虑到电容器$C_1$的作用，直流母线的实际平均电压应为整流电压的1.1～1.2倍，即300～325V。实际测量（在实际伺服单元上，为CN3的端子5与CN4的端子1间），此值为正常，可以判定VA～VF无故障。对于直流母线控制回路，若V1、V2、T1、R_2、R_3工作正常，则C、D间的直流电压应略低于A、B间的电压，实际测量（在实际伺服单元上，为CN4的端子1与CN4的端子5间），此值正常，可以判断以上元器件无故障。但测量TA～TF组成的PWM逆变主回路输出（T1的端子5～7），发现V相电压有时通时断的现象，由此判断故障应在V相。为了进一步确认，维修时将U相的逆变晶体管（TA、TB）和V相的逆变晶体管（TC、TD）进行互换，但故障现象不变。经以上检查，可以确认故障原因应在伺服电机上。

(2) 伺服电机检查与维修

在故障范围确认后，对伺服电机进行了仔细的检查，最终发现电机的V相绝缘电阻在故障时变小，当放置较长时间后，又恢复正常。为此，维修时按以下步骤拆开了伺服电机。

① 松开后盖连接螺钉，取下后盖。

② 取出橡胶盖。

③ 取出编码器连接螺钉，脱开编码器和电机轴之间的连接。

④ 松开编码器固定螺钉，取下编码器。注意：由于实际编码器和电机轴之间是锥度啮合，连接较紧，取编码器时应使用专门的工具，小心取下。

⑤ 松开安装座连接螺钉，取下安装座。这时，可以露出电机绕组5，经检查，发现该电机绕组和引出线中间的连接部分由于长时间冷却水渗漏，绝缘已经老化；经过重新连接、处理，再根据电机内部图重新安装上安装座，并固定编码器连接螺钉，使编码器和电机轴啮合。

(3) 转子位置的调整

在完成伺服电机的维修后，为了保证编码器的安装正确，又进行了转子位置的检查和调整，方法如下。

① 将电机电枢线的V、W相（电枢插头的端子B、C）相连。

② 将U相（电枢插头的端子A）和直流调压器的“+”端相连，V、W和直流调压器的一端相连，编码器加入+5V电源（编码器插头的端子J、N间）。

③ 通过调压器对电机电枢加入励磁电流。这时，因为$I_U=I_V+I_W$，且$I_V=I_W$，事实上相当于使电机工作在90°位置，因此伺服电机（永磁式）将自动转到U相的位置进行定位。注意：加入的励磁电流不可以太大，只要保证电机能进行定位即可（实际维修时调整在3～5A）。

④ 在电机完成U相定位后，旋转编码器，使编码器的转子位置检测信号C1、C2、C4、C8（编码器插头的端子C、P、L、M）同时为1，使转子位置检测信号和电机实际位置一致。

⑤ 安装编码器固定螺钉，装上后盖，完成电机维修。

经以上维修，机床恢复了正常。

维修体会与维修要点：在数控机床维修过程中，有时会遇到一些比较特殊的故障，例如，有的机床在刚开机时，系统和机床工作正常，但当工作一段时间后，将出现某一故障。这种故障有的通过关机清除后，机床又可以重新工作；有的必须经过较长的关机时间，让机床休息一段时间，机床才能重新工作。此类故障称为软故障。软故障的维修通常是数控机床维修中最难解决的问题之一。由于故障的不确定性和发生故障的随机性，使得机床时好时坏，这给检查、测量带来了相当的困难。维修人员必须具备较高的业务水平和丰富的实践经验，仔细分析故障现象，才能判定故障原因，并加以解决。

对于软故障的维修，在条件许可时，使用互换法可以较快地判别故障所在，而根据原理的分析，是解决问题的根本办法。维修人员应根据实际情况，仔细分析故障现象，才能判定故障原因，并加以解决。

维修实例 23： 一台配套 FANUC0TE-A2 系统的数控机床。

故障现象： *X* 轴运动时出现 ALM401 报警。

故障检修过程： 检查报警时 *X* 轴伺服驱动板 PRDY 指示灯不亮，OV、TG 两报警指示灯同时亮，CRT 上显示 ALM401 号报警。断电后 NC 重新启动，按 *X* 轴正/负向运动键，工作台运动 2～3s，又出现 ALM401 号报警，驱动器报警不变。

由于每次开机时，CRT 无报警，且工作台能运动，一般来说，NC 与伺服系统应工作正常，故障原因多是伺服系统过载。为了确定故障部位，考虑到本机床为半闭环结构，维修时首先脱开了电机与丝杠间的同步齿形带，检查 *X* 轴机械传动系统，用手转同步带轮及 *X* 轴丝杠，刀架上下运动平稳正常，确认机械传动系统正常。检查伺服电机绝缘、电机电缆、插头均正常。但用电流表测量 *X* 轴伺服电机电流，发现 *X* 轴静止时，电流值在 6～11A 范围内变动，因 *X* 轴伺服电机为 A06B-0512-B205 型电机，额定电流为 6.8A，在正常情况下，其空载电流不可能大于 6A，判断可能的原因是电机制动器未松开。进一步检查制动器电源，发现制动器 DC90V 输入为 0，仔细检查后发现熔断器座螺母松动，连线脱落，造成制动器不能松开。重新连接后，确认制动器电源已加入，开机，故障排除。

维修实例 24： 一台配套 FANUC16B 系统、α 伺服驱动的进口立式加工中心。

故障现象： 在自动加工过程中，经常出现 *Y* 轴 ALM414、ALM411 报警。

故障检修过程： FANUC16B 系统出现 ALM414、ALM411 的含义及分析过程可参考厂家维修说明书，通过诊断参数 DGN200、DGN201 检查，出现报警时 DGN200bit7＝1，DGN201bit7＝0，表明故障原因为 *Y* 轴电机过热。在故障时手摸 *Y* 轴伺服电机，感觉电机外表发烫，证明 *Y* 轴电机事实上存在过热。由于机床在开机后的一定时间内工作正常、无报警，因此，初步判定故障是 *Y* 轴负载太大引起的。在停机后，手动转动 *Y* 轴丝杠，发现转动十分困难，由此确认故障原因在机械部分。维修时检查 *Y* 轴拖板与导轨，发现该机床床身上切屑堆积，*Y* 轴导轨污染严重。清除铁屑，拆下 *Y* 轴导轨镶条，对拖板进行全面清理、维护保养后，经连续运行试验，故障消失，机床恢复正常工作。

维修实例 25： 一台配套 FANUC16B 系统、α 伺服驱动的进口立式加工中心。

故障现象： 在回转工作台（*A* 轴）回转时，出现 *A* 轴 ALM414、ALM411 报警。

故障检修过程： FANUC16B 系统出现 ALM414、ALM411 的含义及分析过程同前述，通过诊断参数检查确认，故障原因是 *A* 轴过载。现场分析，该机床 *A* 轴为回转工作台，并有带液压夹具的尾架，引起 *A* 轴过载的原因可能与回转台的松开与尾架的松开动作有关。为了确定故障部位，在维修过程中，取下了液压夹具，使尾架与回转台连接脱开后，再开机试验，机床故障消失，由此判定，导致 *A* 轴过载的原因可能与尾架有关。开机，松开尾架后，手动转动尾架发现转动困难，重新调节尾架夹紧、松开机构，在确认尾架能可靠松开后，开机试验，故障消失，机床恢复正常。

维修实例 26： 一台配套 SIEMENS820M 系统、611A 交流伺服驱动的进口立式加工中心。

故障现象： 由于加工需要，原机床的第 4 轴在加工工件时需要暂时撤销。用户在取下回转工作台后，机床出现“驱动器未准备好”报警。

故障检修过程： 鉴于在装上 *A* 轴后，机床全部动作正常，确定故障原因是由于取下了 *A* 轴转台后引起的驱动器报警。在 SIEMENS810/820M 中，当取消第 4 轴时，可以通过设置机床参数对 CNC 进行撤销。但由于 *A* 轴驱动器使用的是 611A 双轴控制模块，无法单独取消 *A* 轴驱动，从而导致了驱动器未准备好报警。在这种情况下，必须对驱动器进行处理，具体方法如下。

① 在611A的伺服驱动器上取下A轴测速反馈连接X311，准备一个与测速反馈连接同规格的备用插头。

② 短接备用插头的端子11、端子12模拟温度检测开关，取消因A轴电缆未连接时产生的过热报警。

③ 短接备用插头的端子7、端子8、端子14、端子15，将三相测速反馈电压置0。

④ 在插头的端子5、端子6上各接入一个1kΩ的电阻，同时连接到端子2（0V），将转子位置检测的RLGR、RLGT置0信号状态。

⑤ 将插头的端子13通过1kΩ的电阻连接到端子4（+15V），将转子位置检测的RLGS置1信号状态。

⑥ 将连接好的备用插头插入611A驱动器的原测速反馈的X311上。

通过以上处理后，开机试验，驱动器准备好信号恢复，机床可以在取消A轴后正常工作。以上方法还可以用于利用双轴模块代替单轴模块的场合，并经编者多次试验均正常无误。这一方法同样适用于6SC610系列驱动器（在这种情况下，插头规格及端子号应作相应变化，但对信号的处理不变）。

维修实例27：一台采SIEMENS820M系统，配套611A交流伺服驱动的数控铣床。

故障现象：在加工零件时，当切削量稍大时，机床出现+Y方向爬行，系统显示1041报警。

故障检修过程：SIEMENS820M系统1041报警的含义是Y轴速度调节器输出达到D/A转换器的输出极限。经检查伺服驱动器，发现Y轴伺服驱动器的报警指示灯亮。为了尽快确认报警引起的原因，考虑到该机床的Y轴与Z轴使用的是同型号的伺服驱动器与电机，维修时首先按以下步骤进行调换。

① 在611A驱动器侧，将Y轴伺服电机的测速反馈电缆与Z轴伺服电机的测速反馈电缆互换。

② 在611A驱动器侧，将Y轴伺服电机的电枢电缆与Z轴伺服电机的电枢电缆互换。

③ 在CNC侧，将Y轴伺服电机的位置反馈/给定电缆与Z轴伺服电机的位置反馈/给定电缆互换。

经过以上处理，事实上已经完成了Y轴与Z轴驱动器、CNC位置控制回路的相互交换。重新启动机床，发现伺服驱动器Y上的报警灯不亮，而伺服驱动器Z上的报警灯亮，由此可以判断，故障的原因不在驱动器、CNC位置控制回路，可能与Y轴伺服电机及机械传动系统有关。

根据以上判断，考虑到该机床的规格较大，为了维修方便，首先检查了Y轴伺服电机。在打开电机防护罩后检查，发现Y轴伺服电机的位置反馈插头明显松动；重新将插头扭紧，并再次开机，故障现象消失。进一步恢复伺服驱动器的全部接线，回到正常连接状态，重新启动机床报警消失，机床恢复正常运转。

维修实例28：某配套SIEMENS 810M的进口立式加工中心。

故障现象：在用户更换了611A双轴模块后，开机X、Y出现尖叫声，系统与驱动器均无故障。

故障检修过程：SIEMENS611A驱动器开机时出现尖叫声的情况，在机床首次调试时经常会遇到，主要原因是驱动器与实际进给系统的匹配未达到最佳值而引起的。

对于这类故障，通常只要通过驱动器的速度环增益与积分时间的调节即可进行消除，具体方法如下。

① 根据驱动模块及电机规格，对驱动器的调节器板的S2进行正确的电流调节器设定。

② 将速度调节器的积分时间 T_n 调节电位器（在驱动器正面），逆时针调至极限（$T_n \approx$ 39ms）。

③ 将速度调节器的比例 K_p 调节电位器（在驱动器正面），调整至中间位置（$K_p \approx 7 \sim 10$）。

④ 在以上调整后，即可以消除伺服电机的尖叫声，但此时动态特性较差，还要进行下一步调整。

⑤ 顺时针慢慢旋转积分时间 T_n 调节电位器，减小积分时间，直到电机出现振荡声。

⑥ 逆时针稍稍旋转积分时间 T_n 调节电位器，使电机振荡声恰好消除。

⑦ 保留以上位置，并作好记录。

本机床经以上调整后，尖叫声即消除，机床恢复正常工作。

维修实例 29：一台配套 FAGOR 8030 系统、SIEMENS 6SC610 交流伺服驱动的立式加工中心。

故障现象：在自动工作时，偶然出现 X 轴剧烈振动。

故障检修过程：机床在出现故障时，关机后再开机，机床即可以恢复正常，且在故障时检查，系统、驱动器都无报警，而且振动在加工过程中只是偶然出现。在振动时检查系统的位置跟随误差显示，发现此值在 0～0.1mm 范围内振动，可以基本确认数控系统的位置检测部分以及位置测量系统均无故障。

由于故障的偶然性，而且当故障发生时只要通过关机，即可恢复正常工作，这给故障的诊断增加了困难。为了确认故障部位，维修时将 X、Y 轴的驱动器模块、伺服电机分别作了互换处理，但故障现象不变。因此，初步确定故障是由于伺服电机与驱动器间的连接电缆不良引起的。仔细检查伺服电机与驱动器间的连接电缆，未发现任何断线与接触不良的故障，而故障依然存在。为了排除任何可能的原因，维修时利用新的测速反馈电缆作为临时线替代原电缆试验，经过长时间的运行确认故障现象消失，机床恢复正常工作。为了找到发生故障的根本原因，维修时取下了 X 轴测速电缆进行仔细检查，最终发现该电缆的 11# 线（测速发电机 R 相连接线）在电缆不断弯曲的过程中有“时通时断”的现象，打开电缆线检查，发现电线内部断裂。更换电缆后，故障排除，机床恢复正常工作。

维修实例 30：一台配套 SIEMENS 810M 的进口双主轴同时加工立式加工中心。

故障现象：在用户更换了 611A 伺服驱动模块后，发现一开机，A 轴电机（数控转台）即出现电机自动旋转，系统显示 ALM1123 A 轴夹紧允差监控。

故障检修过程：SIEMENS 810M 发生 ALM1123 报警可能的原因如下。

① 位置反馈的极性错误。

② 由于外力使坐标轴产生了位置偏移。

③ 驱动器、测速发电机、伺服电机或系统位置测量回路不良。由于该机床更换驱动模块前，已确认故障只是 611A 的 A 轴驱动模块不良，而且确认换上的驱动器备件无故障，因此排除了驱动器、测速发电机、伺服电机不良的原因。

同时，维修时已将 A 轴电机取下，不可能有外力使电机产生位置偏移。综上所述，可以初步确定故障原因与驱动模块的设定有关。取下驱动器的控制板检查，发现换上的驱动器模块的 S2 设定与电机规格不符，SIEMENS 611A 驱动器手册，重新更改 S2 的设定后，机床恢复正常。

维修实例 31：某配套 SIEMENS 810MGA3 的卧式加工中心。

故障现象：机床启动后，发现 X、Y、Z 按下手动方向键后，机床可以非常缓慢地向指定的方向运动，但运动速度、坐标位置均不正确。

故障检修过程：根据机床故障现象分析，此类故障通常是机床的位置检测系统不良引起的。在本机床上，通过系统跟随误差页面检查，发现在机床运动过程中，位置跟随误差也在变化，但其变化速度非常缓慢，明显与机床的实际运动距离不符。维修时首先检查了系统的位置控制系统的参数设定 SIEMENS 810/820MGA3 系统中，与位置控制系统有关的主要参数如下。

MD5002 bit2、1、0：位置控制系统的控制分辨率。

MD5002 bit7、6、5：位置控制系统的输入分辨率。

MD3640、3641、3642：X、Y、Z 轴的电机每转反馈脉冲数（4 倍频后的值）。

MD3680、3681、3682：X、Y、Z 轴的电机每转指令脉冲数（以位置控制系统的分辨率为单位）。

本机床上，X、Y、Z 轴伺服电机内装 2500 脉冲的编码器，位置控制系统的控制分辨率为 0.5μm，位置控制系统的指令分辨率为 1μm，X、Y、Z 轴的丝杠螺距为 10mm，丝杠与电机为直接连接。因此，正确的参数设定应为：

MD5002 bit2、1、0：100。

MD5002 bit7、6、5；010。

MD3640、3641、3642=10000。

MD3680、3681、3682=20000。

检查系统参数设定，发现系统中 MD3680、3681、3682 实际设定为 1，这显然与实际机床不符；更改参数后，机床恢复正常。

维修实例 32：一台配套 SIEMENS 810M 系统、611A 驱动的卧式加工中心机床。

故障现象：开机后，在机床手动回参考点或手动时，系统出现 ALM1120 报警。

故障检修过程：SIEMENS 810M 系统 ALM1120 的含义是 X 轴移动过程中的误差过大，引起故障的原因较多，但其实质是 X 轴实际位置在运动过程中不能及时跟踪指令位置，使误差超过了系统允许的参数设置范围。观察机床在 X 轴手动时，电机未旋转，检查驱动器亦无报警，且系统的位置显示值与位置跟随误差同时变化，初步判定系统与驱动器均无故障。进一步检查 810M 位置控制板至 X 轴驱动器之间的连接，发现 X 轴驱动器上来自 CNC 的速度给定电压连接插头未完全插入。测量确认在 X 轴手动时，CNC 速度给定有电压输出，因此可以判定故障是由于速度给定电压连接不良引起的。重新安装后，故障排除，机床恢复正常工作。

维修实例 33：一台配套 SIEMENS 810M 及 611A 驱动的立式加工中心。

故障现象：在用户开机时，Y 轴出现 ALM1121 报警。

故障检修过程：故障含义及分析过程同前，但在本机床上，测量 611A 驱动器的 Y 轴模拟量输入正确，且插头安装正确。进一步检查系统的伺服使能信号已经输出，分析故障，引起 Y 轴不运动的原因还有“驱动器使能”信号的连接不良。检查此信号，确认 CNC 至驱动器的“Y 轴使能”线连接不良。重新安装、连接后，机床恢复正常。

维修实例 34：一台配套 SIEMENS 810M 的进口双主轴同时加工立式加工中心。

故障现象：在用户更换了 611A 伺服驱动模块后，发现一开机，A 轴电机（数控转台）即出现电机自动旋转，系统显示 ALM1123，A 轴夹紧允差监控。

故障检修过程：SIEMENS 810M 发生 ALM1123 报警可能的原因有以下几个。

① 位置反馈的极性错误。

② 由于外力使坐标轴产生了位置偏移。

③ 驱动器、测速发电机、伺服电机或系统位置测量回路不良。

由于该机床更换驱动模块前，已确认故障只是 611A 的 A 轴驱动模块不良，而且确认换上的驱动器备件无故障，因此排除了驱动器、测速发电机、伺服电机不良的原因。同时，维

修时已将 A 轴电机取下，不可能有外力使电机产生位置偏移。综上所述，可以初步确定故障原因与驱动模块的设定有关。取下驱动器的控制板检查，发现换上的驱动器模块的S2设定与电机规格不符，SIEMENS 611A驱动器手册，重新更改S2的设定后，机床恢复正常。

维修实例35：一台配套SIEMENS 810M及611A交流伺服驱动的立式加工中心。

故障现象：在调试时，出现 X 轴过电流报警。

故障检修过程：由于机床为初次开机调试，可以认为驱动器、电机均无故障，故障原因通常与伺服电机与驱动器之间的连接有关。对照SIEMENS 611A伺服驱动器说明书，仔细检查发现该机床 X 轴伺服电机的三相电枢线相序接反。重新连接后，故障排除。

维修实例36：某配套SIEMENS 802D的数控铣床。

故障现象：开机时不定期地出现伺服驱动器（611U）报警B507、B508等，机床停机后重新启动，通常可以恢复工作。

故障检修过程：611U伺服驱动报警B507、B508的含义如下。

B507：电机转子位置检测错误。

B508：脉冲编码器“零位”信号出错。

以上两个报警都与编码器检测信号有关，一般情况下是属于编码器不良，通常应更换编码器。但是，在本机床中，由于重新启动系统后，伺服故障能自动清除，而且只要启动完成，机床可以长时间正常工作，故可以认为故障的真正原因并非编码器存在故障，而是由其他原因引起的。仔细观察发现，该机床的伺服驱动器在开机通电后，状态可以自动进入RUN状态，表明驱动器可以通过硬件的自检，进一步证明编码器无故障。检查伺服驱动器的故障发生过程，发现故障每次都是在驱动器“驱动使能”信号加入的瞬间发生，若此时无故障，则机床就可以正常启动并工作。因此，分析原因可能是由于伺服系统电机励磁加入的瞬间干扰引起的。进一步检查发现，该机床的第四轴（数控转台）电机是使用中间插头连的，电机的电枢屏蔽线在插头处未连接。经重新连接后故障现象消失，机床恢复正常。

维修实例37：某配套SIEMENS 802D系统的数控铣床。

故障现象：开机时出现ALM380500报警，驱动器显示报警号B504。

故障检修过程：611U伺服驱动器出现B504报警的含义是编码器的电压太低，编码器反馈监控生效。经检查，开机时伺服驱动器可以显示“RUN”，表明伺服驱动系统可以通过自诊断，驱动器的硬件应无故障。经观察发现，故障过程与上例相同，即每次报警都是在伺服驱动系统“使能”信号加入的瞬间出现，因此，分析原因可能是由于伺服系统电机励磁加入的瞬间干扰引起的。重新连接伺服驱动的电机编码器反馈线，进行正确的接地连接后，故障清除，机床恢复正常。

维修实例38：一台采用SIEMENS 810系统的数控磨床。

故障现象：在开机回参考点时，Y 轴出现ALM1121报警和ALM1681报警。

故障检修过程：SIEMENS 810系统ALM1121报警的含义是 Y 轴的跟随误差过大；ALM1681报警的含义是伺服使能信号撤销。手动运动 Y 轴，发现CRT上 Y 轴的坐标值显示发生变化，但实际 Y 轴伺服电机没有运动，当 Y 显示到达机床参数设定的跟随误差极限后，即出现1121报警。检查机床的伺服单元，当出现故障时，其相应伺服控制器上的H1/A报警灯亮，表示伺服电机过载。根据以上现象分析，故障可能是由于运动部件阻力过大引起的。为了确定故障部位，维修时将伺服电机与机械部件脱开，检查发现机械负载很轻，因为机床 Y 轴使用的是带有制动器的伺服电机，初步确定故障是由于制动器不良引起的。

为了确认伺服电机制动器的工作情况，通过加入外部电源，确认制动器工作正常。进一步检查制动器的连接线路，发现制动器电源连接不良，造成制动器未能够完全松开。重新连接后，故障消失。

维修实例 39：一台使用 FAGOR 8025 系统、FAGOR 伺服驱动的立式加工中心。

故障现象：在第一次调试时，出现 X 轴位置测量系统错误报警。

故障检修过程：由于本机床的报警含义明确，出现报警的可能原因是伺服电机内装式编码器不良或编码器连接电缆不良。检查编码器连接电缆正确，初步确定故障是由于编码器引起的。为了确认故障原因，维修时利用同规格的伺服电机进行了替代试验，确认故障是由于内装式编码器不良引起的。考虑到伺服电机为第一次使用，为了找到故障的根本原因，维修时拆下编码器进行仔细检查，最终发现该编码器的内部连接线与插座对应端子的 U_{a1} 与 U_{a0} 线接反。交换连接后，机床恢复正常。

附录　CNC常用术语中英文对照表

ABS (absolute) abbr. 绝对的
absolute adj. 绝对的
AC abbr. 交流
accelerate v. 加速
acceleration n. 加速度
active adj. 有效的
adapter n. 适配器，插头
address n. 地址
adjust v. 调整
adjustment n. 调整
advance v. 前进
advanced adj. 高级的，增强的
alarm n. 报警
ALM (alarm) abbr. 报警
alter v. 修改
amplifier n. 放大器
angle n. 角度
APC abbr. 绝对式脉冲编码器
appendix n. 附录，附属品
arc n. 圆弧
argument n. 字段，自变量
arithmetic n. 算术
arrow n. 箭头
AUTO abbr. 自动
automatic adj. 自动的
automation n. 自动
auxiliary function 辅助功能
axes (axis) n. 轴
background n. 背景，后台
backlash n. 间隙
backspace v. 退格
backup v. 备份
bar n. 栏，条
battery n. 电池
baudrate n. 波特率
bearing n. 轴承
binary adj. 二进制的
bit n. 位
blank n. 空格
block n. 块，段
block n. 撞块，程序段
blown v. 熔断
bore v. 镗
boring n. 镗
box n. 箱体，框
bracket n. 括号
buffer n. v. 缓冲
bus n. 总线
button n. 按钮
cabinet n. 箱体
cable n. 电缆
calculate v. 计算
calculation n. 计算
call v. 调用
CAN (cancel) abbr. 清除
cancel v. 清除
canned cycle 固定循环
capacity n. 容量
card n. 板卡
carriage n. 床鞍，工作台
cassette n. 磁带
cell n. 电池
CH (chanel) abbr. 通道
change v. 变更，更换
channel n. 通道
check v. 检查
chop v. 錾削
chopping n. 錾削
circle n. 圆
circuit n. 电路，回路

circular adj. 圆弧的
clamp v. 夹紧
clear v. 清除
clip v. 剪切
clip board 剪贴板
clock n. 时钟
clutch n. 卡盘，离合器
CMR abbr. 命令增益
CNC abbr. 计算机数字控制
code n. 代码
coder n. 编码器
command n/v. 命令
communication n. 通信
compensation n. 补偿
computer n. 计算机
condition n. 条件
configuration n. 配置
configure v. 配置
connect v. 连接
connection n. 连接
connector n. 连接器
console n. 操作台
constant n. 常数/adj. 恒定的
contour n. 轮廓
control v. 控制
conversion n. 转换
cool v. 冷却
coolant n. 冷却
coordinate n. 坐标
copy v. 拷贝
corner n. 转角
correct v. 改正/adj. 正确的
correction n. 修改
count v. 计数
counter n. 计数器
CPU abbr. 中央处理单元
CR abbr. 回车
cradle n. 摇架
create v. 生成
CRT abbr. 真空射线管
CSB abbr. 中央服务板
current n. 电流，当前的，缺省的
current loop 电流环
cursor n. 光标
custom n. 用户
cut v. 切削
cutter n.（元盘形）刀具
cycle n. 循环
cylinder n. 圆柱体
cylindrical adj. 圆柱的
data n. 数据（复数）
date n. 日期
datum n. 数据（单数）
DC abbr. 直流
deceleration n. 减速
decimal point 小数点
decrease v. 减少
deep adj. 深的
define v. 定义
deg. n. 度
degree n. 度
DEL（delete）abbr. 删除
delay v./n. 延时
delete v. 删除
deletion n. 删除
description 描述
detect v. 检查
detection n. 检查
device n. 装置
DGN（diagnose）abbr. 诊断
DI abbr. 数字输入
DIAG（diagnosis）abbr. 诊断
diagnosis n. 诊断
diameter n. 直径
diamond n. 金刚石
digit n. 数字
dimension n. 尺寸，(坐标系的) 维
DIR abbr. 目录
direction n. 方向
directory n. 目录
disconnect v. 断开
disconnection n. 断开
disk n. 磁盘
diskette n. 磁盘
display v./n. 显示
distance n. 距离

divide v. 除/v. 划分
DMR abbr. 检测增益
DNC abbr. 直接数据控制
DO n. 数字输出
dog switch abbr. 回参考点减速开关
DOS abbr. 磁盘操作系统
DRAM abbr. 动态随机存储器
drawing n. 画图
dress v. 修整
dresser n. 修整器
drill v. 钻孔
drive v. 驱动
driver n. 驱动器
dry run 空运行
duplicate v. 复制
duplication n. 复制
dwell n. /v. 延时
edit v. 编辑
EDT（edit）abbr. 编辑
EIA abbr. 美国电子工业协会标准
electrical adj. 电气的
electronic adj. 电子的
emergency n. 紧急情况
enable v. 使能
encoder n. 编码器
end v. /n. 结束
enter n. 回车/v. 输入，进入
entry n. 输入
equal v. 等于
equipment n. 设备
erase v. 擦除
error n. 误差，错误，故障
esc＝escape v. 退出
exact adj. 精确的
example n. 例子
exchange v. 更换
execute v. 执行
execution n. 执行
exit v. 退出
external adj. 外部的
failure n. 故障
FANUC abbr. （日本）法那克
fault n. 故障
feed v. 进给
feedback v. 反馈
feedrate n. 进给率
figure n. 数字
file n. 文件
filt（filtrate）v. 过滤
filter n. 过滤器
fin（finish）n. 完成（应答信号）
fine adj. 精密的
fixture n. 夹具
FL（回参考点的）低速
flash memory n. 闪存
flexible adj. 柔性的
floppy adj. 软的
foreground n. 前景，前台
format n. 格式/v. 格式化
function n. 功能
gain n. 增益
GE FANUC GE 法那克
gear n. 齿轮
general adj. 总的，通用的
generator n. 发生器
geometry n. 几何
gradient n. 倾斜度，梯度
graph n. 图形
graphic adj. 图形的
grind v. 磨削
group n. 组
guidance n. 指南，指导
guide v. 指导
halt n. /v. 暂停，间断
handle n. 手动，手摇轮
handy adj. 便携的
handy file 便携式编程器
hardware n. 硬件
helical adj. 螺旋上升的
help n. /v. 帮助
history n. 历史
HNDL（handle）n. 手摇，手动
hold v. 保持
hole n. 孔
horizontal a. 水平的
host n. 主机

hour n. 小时
hydraulic adj. 液压的
I/O n. 输入/输出
illegal adj. 非法的
inactive adj. 无效的
inch n. 英寸
increment n. 增量
incremental adj. 增量的
index n. 分度，索引
initial adj. 原始的
initialization n. C523 初始化
initialize v. 初始化
input n. /v. 输入
INS（insert）abbr. 插入
insert v. 插入
instruction n. 说明
interface n. 接口
internal adj. 内部的
interpolate v. 插补
interpolation n. 插补
interrupt v. 中断
interruption n. 中断
interval n. 间隔，间歇
involute n. 渐开线
ISO abbr. 国际标准化组织
jog n. 点动
jump v. 跳转
key n. 键
keyboard n. 键盘
label n. 标记，标号
ladder diagram 梯形图
language n. 语言
lathe n. 车床
LCD abbr. 液晶显示
least adj. 最小的
length n. 长度
LIB（library）n. 库
library n. 库
life n. 寿命
light n. 灯
limit n. 极限
limit switch 限位开关
line n. 直线
linear adj. 线性的
linear scale 直线式传感器
link n. /v. 连接
list n. /v. 列表
load n. 负荷/v. 装载
local adj. 本地的
locate v. 定位，插销
location n. 定位，插销
lock v. 锁定
logic n. 逻辑
look ahead 预，超前
loop n. 回路，环路
LS abbr. 限位开关
LSI abbr. 大规模集成电路
machine n. 机床/v. 加工
macro n. 宏
macro program 宏程序
magazine n. 刀库
magnet n. 磁体，磁
magnetic a. 磁的
main program 主程序
maintain v. 维护
maintenance n. 维护
MAN（manual）abbr. 手动
management n. 管理
manual n. 手动
master adj. 主要的
max adj. 最大的/n. 最大值
maximum adj. 最大的/n. 最大值
MDI abbr. 手动数据输入
meaning n. 意义
measurement n. 测量
memory n. 存储器
menu n. 菜单
message n. 信息
meter n. 米
metric adj. 米制的
mill n. 铣床/v. 铣削
min adj. 最小的/n. 最小值
minimum adj. 最小的/n. 最小值
minus v. 减/adj. 负的
minute n. 分钟
mirror image 镜像

miscellaneous function 辅助功能
MMC abbr. 人机通信单元
modal adj. 模态的
modal G code 模态 G 代码
mode n. 方式
model n. 型号
modify v. 修改
module n. 模块
MON (monitor) abbr. 监控
monitor v. 监控
month n. 月份
motion n. 运动
motor n. 电机
mouse n. 鼠标
MOV (移动) abbr. 移动
move v. 移动
movement n. 移动
multiply v. 乘
N number abbr. 程序段号
N. M 牛顿·米
name n. 名字
NC abbr. 数字控制
NCK abbr. 数字控制核心
negative adj. 负的
nest v. /n. 嵌入，嵌套
nop n. 空操作
NULL abbr. 空
number n. 号码
numeric adj. 数字的
number n. 程序号
octal adj. 八进制的
OEM abbr. 原始设备制造商
OFF abbr. 断
offset n. 补偿，偏移量
ON abbr. 通
one shot G code 一次性 G 代码
open v. 打开
operate v. 操作
operation n. 操作
OPRT (operation) abbr. 操作
origin n. 起源，由来
original adj. 原始的
output n. /v. 输出
over travel 超程
over voltage 过电压
overcurrent 过电流
overflow v. /n. 溢出
overheat n. 过热
overload n. 过负荷
override n. (速度等的) 倍率
page n. 页
page down 下翻页
page up 上翻页
panel n. 面板
PARA (parameter) abbr. 参数
parabola n. 抛物线
parallel adj. 平行的，并行的，并联的
parameter n. 参数
parity n. 奇偶性
part n. 工件，部分
password n. 口令，密码
paste v. 粘贴
path n. 路径
pattern n. 句型，式样
pause n. 暂停
PC abbr. 个人电脑
PCB abbr. 印制电路板
per prep. 每个
percent n. 百分数
pitch n. 节距，螺距
plane n. 平面
PLC abbr. 可编程序逻辑控制器
plus n. 增益/prep. 加/adj. 正的
PMC abbr. 可编程序逻辑控制器
pneumatic adj. 空气的
polar adj. 两极的/n. 极线
portable adj. 便携的
POS (position) abbr. 位置，定位
position v. /n. 位置，定位
position loop 位置环
positive adj. 正的
power n. 电源，能量，功率
power source 电源
preload v. 预负荷
preset v. 预置
pressure n. 压力

preview v. 预览
PRGRM（program）abbr. 编程，程序
print v. 打印
printer n. 打印机
prior adj. 优先的，基本的
procedure n. 步骤
profile n. 轮廓，剖面
program v. 编程/n. 程序
programmable adj. 可编程的
programmer n. 编程器
protect v. 保护
protocol n. 协议
PSW（password）abbr. 密码，口令
pulse n. 脉冲
pump n. 泵
punch v. 穿孔
puncher n. 穿孔机
push button 按钮
PWM abbr. 脉宽调制
query n. 问题，疑问
quit v. 退出
radius n. 半径
RAM abbr. 随机存储器
ramp n. 斜坡
ramp up（计算机系统）自举
range n. 范围
rapid adj. 快速的
rate n. 比率，速度
ratio n. 比值
read v. 读
ready adj. 有准备的
ream v. 铰加工
reamer n. 铰刀
record v./n. 记录
REF（reference）abbr. 参考
reference n. 参考
reference point 参考点
register n. 寄存器
registration n. 注册，登记
relative adj. 相对的
relay v./n. 中继
remedy n. 解决方法
remote adj. 远程的
replace v. 更换，代替
reset v. 复位
restart v. 重启动
RET（return）abbr. 返回
return v. 返回
revolution n. 转
rewind v. 卷绕
rigid adj. 刚性的
RISC abbr. 精简指令集计算机
roll v. 滚动
roller n. 滚轮
ROM abbr. 只读存储器
rotate v. 旋转
rotation n. 旋转
rotor n. 转子
rough adj. 粗糙的
RPM abbr. 转/分
RSTR（restart）abbr. 重启动
run v. 运行
sample n. 样本，示例
save v. 存储
save as 另存为
scale n. 尺度，标度
scaling n. 缩放比例
schedule n. 时间表，清单
screen n. 屏幕
screw n. 丝杠，螺杆
search v. 搜索
second n. 秒
segment n. 字段
select v. 选择
selection n. 选择
self-diagnostic 自诊断
sensor n. 传感器
sequence n. 顺序
sequence number 顺序号
series n. 系列/adj. 串行的
series spindle n. 数字主轴
servo n. 伺服
set v. 设置
setting n. 设置
shaft n. 轴
shape n. 形状

shift v. 移位
SIEMENSE（德国）西门子公司
sign n. 符号，标记
signal n. 信号
skip v. /n. 跳步
slave adj. 从属的
SLC abbr. 小型逻辑控制器
slide n. 滑台/v. 滑动
slot n. 槽
slow adj. 慢
soft key abbr. 软键盘
software n. 软件
space n. 空格，空间
SPC abbr. 增量式脉冲编码器
speed n. 速度
spindle n. 主轴
SRAM abbr. 静态随机存储器
SRH（search）abbr. 搜索
start v. 启动
statement n. 语句
stator n. 定子
status n. 状态
step n. 步
stop v. 停止/n. 挡铁
store v. 储存
strobe n. 选通
stroke n. 行程
subprogram n. 子程序
sum n. 总和
surface n. 表面
SV（servo）abbr. 伺服
switch n. 开关
switch off 关断
switch on 接通
symbol n. 符号，标记
synchronous adj. 同步的
SYS（system）abbr. 系统
system n. 系统
tab n. 制表键
table n. 表格
tail n. 尾座
tandem adv. 一前一后，串联
tandem control 纵排控制（加载预负荷的控制方式）
tank n. 箱体
tap n. /v. 攻螺纹
tape n. 磁带，纸带
tape reader 纸带阅读机
tapping n. 攻螺纹
teach in 示教
technique n. 技术，工艺
temperature n. 温度
test v. /n. 测试
thread n. 螺纹
time n. 时间，次数
tolerance n. 公差
tool n. 刀具，工具
tool pot 刀杯
torque n. 转矩
tower n. 刀架，转塔
trace n. 轨迹，踪迹
track n. 轨迹，踪迹
transducer n. 传感器
transfer v. 传输，传送
transformer n. 变压器
traverse v. 移动
trigger v. 触发
turn v 转动/n 转，回合
turn off 关断
turn on 接通
turning n. 转动，车削
unclamp v. 松开
unit n. 单位，装置
unload n. 卸载
unlock v. 解锁
UPS abbr. 不间断电源
user n. 用户
value n. 值
variable n. 变量/adj. 可变的
velocity n. 速度
velocity loop 速度环
verify v. 效验
version n. 版本
vertical a. 垂直的
voltage n. 电压
warning n. 警告

waveform n. 波形
wear n. /v. 磨损
weight n. 重量，权重
wheel n. 轮子，砂轮
window n. 窗口，视窗
workpiece n. 工件
write v. 写入
wrong n. 错误/adj. 错的
year n. 年
zero n. 零，零位
zone n. 区域

参考文献

[1] 李光友等编著. 控制电机，北京：机械工业出版社，2009.
[2] 杨渝钦编著. 控制电机. 北京：机械工业出版社，2010.
[3] 程明主编. 微特电机及系统. 北京：中国电力出版社，2008.
[4] 唐任远主编，特种电机原理及应用，北京：机械工业出版社，2010.
[5] 孙建忠等编著，特种电机及其控制，北京：中国水利水电出版社，2005.
[6] 杜增辉等. 数控机床故障维修技术与实例. 北京：机械工业出版社，2009.
[7] 刘利剑等. 数控机床调试诊断与维修. 北京：机械工业出版社，2011.
[8] 李金伴等. 数控机床故障诊断与维修速查手册. 北京：化学工业出版社，2009.
[9] 沈兵等. 数控机床数控系统维修技术与实例. 北京：机械工业出版社，2001.
[10] 龚仲华. 数控机床故障诊断与维修500例. 北京：机械工业出版社，2004.